平裝版

品茶圖鑑

走進茶的世界

214種茶葉解析&全彩茶湯圖片

陳宗懋、俞永明、梁國彪、周智修／著

笛藤出版

前言 lntrodoction

中國是茶的原產地，是茶文化的故鄉。中華民族最早發現、栽培、加工和品飲茶葉。在中國人的生活中，茶不僅是解渴的飲料，更是生活文化中精緻風雅的一部分。

「寒夜客來茶當酒」，以茶會友、客來敬茶是中華民族的傳統禮節。「柴米油鹽醬醋茶」，茶更是中華民族家庭生活開門七件事之一。如今，世界上有50多個國家種茶，有160多個國家和地區的人民飲茶，茶已遍及全世界，儘管飲茶習俗因各國的國情和文化特徵而有所差異，但源自中華。

在漫長的歷史歲月中，茶由藥用變爲飲用，由粗放煎飲發展爲細斟慢啜的品飲藝術。隨著科學技術的發展，對茶的研究由茶葉的外觀深入到茶葉的內質，從單純味覺的享受發展爲內含成分的利用。茶的魅力長盛不衰。當跨入一個新世紀時，讓我們追溯歷史，綜觀幾千年中華茶業的發展歷程；放眼現代，瀏覽豐富多彩的中華茶類和品飲方式。

願這本小小的茶書伴隨著讀者一起走進茶的世界。

編輯部

目次 Contents

使用說明

本書的第6章《中國茶的種類》（40頁～262頁），共收錄了214種中國名茶，詳述其歷史、製法、產地，並附上茶葉、茶湯、葉底的原色圖片。其使用說明如下：

① **茶名** 品牌名稱或坊間的一般稱呼。

② **茶特色** 從茶特徵中截取出最富有特色的部分，給讀者一個簡單鮮明的印象。

③ **茶種類** 標示茶葉的種類，方便讀者索引。

④ **茶特徵** 以簡要的文字條列出各別茶葉的七項特徵：茶形狀、茶色澤、茶湯色、茶香氣、茶滋味、茶葉底、產地。

⑤ **茶簡介** 內容包含茶產地、發展概況、製茶過程及特色等。

⑥ **產地地圖** 以紅字標示者為產地，黑字則為該省省會。

⑦ **乾茶** 茶葉鮮葉經製茶過程後的成品。

⑧ **茶湯** 本書中的茶湯及茶葉底，均是採150c.c.的水和3g茶葉之比例，並以100℃的水沖泡5分鐘之後的結果。

⑨ **葉底** 泡出茶湯後的茶葉。

第 1 章
飲茶的歷史

飲茶始於中國，由最早的藥用
到現今的「茗飲」，
至今已有超過 2 千年的歷史。而茶的型態，
也從餅茶一直演變為現今最常見的散茶。

飲茶始於中國，中國人飲茶已有數千年的歷史。究竟最早在何時開始飲茶呢？目前說法不一。「神農嘗百草，日遇七十二毒，得茶而解之」是在「本草」中記載的，但當時主要是做為藥用，而真正的「茗飲」應是秦統一巴蜀之後的事。

實際上，在春秋、戰國時期（公元前 770 年～公元前 221 年）中國就開始有飲茶的習慣，但最早有文字記載的是在西漢末年王褒的《僮約》中，那是 2000 多年以前的事。許多書籍中都寫有「巴蜀是茶葉文化的搖籃」之說。到西漢時期（公元前 206 年～公元 25 年），不但飲茶已成為風尚，而且已有專門的飲茶用具，達到商品化的程度。不只在先秦，而且在秦漢直至西晉，巴蜀仍是中國茶葉生產和技術的重要中心。

秦漢時期隨著經濟、文化交流的加強，茶樹的種植也逐漸擴大，由巴蜀擴大到湘、粵、贛地區。至於飲茶方式，在漢代已有完整的待客茶宴，飯後主人用茶器烹茶待客，到了三國時期（公元 220 年～ 280 年），孫、吳據有現在江蘇、安徽、江西、湖南、湖北、廣西一部分和廣東、福建、浙江的全部陸地，也是這一時期茶業發展的主要區域。在巴蜀一帶的人民就有用茶和米膏製成茶餅。喝茶時先把茶烤成紅色，再搗成茶末，沖泡飲用，或用茶末和蔥薑等食物，放在一起煮飲，前者是泡茶，後者是煮茶，煮茶在當時是飲茶的主要方式。到了晉代主要採用純茶（而不是調和茶）進行烹煮飲用。

在南北朝時期（公元 420 ～ 589 年）除上述煮茶泡茶的飲茶方式外，藥茶也開始出現，滲入了本草的範圍。東晉和南朝時期，中國茶業出現向東南部推進的局面，茶樹種植也由浙西向浙東地區（今溫州、寧波沿海）擴展。

隋的歷史不長，有關茶的記載也不多，但由於隋統一全國並修造了一條溝通南北的運河，這對於茶業的發展起著極為重要的作用。

唐是中國茶業一個重要發展時期，尤其唐的中期，飲茶習俗由南方傳到中原地區，再由中原地區傳到邊疆少數民族地區，成為中國舉國之飲。從唐朝開始，茶始有文字和著作，並向邊疆銷售，開始收茶稅，所以在中國史籍上有「茶興於唐」之說。中國最早的茶葉著作《茶經》也是由唐代陸羽所寫，並流傳後世，廣譽全球。此時中國茶區的分布已遍及現在的四川、陝西、湖北、雲南、廣西、貴州、湖南、廣東、福建、江西、浙江、江蘇、安徽、河南等十四個省區，可以說和現在的茶區呈現基本相近的局面。

《茶經》是中國第一本茶葉專書。

至於唐代的飲茶方式，在早期和六朝以前沒有太大區別，到了中期，陸羽所著《茶經》中已有介紹，當時的茶分四種：粗茶、散茶、末茶、餅茶。粗茶相當於笨重的大塊茶餅。散茶是把茶直接烘焙乾了的葉茶，飲用前先磨成粉末。末茶是用散茶磨成的粉末。餅茶是用原來巴蜀一帶的製茶法製成，飲用時要先打碎，再烤熟、磨碎再沖泡浸漬而飲，也可加入佐料飲用，陸羽對傳統的製茶方式曾做過改進，在製作上採用春天的嫩芽葉，而不是老葉，採後蒸青法殺青，然後搓成泥末，再拍打成餅，放入溫火中焙乾。

宋在中國茶業發展史上是非常重要的一個時期，有「茶興於唐而盛於宋」之說。宋朝茶業重心南移，出現建茶崛起。建茶應是廣義的武夷茶區，即今閩南和嶺南一帶。在茶類上發生了很大的變化，由唐代以前的緊壓茶變為末茶、散茶，但在數量上仍以團茶、餅茶佔優勢。同時出現用香花薰製的調和茶。烏龍茶最早是在後周（公元 951 ～ 960 年）～北宋時期（公元 960 ～ 1127 年）產生的。由團茶、餅茶向散茶過渡，到了元朝散茶明顯超過團、餅茶，成為主要的生產茶類。

飲茶方法上宋代採用是點茶飲法，已相當接近於我們現代飲用方法，先煮水，後暖盞，第三步才把茶末放入盞中，第四步倒入沸水，第五步點茶，即用茶匙擊拂茶湯，實際是起攪拌的作用，把茶湯倒出，再加入沸水，如此數次。

明朝時期的文化茶禮。

元朝和明朝，是中國由點茶步入泡茶的過渡時期。葉茶和芽茶已是中國茶葉生產和消費的主要方面。而團茶、餅茶主要在邊疆地區和做為貢茶。當時的葉茶和芽茶已用嫩葉為主進行加工，也同時生產末茶和調和茶以及加入胡桃、松仁、杏、栗等食品調製煮飲。

明朝散茶全面發展。各地出現大量名茶，在製茶技術上也有很大的改進，如改蒸青為炒青。這種改進的的炒青茶，至今仍是中國目前的大宗茶類。到明末清初（即 1573 ～ 1693 年）在綠茶製作上分為蒸青、炒青和晒青三種，但以炒青為主，同時還相繼出現了黃茶、黑茶和直接晒乾或烘乾的白茶。飲茶方法和現代飲茶方法近似，但茶葉一般先經洗茶，即先用半沸水清洗一遍，以清除茶中不潔之物，然後用茶壺泡飲。

從晚清（1693 年）起，紅茶開始出現，因此當時已分為綠茶、紅茶、烏龍茶、黃茶、白茶和黑茶六個大類；飲茶方法多為泡飲法，有用紫砂壺、也有用蓋碗泡的。到民國時期逐漸改用茶杯泡飲。上述飲用方式一直延續到現今社會。

《茶經》著者—陸羽像。

第 2 章
認識茶樹

中國最古老的茶樹「大紅袍」（福建武夷山）

茶樹原產於中國西南山區，樹型可分為灌木、
小喬木和喬木，具有喜溫、喜濕、
喜酸、耐陰的特性，在年平均氣溫 15℃～ 25℃
之間的高山、丘陵、平地都可見到。

灌木型的茶樹。

小喬木型的茶樹。

茶樹的學名：Camellia sinensis (L.) O.Kuntze. 是一種多年生木本常綠植物。在植物分類學上屬雙子葉植物綱，山茶目，山茶科，山茶屬，與庭園種植的山茶花（觀賞植物）同屬，但不同種。

一、形態特徵

茶樹的樹型有灌木、小喬木和喬木。栽培茶樹多為灌木型，樹高 1 ～ 3 米，無明顯主幹；小喬木茶樹在中國南方的福建、廣東一帶栽培較多，有較明顯的主幹，離地 20 ～ 30 公分處分枝；喬木茶樹樹勢高大，有明顯的主幹，雲南等地原始森林中生長的野生大茶樹，都屬此類。一般樹高都能達數米至十多米，每當採茶季節，往往要用梯子或爬到樹上採茶。

茶樹葉片是單葉互生。形狀分披針形、橢圓形、長橢圓形、卵形、卵圓形等幾種，但以橢圓形和卵圓形的居多。葉面積的大小常作劃分品種的依據。一般以定型葉為標準，按葉長 × 葉寬 ×0.7（系數）計算。凡在 60 平方厘米以上的為特大葉，40 ～ 60 平方厘米之間的為大葉，20 ～ 40 平

茶樹葉片的面積大小會有不同，通常也是區別品種的依據之一。

葉片上有明顯的主脈。

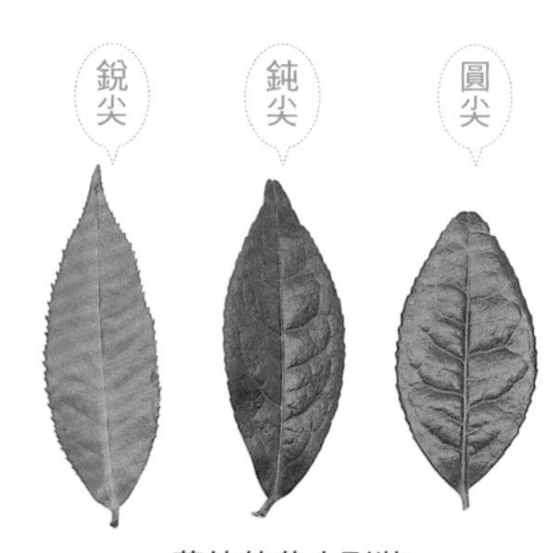

葉片的葉尖形狀。

方厘米之間的為中葉，20 平方厘米以下的為小葉。

茶樹上的芽葉。

幼牙和嫩葉。

葉片有明顯的主脈，主脈上又分出側脈 5 ～ 15 對，呈 60 度角伸展至葉緣 2/3 處即向上彎曲呈弧形，與上方側脈相連，組成一個閉合網狀輸導系統。這是茶樹葉片的重要特徵之一。葉尖形狀有銳尖、鈍尖、圓尖等三種，葉尖形狀為茶樹分類的依據之一。

葉片由芽發育而成，有鱗片、魚葉和真葉之分。鱗片色澤黃綠，呈覆瓦狀著生在營養芽的最外層，起保護幼芽的作用。當芽體膨大開展，鱗片會很快脫落。魚葉是發育不完全的真葉，因其形如魚鱗而得名，其主脈明顯，側脈隱而不顯。茶芽伸育過程中，長出魚葉之後便是真葉。其色澤、厚度，因品種、季節、樹齡、立地條件及栽培方式而有所差異。幼芽和嫩葉是採摘利用的對象，成熟葉和老葉進行光合作用，製造養分維持茶樹生長的重要器官。

茶樹的根由主根、側根、細根、根毛所組成。主根可垂直深入土層 2 ～ 3 米，一般栽培的灌木型茶樹根系深入土層 1 米左右。主根又分出側根、細根，起輸導水分和養分的作用，故稱輸導根。細根上有根毛，擔負對土壤養分和水分的吸收，故稱為吸收根。側根、細根和吸收跟共同組成茶樹的根群。根群的分布幅度一般比樹冠大 1 ～ 1.5 倍。

成年的茶樹，主幹上分出側枝，側枝有多級分枝，這就形成了茶樹叢狀樹冠。不經採摘的自然生長茶樹，分枝少，常呈塔狀分布。採摘的茶樹，由於不斷摘去頂梢和修剪措施，抑制茶樹向上生長，促使其橫向擴展，因此常形成弧形或平面形的採摘面。

不同型態的茶芽

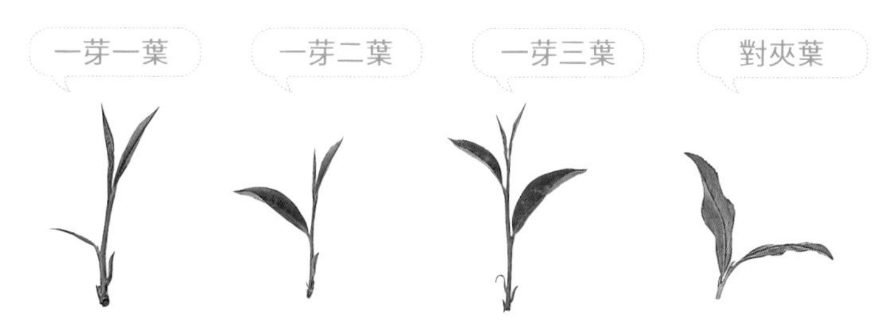

白色花，開花期在十月。

茶樹的花屬兩性花，常為白色，由花柄、花萼、花瓣、雄蕊、雌蕊等組成。花芽一般6月中下旬形成，秋季10月開花，由開花到果實成熟，大約要一年零4個月的時間。

茶樹的果實。

茶果實為蒴果，有1～5室，通常以二球果與三球果為多。種子由種殼、種皮、子葉和胚組成。茶籽含有豐富的脂肪、澱粉、糖分和少量的皂素。茶籽可以榨油，餅粕可以釀酒、提取工業原料茶皂素。

二、適生環境

茶樹原產中國西南山區，有喜溫、喜濕、喜酸、耐陰的特性。宜在年平均氣溫15～25℃之間的地區栽培。灌木型茶樹一般能耐-10℃的低溫，短時間氣溫達-15℃尚能過冬。最高臨界溫度是45℃，但一般在35℃左右，生長便受到抑制，葉片出現灼傷。年有效積溫（10℃以上）達3500℃以上的地區便可栽茶。喜酸性紅黃壤土，pH值4.0～6.5，茶樹最適土壤的pH值為5～6之間，近中性或鹼性土，不能栽茶。土層必須深厚，一般要求在70厘米以上，保水力強，土壤中有硬盤層或積水均不利於茶樹生長。要求年降雨量在1000～2000毫米之間。具怕旱、怕澇、怕寒、怕鹼的特性。

位於福建漳浦的茶園。

杭州的茶場。

喜高山也宜丘陵平地。但不宜選用冬季西北風強的高山地區，以免茶樹遭受凍害。

三、生物學上的特性

茶樹是多年生葉用作物，壽命少則幾十年，多至上百年。在良好的管理下，一般第三、四年就可輕度採摘和製茶，五年就有相當高的產量，高產年限能維持 20 ～ 30 年以上。

茶樹根系發達，一般栽培茶樹，秋季 9 至 11 月根系生長最旺，為一年中的最高峰；12 ～ 2 月生長緩慢；3 ～ 4 月，生長又逐漸增強，以後又減慢，6 ～ 7 月又增強。根系的發育周期，與地上部分新梢的生長有相互交替現象。

茶芽生長的最低日平均氣溫為 10℃，以後隨溫度的升高而生長加快，日平均氣溫 15 ～ 20℃時，生長較旺，茶葉產量和品質都好；20 ～ 30℃生長旺盛，但芽葉較易粗老；當日平均氣溫低於 10℃時，茶芽生長停滯，進入休眠。

茶樹新梢生長具有輪性生長的特點。在自然生長條件下中國大部分茶區的茶樹，全年有三次生長，每次生長之間為休止期，即：

◎ 第一次生長（春梢）：3 月下旬～ 5 月上旬
◎ 第二次生長（夏梢）：6 月上旬～ 7 月上旬
◎ 第三次生長（秋梢）：7 月中旬～ 10 月上旬

但在人工採摘條件下，全年可萌發 5 ～ 6 輪新梢。新梢生育以 4 ～ 5 月為最旺盛，其次 7 ～ 9 月。茶芽每次萌發所要求的條件不同，一般春芽要求適宜的溫度，而以後萌發則是在一定的溫度基礎上，受樹體內部營養狀況和水分的影響較大。

茶樹葉片的壽命，據測定各品種平均為 325 天左右。一般春梢上葉片壽命較長，夏梢葉片壽命較短。

茶樹從第 3、4 年起，就會開花，以後每年都有生殖生長過程。由花芽分化到種子成熟，約需 500 多天。在同一株茶樹上花果相會的現象，也是茶樹的一種特性。在中國大部分茶區氣候條件下，6 月下旬開始花芽分化，9 ～ 12 月為開花期，集中在 10 月中旬到 11 月中旬，借助昆蟲異花授粉，果實到翌年 10 月下旬成熟。

目前，中國茶樹的分布，因地理環境不同，四季溫度差異甚大。在熱帶茶區（如海南島等），全年茶樹都可生長，僅因降雨多少，生長有快慢，在生產實踐上沒有「開採」與「封園」的概念。在其他茶區因季節氣溫高低，或降雨量的多少，形成休眠現象。如北方的山東茶區，休眠期長達 7 個月之久，一般茶區為 4 ～ 5 個月。

茶樹的更新復壯能力很強，每當它衰老、受自然災害侵害和人為修剪，都能從根頸處的潛伏芽或枝條上腋芽長出新枝，重新構成樹冠，恢復其生產力。

經過人工修剪過的茶樹，仍舊可以靠著自身的更新能力，重新長出樹枝。

第3章
茶的色香味

無論是何種茶類，要能稱得上優質茶葉，
除了要具備美觀的外型，
茶的「色」、「香」、「味」
更是衡量茶葉品質的關鍵。

一杯優質的茶應該具有清澈明亮的茶湯、鮮醇甘爽的滋味、高雅持久的香氣和勻整細嫩的葉底。但不同的茶類，如綠茶、紅茶、烏龍茶的標準又不盡相同。總體而言，一種優質的茶葉除美觀的外形外，應包括色、香、味三個方面。

一、形態特徵

不同的茶類有不同的色澤要求，還包括成茶的色澤和茶湯色澤。這種色澤是由茶葉中所含有的各種化合物所決定的，綠茶的色澤基本要求是翠綠，但也有黃綠或灰綠色。對茶湯的色澤要求是黃綠明亮。綠茶乾茶的這種綠色主要決定於茶葉中的葉綠素和某些黃酮類化合物。葉綠素分為葉綠素 a 和葉綠素 b，葉綠素 a 是一種深綠色的化合物，葉綠素 b 是一種黃綠色的化合物，這兩種葉綠素成份的不同比例就構成了乾茶不同的綠色。

葉綠素是非水溶性化合物，因此茶湯中的綠色主要不是葉綠素的原因，而是一些溶於水的黃酮類化合物造成的。正因為如此，所以綠茶的茶湯一般呈黃綠色。在各種綠茶中，蒸青茶顯得最綠，這種翠綠的茶湯令人愛不釋手，因為蒸青茶的工藝中是先用高溫的蒸氣將茶葉的葉綠素固定下來，使得這種綠色得以保存。綠茶在保存過程中如果受了潮，葉綠素被水解，因此綠色就變得不綠，綠茶加工過程中有時因為鮮葉中含水分較多，如果不能很快散失，炒出的茶葉色澤也往往呈灰綠色。

紅茶乾茶的色澤常呈黑褐色，而茶湯則呈紅褐色。決定紅茶色澤的主要化合物是茶多酚類化合物，其中的兒茶素類在紅茶加工過程中氧化聚合形成的有色產物統稱紅茶色素。紅茶色素一般包括茶黃素、茶紅素和茶褐素三大類。茶黃素呈橙黃色，是決定茶湯明亮度的主要成分；茶紅素呈紅色，是形成紅茶湯色紅艷的主要成分；茶褐素呈暗褐色，是造成紅茶湯色發暗的主要成份。茶黃素和茶紅素的不同比例組成，構成了紅茶的不同色澤的明亮程度。茶褐素含量高會使紅茶湯色暗鈍，使得紅茶品質下降。

烏龍茶的乾茶通常為青褐色，茶湯黃亮，這是因為烏龍茶屬於半發酵茶，其中茶多酚的氧化程度較輕，因此氧化聚合產物也相應較少。烏龍茶有不同發酵程度，如包種茶，其成茶色澤和湯色偏向於綠茶，而發酵較重的白毫烏龍茶，氧化產物較多，因此成茶色澤的湯色上也偏向於紅茶。

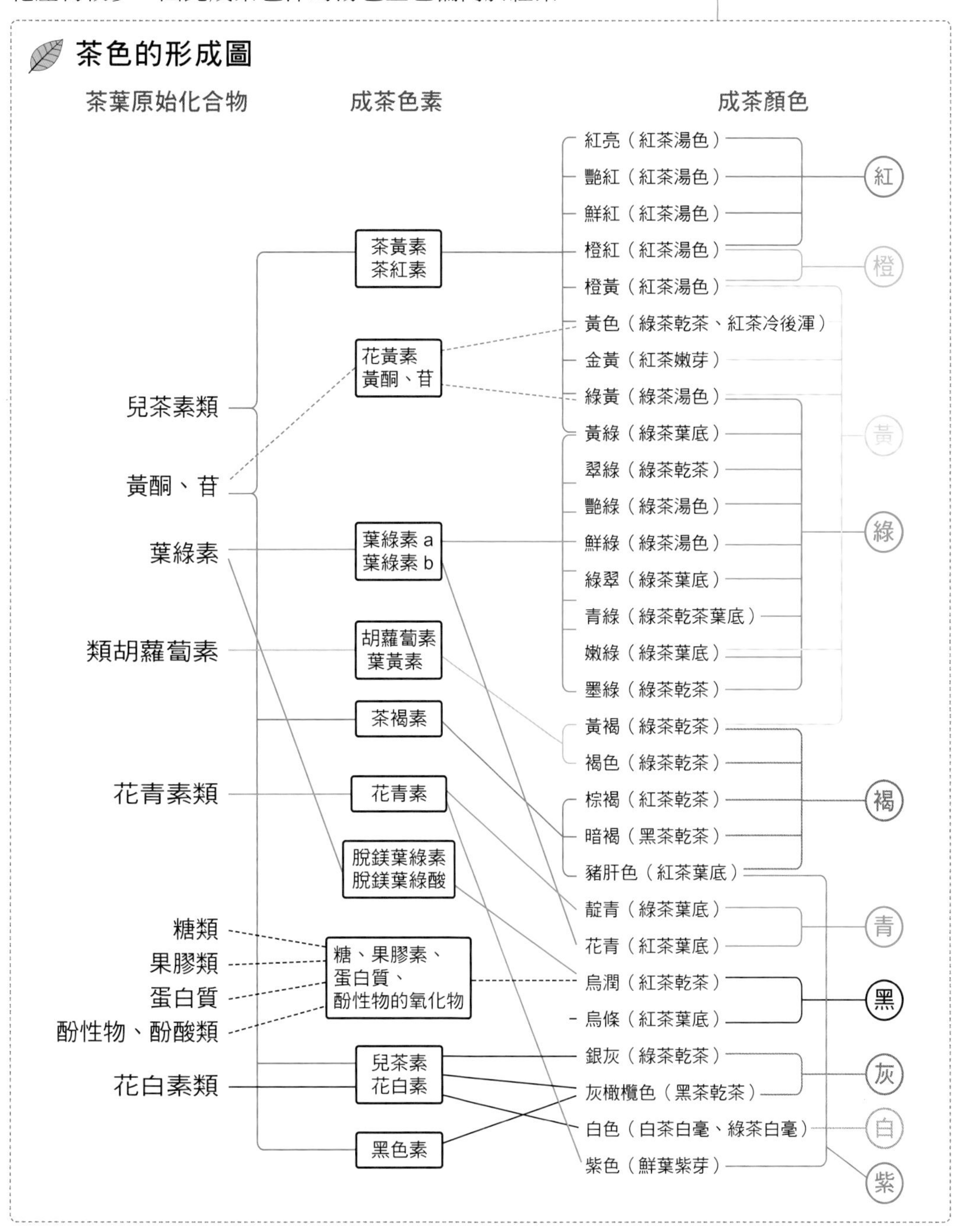

二、茶香的形成

茶葉的香氣決定於其中所含有的各種香氣化合物。目前在茶葉中已鑑定的500多種揮發性香氣化合物，這些不同香氣化合物的不同比例和組合構成各種茶葉的特殊香味。雖然含量不多，只佔鮮葉乾重的0.03～0.05%，乾茶重約0.005～0.01%（綠茶）和0.01～0.03%（紅茶），但對決定茶葉品質具有十分重要的作用。一杯幽雅清香的綠茶，一杯濃郁醇香的紅茶或一杯飄逸著花香的烏龍茶既可以提神解渴，也是一種享受。茶葉中的香氣成份有一些是在鮮葉中就已經存在的，但大量的還是在加工過程中形成的。鮮葉中的香氣成份中以醇類化合物最多。

在綠茶中已鑑定出有230多種香氣化合物，其中醇類和吡嗪化合物最多，前者是在鮮葉中存在的，而後者是在茶葉加工過程中形成的。炒青綠茶中高沸點香氣成份，如香葉醇、苯甲醇等佔有較大比重，同時吡嗪類、吡咯類物質含量也很高。而蒸青茶中鮮爽型的芳樟醇及其氧化物含量較高以及具有青草氣味的低沸點化合物，如青葉醇含量比炒青綠茶要高。因此表現出香氣醇和持久。不同的茶類具有不同的特徵香氣，如龍井茶中吡嗪類化合物和大量的羧酸和內酯類物質含量高，因此香氣幽雅；碧螺春茶葉中戊烯醇含量很高，具有明顯的清香；黃山毛峰茶中香葉醇含量很高，因此具有果香特徵。

紅茶中的香氣成份較為複雜，目前已鑑定出400多種香氣化合物，如中國祁紅以玫瑰花香和濃厚的木香為其特徵，因為它含有較高量的香葉醇、苯甲醇和2－苯乙醇，而斯里蘭卡的高地茶具有清爽的鈴蘭花香和甜潤濃厚的茉莉花香為特徵，這是因為它含有高濃度的芳樟醇、茉莉內酯、茉莉酮酸甲酯等化合物。如果將功夫紅茶和CTC茶相比，那麼功夫紅茶中萜烯醇及其氧化物、甲基水楊酸酯等具花香的化合物含量較高，而CTC茶中這些成份含量較低，但反式－2－已烯醛含量較高，因此表現為前者香氣馥郁，滋味醇和而CTC茶則具一定程度的青草味。

烏龍茶的香氣則以花香突出為特點。福建生產的鐵觀音、水仙、色種和台灣文山、北埔生產的烏龍茶在香氣組成上有明顯差別。前者橙花叔醇、沉香醇，茉莉內酯和吲哚含量較高，而後者萜烯醇、水楊酸甲酯、苯乙醇等化合物含量較高。

黑茶是微生物發酵的渥堆緊壓茶，這類茶具有典型的陳香味，萜烯醇類（如芳樟醇及其氧化物，α －萜品醇、橙花叔醇）含量高。

花茶的香氣既有茶香，也有花香。茶葉是一種疏鬆的多孔體，可以吸收茉莉花的香氣。

通過大量的化學分析，人們已經可以從香氣組成和香味特徵中找到一些規律，如順式－３－已烯醇及其酯類化合物和清香有關，α －苯乙醇、香葉醇和清爽的鈴蘭香有關連，β －紫羅酮類、順式－茉莉酮與玫瑰花香有關，茉莉內酯、橙花叔醇類與果香有關，吲哚和青苦沉悶的氣味有關。吡嗪類、吡咯類和呋喃類化合物和焦糖香及烘炒香有關；正乙醛、３－乙烯醛和青草味有關。

三、茶味的形成

茶葉的滋味是茶葉中化學成分的含量和人的感覺器官對它的綜合反應。茶葉中有甜、酸、苦、鮮、澀各種滋味物質。多種氨基酸是鮮味的主要成分，大部分氨基酸鮮中帶甜，有的鮮中帶酸。茶葉中澀的主要物質是多酚類化合物。茶葉中的甜味物質主要有可溶性糖和部分氨基酸；苦味物質主要有咖啡鹼、花青素和茶葉皂素；酸味物質主要是多種有機酸。

綠茶中最重要的標準是「濃醇、清鮮」，濃醇是茶多酚和氨基酸的適當比例，而清鮮主要決定氨基酸的含量。一般春茶中的氨基酸明顯高於夏、秋茶。因此春茶製成的綠茶往往與夏、秋茶相比，前者具有明顯的清鮮味，而後者往往具有強烈苦澀味，就是因為春茶中氨基酸含量高，茶多酚含量相對較低，而夏秋茶中氨基酸含量低，而茶多酚含量高。茶多酚是決定茶葉收斂性的物質，其中的酯型兒茶素的刺激性比非酯型兒茶素更強。

紅茶的標準是「濃、強、鮮」，茶葉中的兒茶素類化合物、茶黃素是紅茶最重要的化合物。「濃」主要是水浸出物含量，而「強和鮮」主要決定於咖啡鹼、茶黃素和氨基酸的適合比率。當紅茶中的茶黃素和咖啡鹼相結合，再加上一定數量的氨基酸，便產生了滋味濃強而鮮爽的紅茶。

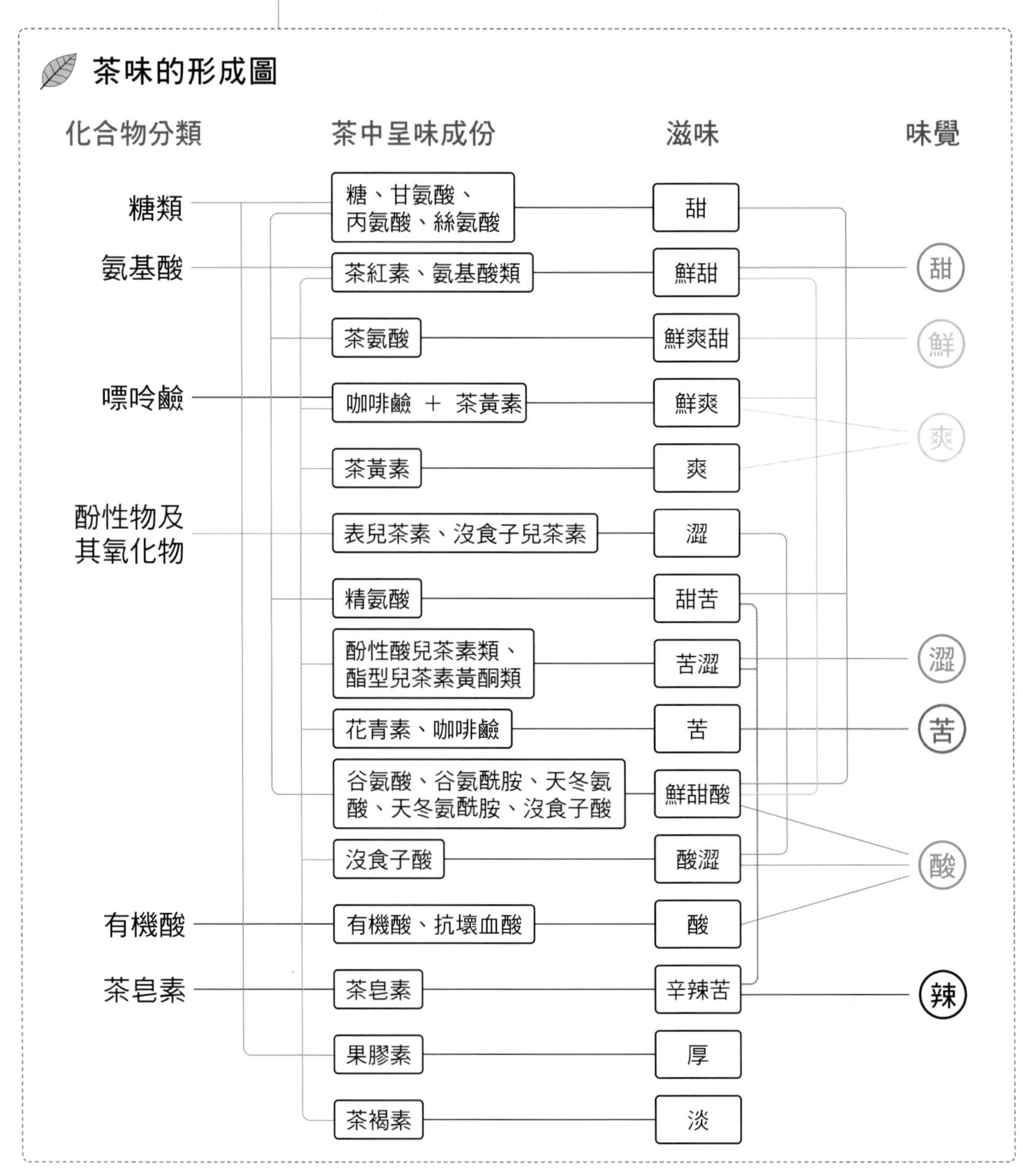

第4章
茶葉的製作

茶葉的製作，經過漫長複雜的過程
演變為今日的製茶技術。在多方革新下，
發展出綠茶、白茶、黃茶、黑茶、
烏龍茶、紅茶等六大茶類。

龍井茶製作程序

1 鮮葉

2 攤葉

3 鮮葉攤放

4 青鍋

5 輝鍋

6 成品茶

茶經歷了漫長的發展過程和複雜的變革才成為今天的飲料。唐朝陸羽在《茶經·三之造》中記載「蒸之、搗之、拍之、穿之、封之、茶之乾矣」，這是中國最早蒸青團餅茶的製造方法。到了宋朝，除保留傳統的團餅茶製法外，出現了蒸青散茶，將茶鮮葉蒸後不揉不拍，直接烘乾呈鬆散狀。元朝團餅茶逐漸減少，散茶得到較快發展。明朝，發明炒青製法，這是製茶技術上的一大革新，與此同時還出現白茶、黃茶和黑茶；清朝時又有烏龍茶（青茶）和紅茶，至此綠茶、黃茶、白茶、烏龍茶（青茶）、紅茶和黑茶，俗稱六大茶類，已基本形成。

一、綠茶的製法

綠茶花色品種最多，按殺青方法不同分蒸青和炒青，而按乾燥方法則分為炒青綠茶、烘青綠茶和晒青綠茶；按品質特徵分為大宗綠茶和名優綠茶兩大類。綠茶的基本製作工藝流程：殺青→揉捻→乾燥。

❶ 殺青　目的在於蒸發葉中水分，發散青臭氣，產生茶香，並破壞酶的活性，抑製多酚類的酶促氧化，保持綠茶綠色特徵。殺青要求做到殺勻殺透，老而不焦，嫩而不生。欲達到這一目標，方法有三種：(1) 鍋式殺青：在平鍋或斜鍋中進行，一般掌握鍋溫 180 ～ 250℃，先高後低。每鍋投葉量：名優茶 0.5 ～ 1.0 公斤，大宗茶 1.0 公斤；時間：5 ～ 10 分鐘，依據投葉量而定。採用拋炒與抖燜結合方法，多抖少燜。(2) 滾筒機殺青：一般用 50 ～ 80 厘米直徑的轉筒，轉速 28 ～ 32 轉 / 分，每小時投葉量 150 ～ 200 公斤；葉子在筒內停留時間 2.5 ～ 3.0 分鐘，採用連續方式進行。(3) 蒸汽殺青：蒸汽溫度 95 ～ 100℃；時間：0.5 ～ 1.0 分鐘，以連續方式進行。

❷ 揉捻　目的在使芽葉捲緊成條，適當破損葉組織使茶汁流出，便於沖泡。方法有手工揉捻和機器揉捻。高檔名優茶以手揉為主。手揉方法是兩手握茶徐徐向前推進使葉子不斷翻動，力道先輕後重。揉捻掌握嫩葉冷揉，中檔葉溫揉，老葉熱揉的原則；機揉嫩葉不加壓或輕壓，加壓先輕後重，逐

步加壓，輕重交替，最後鬆壓。

③ 乾燥　目的是除去茶條中的水分，發展茶葉香氣。一般有炒乾和烘乾兩種方法。炒乾：炒青綠茶製作工藝，在鍋子中進行，分二青、三青和輝乾三個過程。烘乾：烘青綠茶製作工藝，分毛火和足火二段進行。名優茶乾燥常輔以做形。烘乾設備有烘籠、手拉自葉式和自動鏈板式烘乾機。炒乾設備有鍋式和瓶式炒乾機。

二、紅茶的製法

中國紅茶加工已有200多年的歷史，按生產歷史的先後和加工的不同分為小種紅茶、功夫紅茶和紅碎茶三種。無論何種紅茶，基本製作工序是萎凋、揉捻（切）、發酵、乾燥。唯獨小種紅茶在其製作中增加過紅鍋和薰焙兩個工序。

❶ 萎凋　是鮮葉逐漸適度失水和內含物轉化的過程，目的是為揉捻（切）和發酵做好準備。功夫紅茶一般掌握萎凋葉含水量在60%～64%為宜，紅碎茶以58%～62%為宜。水分掌握的原則：春茶略低，夏茶稍高；嫩葉略低，老葉稍高；大葉種略低，中、小葉種稍高。方法有室內自然萎凋、日光萎凋、萎凋槽和萎凋機萎凋。

❷ 揉捻（切）　目的是使葉組織破損，加速多酚類的酶促氧化，塑造茶葉外形，增加茶湯濃度。功夫紅茶和小種紅茶一般用手揉或圓盤式揉捻機進行；紅碎茶，先用揉捻機打條、再用轉子機切碎或直接用CTC機組、LTP機切碎。

❸ 發酵　是揉捻（切）葉在一定的溫度、濕度和供氧條件下，以多酚類為主體的生化成分發生一系列化學變化的過程。小種紅茶、功夫紅茶在發酵筐中完成，紅碎茶在發酵車或發酵機中進行。發酵時間小種紅茶5～6小時，功夫紅茶3～5小時，紅碎茶在1～2小時之間。

❹ 乾燥　目的是終止酶促氧化，散失水分，散發青草氣，

提高和發展香氣。採用烘乾機分毛火和足火兩次烘乾。毛火高溫，足火低溫，毛火溫度115℃左右，足火溫度90℃左右；毛火後茶葉含水量20%左右，足火完成後茶葉含水量控制在4%～5%之間。

❺ 過紅鍋　是小種紅茶加工的特殊處理過程。它的作用在於停止發酵，保存一部分可溶性茶多酚，使茶湯濃厚，並在高溫中使青臭味揮發，增加小種紅茶的香氣。「過紅」在鍋子中進行操作，當鍋溫升高到200℃以上時，投入發酵葉1.0～1.5公斤，迅速翻炒2～3分鐘，最多不超過5分鐘，

功夫紅茶製作程序

1 鮮葉　**2** 日光萎凋　**3** 萎凋葉

4 揉捻　**5** 解塊　**6** 揉捻葉

7 發酵　**8** 發酵葉　**9** 乾燥

葉軟即起鍋。

❻ 煙薰烘培　是小種紅茶又一特殊處理工藝。在毛火時進行，將「過紅」複揉後的茶葉分別攤放於水篩上（厚 7 ～ 10 厘米），置於烘青間樓下吊架上，下燒未乾的松木，松煙上升被茶葉吸收，使乾茶帶松香味，成為小種紅茶獨特的特徵。其間必須翻拌 1 ～ 2 次，烘至 8 ～ 9 成乾時下烘攤涼。

CTC 紅碎茶製作程序

1 鮮葉

2 萎凋槽萎凋

3 CTC 機組揉切

4 發酵機發酵

5 毛茶精製

6 乾燥

CTC 紅碎茶五號

三、烏龍茶的製法

烏龍茶也稱青茶，屬半發酵茶，主產於福建、廣東和台灣。烏龍茶花色品種繁多，製作工藝複雜，其基本工藝為：晒青、涼青、做青、殺青、揉捻（包揉）和烘焙。

❶ **晒青**　日光萎凋的一種方式。目的是利用太陽能散發鮮葉水分，使葉子柔軟，從而縮短搖青時間和促進內含物質發生一定的化學變化，達到破壞葉綠素，除去青臭氣，為搖青做好準備。晒青在陽光下進行，根據氣溫高低，日光強弱，時間 8～10 分鐘，晒青葉減重率為 10%～15% 之間。

❷ **涼青**　室內自然萎凋的一種方式。把晒青葉放置於室內透風陰涼處散失熱量，讓其水分重新分布，恢復細胞緊張狀態，便於搖青，一般掌握在 30 分鐘左右。

❸ **做青**　做青在滾筒式搖青機中進行，目的是使葉子邊緣互相摩擦，使葉組織破裂，促進茶多酚氧化，形成烏龍茶特有的綠葉紅鑲邊的特色；同時蒸發水分，加速內含物生化變化，提高茶香。一般搖青 4～5 次，每次 10～20 分鐘，其間間隔約 1 小時。歷時 6～10 小時。

❹ **炒青**　相當於綠茶殺青，目的是利用高溫鈍化或停止酶的活性，終止發酵，進一步發揮茶香和便於揉捻。炒青時應掌握高溫、短時和多燜少抖。溫度上掌握先高後低，採用先燜中透後燜的方法。一般鍋溫在 280～300℃，時間 3～5 分鐘，投葉量 6～8 公斤，炒青機轉速 25～35 轉 / 分。

❺ **揉捻和烘培**　一般分兩次進行，工序為初揉→初烘→複揉（包揉）→複烘。

初揉：目的是初步做形，並揉出茶汁，一般在 58 式單動揉捻機中進行，時間 6～8 分鐘，中間解塊一次，機器轉速 59～60 轉 / 分，每次投葉量 10～12 公斤。

初烘：目的是散發水分，使溢出茶汁濃縮而凝固在葉子表面。一般用自動式烘乾機。溫度100～120℃，時間11～12分鐘，含水量減少到20%～25%時下烘。

複揉（包揉）：目的在於彌補初揉不足，以達到彎曲成螺的外形。過去用手工揉分初包和複包兩次，把初烘後的茶趁熱包起來揉捻，現在用包揉機進行複揉。包揉機轉速50～60轉／分鐘，時間6分鐘，每批揉2～3次，至外形螺旋彎曲時，即為適度。

複烘：目的進一步固定外形，發展香氣，使乾度達九成以上，利於運輸貯存。複烘在烘乾機中進行，溫度50～60℃，時間約20分鐘，含水量達8%～10%時下烘貯藏。

清香烏龍茶

烏龍茶製作程序

1 曬青—日光萎凋

2 涼青—室內自然萎凋

3 做青—使用滾筒式搖青機

4 炒青

5 初揉

6 初烘

7 速包

8 複揉（包揉）。

9 複烘

四、白茶的製法

白茶主產於福建的福鼎、政和、松溪和建陽等地，台灣地區也有生產。採用茸毛特多的政和與福鼎品種壯芽製成，由於白茶外形滿披白毫，故稱白茶。有芽茶（銀針）和葉茶（壽眉、白牡丹）之分，其製作工藝是萎凋、晒乾或烘乾。

❶白毫銀針：鮮葉→太陽曝曬至八九成乾→文火（40～45℃）烘至足乾；❷白牡丹：鮮葉→日光萎凋至七八成乾→並篩或堆放→烘焙→揀剔。

黃茶製作程序

1 鮮葉

2 殺青

3 攤涼

4 烘焙

五、黃茶的製法

依鮮葉老嫩分為黃小茶和黃大茶。黃小茶又稱芽茶，如君山銀針、蒙頂黃芽、北港毛尖、溈山毛尖等；黃大茶又稱葉茶，產於安徽霍山、金寨、六安、岳西和黃山。黃小茶一般採一芽一葉和一芽二葉初展。黃大茶採一芽四五葉。

燜黃是黃茶加工的特點，是形成黃茶「黃湯黃葉」品質的關鍵工序。燜黃工藝分為濕坯燜黃和乾坯燜黃，燜黃時間短的 15～30 分鐘，長的則需 5～7 天。工藝流程以蒙頂黃芽為例：鮮葉→殺青→初包（燜黃）→複鍋→複包（燜黃）→三炒→攤放→四炒→烘焙。

霍山黃芽

六、黑茶的製法

黑茶原料一般以成熟的新梢為主，也有以一芽三四葉為主的，如湖南的一級黑毛茶。黑茶加工分為兩步，一是以鮮葉為原料的黑毛茶加工，二是以黑毛茶為原料的成品茶加工。加工中的渥堆是形成黑茶品質特點的關鍵工序。

成品茶有湖南的湘尖、黑磚、花磚、茯磚，湖北的青磚、廣西的六堡茶、四川的康磚、金尖、茯磚、方包，雲南的沱茶、緊茶、餅茶、方茶和圓茶等。

黑茶的花色品種很多，加工工藝各不相同，其工藝流程以湖南黑毛茶和茯磚為例：❶ 黑毛茶：鮮葉→殺青→初揉→渥堆→複揉→乾燥；❷ 茯磚：黑毛茶→拼配→拼堆篩分→汽蒸渥堆→壓製定型→乾燥發花→成品包裝。

普洱沱茶製作程序

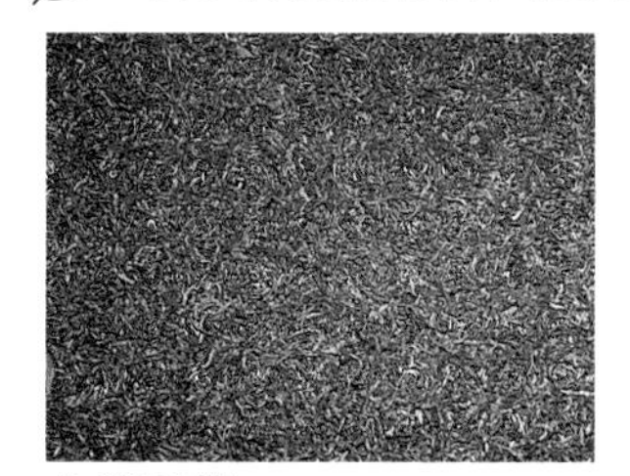

1 黑毛茶

2 拼配

3 拼堆

4 篩分

5 渥堆

6 壓製定型

7 乾燥

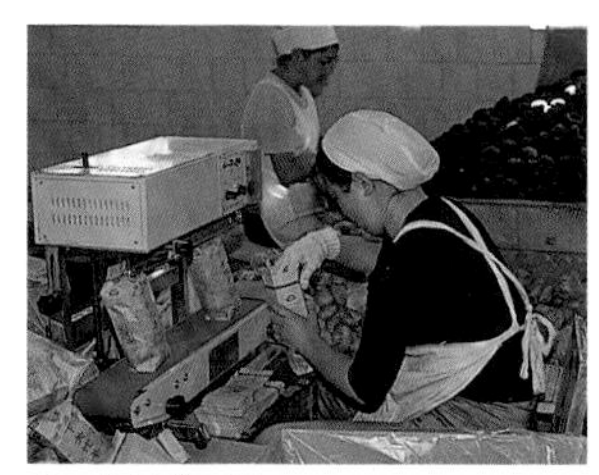

8 成品包裝

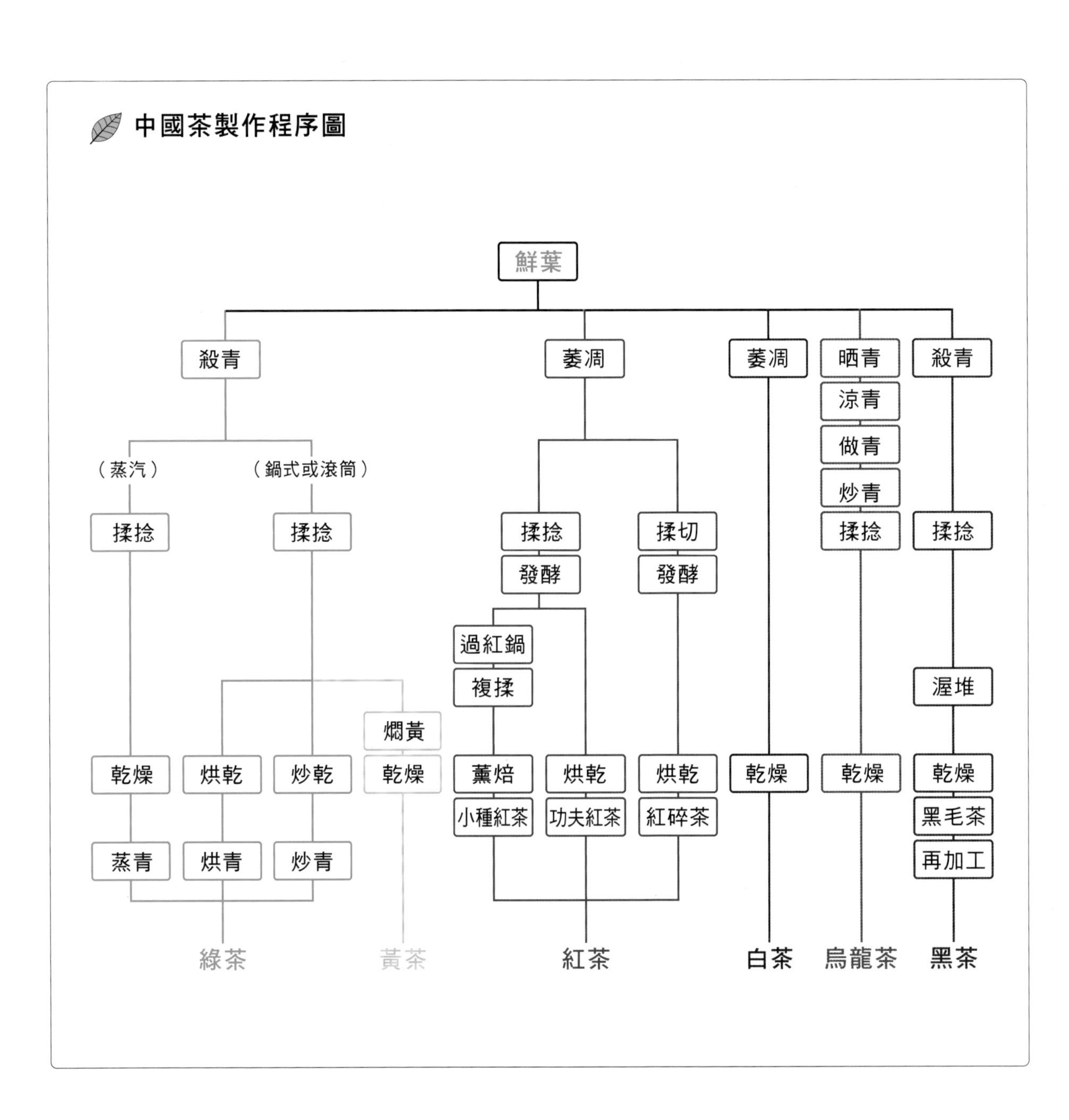
中國茶製作程序圖
鮮葉
殺青
萎凋
萎凋
晒青
殺青
涼青
（蒸汽）
（鍋式或滾筒）
做青
炒青
揉捻
揉捻
揉捻
揉切
揉捻
揉捻
發酵
發酵
過紅鍋
複揉
渥堆
燜黃
乾燥
烘乾
炒乾
乾燥
薰焙
烘乾
烘乾
乾燥
乾燥
乾燥
小種紅茶
功夫紅茶
紅碎茶
黑毛茶
蒸青
烘青
炒青
再加工
綠茶
黃茶
紅茶
白茶
烏龍茶
黑茶

第5章
中國茶的茶區

黑龍江
吉林
遼寧
新疆
內蒙
北京
天津
河北
寧夏
山西
山東
青海
甘肅
陝西
河南
江蘇
西藏
安徽
上海
湖北
四川
浙江
江西
湖南
貴州
福建
台灣
雲南
廣西
廣東
海南
華南茶區
西南茶區
江南茶區
江北茶區
台灣

中國是茶的故鄉，種茶歷史悠久。中國茶的茶區幅員遼闊，包括浙江、湖南、安徽、四川、福建、雲南、湖北、廣東、江西、廣西、貴州、江蘇、陝西、河南、海南、重慶、山東、西藏、甘肅等產茶省（區、市），1019個產茶縣（市）。2003年茶園面積為122.58萬公頃（其中台灣為18500公頃），約占世界茶園面積（271.69萬公頃）的45%，茶樹種植面積居世界首位。

中國茶區根據生態環境、茶樹品種、茶類結構分為五大茶區，即華南茶區、西南茶區、江南茶區、江北茶區和臺灣。

一、華南茶區

華南茶區包括福建大樟溪、雁石溪，廣東梅江、連江，廣西潯江、紅水河，雲南南盤江、無量山、保山、盈江以南等地區，行政區包括福建東南部、廣東中南部、廣西南部、雲南南部及海南。另外，氣候相近的台灣也有生產中國茶。

華南茶區的雲南鳳慶茶園

華南茶區的福建安溪茶園

華南茶區氣溫在四大茶區中是最高的，年均氣溫在20℃以上，1月份平均氣溫多高於10℃，≥10℃積溫在6500℃以上，無霜期300天以上，年極端最低氣溫不低於－3℃。海南等地無雪無冬，四季如春，茶樹四季均可生長，新梢每年可萌發多輪。雨水充沛，年平均降雨量為1200～2000毫米，其中夏季占50%以上，冬季降雨較少。有的地區11月至翌年2月常有乾旱現象，但山區多森林，空氣濕度較大。土壤為紅壤和磚紅壤，土層深厚，多為疏鬆粘壤土或壤質粘土，活性鈣含量低，有機質含量在1%～4%之間，肥力高，是茶樹最適宜生長區。

華南茶區茶樹品種資源豐富，主要為喬木型大葉類品種，小喬木型和灌木型中小葉類品種亦有分布，如勐庫大葉茶、鳳慶大葉茶、海南大葉種、凌雲白毛茶、鳳凰水仙、英紅1號、鐵觀音、黃棪等。生產茶類品種有烏龍茶、功夫紅茶、紅碎茶、普洱茶、綠茶、花茶及名優茶。

二、西南茶區

西南茶區包括米侖山、大巴山以南、紅水河、南盤江、盈江以北、神農架、巫山、方斗山、武陵山以西、大渡河以東，行政區包括雲南中北部、廣西北部、貴州、四川、重慶及西藏東南部。

西南茶區地勢較高，大部分茶區海拔在500米以上，屬於高原茶區。地形複雜，氣候變化較大，年均氣溫在15.5℃以上，最低氣溫一般在－3℃左右，個別地區可達－8℃。≥10℃積溫在4000～5800℃，無霜期220～340天。春秋兩季氣溫相似，夏季氣溫比其他茶區低，沒有明顯的高熱天氣，冬季氣溫較華南茶區低，但比江南茶區、江北茶區高。

四川盆地南部邊緣丘陵山地，氣候條件優越，年平均氣溫18.0℃以上，≥10℃積溫在5500℃以上，極端最低氣溫不低於－4℃。無霜期220～340天。雲南最低日平均氣溫在10.0℃以上，最高月平均氣溫為24.0℃左右，四季如春，氣候極宜茶樹生長。但在川滇高原山地，垂直地帶氣溫差異明顯，不同海拔高度層的氣候變化很大。雨水充沛，年降雨量大多在1000～1200毫米之間，但降雨主要集中在夏季，而冬、春季雨量偏少，如雲南等地常有春旱現象。山地多森林，空氣濕度大，且時有地形雨，雨量較大。土壤類型多，主要有紅壤、黃紅壤、褐紅壤、黃壤、紅棕壤等。土壤中有機質含量較其他茶區高，有利於茶樹生長。

西南茶區茶樹品種資源豐富，喬木型大葉種和小喬木型、灌木型中小種品種全有，如崇慶枇杷茶、南江大葉茶、早白尖5號、湄潭苔茶、十里香等。生產茶類品種有功夫紅茶、紅碎茶、綠茶、沱茶、緊壓茶、花茶和各類名優茶。

三、江南茶區

江南茶區位於長江以南，大樟溪、雁石溪、梅江、連江以北，行政區包括廣東、廣西北部，福建大部，湖南、江西、浙江、湖北南部、安徽南部、江蘇南部。

江南茶區地勢低緩，四季分明，氣候溫暖，年均氣溫在15.5℃以上，極端最低氣溫多年平均值不低於－8℃，但個別地區冬季最低氣溫可降到－10℃以下，茶樹易受凍害。≥10℃積溫為4800～6000℃，無霜期230～280天。夏季最高氣溫可達40℃以上，茶樹易被灼傷。雨水充足，年均降雨量1400～1600毫米，有的地區年降雨量可高達2000毫

龍井長葉品種。

杭州的茶園，屬於江南茶區。

米以上，以春、夏季為多。土壤以紅壤、黃壤為主，部分地區有黃褐土、紫色土、山地棕壤和沖積土。土壤有機質含量較高。含石灰質較多的紫色土不宜種茶。

本區茶樹品種主要以灌木型品種為主，小喬木型品種也有一定的分布，如福鼎大白茶、祁門種、鳩坑種、上梅洲種、高橋早茶、龍井 43 號、翠峰茶、福雲 6 號、浙農 12 號、政和大白茶、水仙茶、肉桂茶等。生產茶類有綠茶、烏龍茶、白茶、黑茶、花茶和名優茶等。

本區氣候、土壤等自然環境適宜茶樹生長發育，是茶樹生態適宜區；社會經濟發展快，有利於茶葉產業化發展，茶葉產量約占全國總產量的三分之二，名優茶品種琳琅滿目，經濟效益高，是中國重點茶區。

四、江北茶區

江北茶區位於長江以北，秦嶺淮河以南以及山東沂河以東部分地區，行政區包括甘肅南部、陝西南部、河南南部、山東東南部、湖北北部、安徽北部、江蘇北部。

江北茶區大多數地區年平均氣溫在 15.5℃以下；≥ 10℃積溫為 4500 ～ 5200℃，極端最低溫在－ 10℃，個別年份極端最低氣溫可降到－ 20℃，造成茶樹嚴重凍害。無霜期 200 ～ 250 天。

茶樹年生長萌發期僅六、七個月。年降水量相對較少，在 1000 毫米以下，其中春季、夏季降雨量約佔一半。土壤以黃棕壤為主，也有黃褐土和山地棕壤等，pH 值偏高，質地粘重，常出現粘盤層，肥力較低。從土壤和氣候條件而言，對茶樹生育並不十分有利，尤其是冬季，必須採取防凍措施，茶樹才能安全越冬。

該區茶樹品種主要是抗寒性較強的灌木型中小葉種，如信陽群體種、紫陽種、祁門種、黃山種、霍山金雞種、龍井系列品種等。生產茶類品種有綠茶和名優茶。

第6章
中國茶的種類

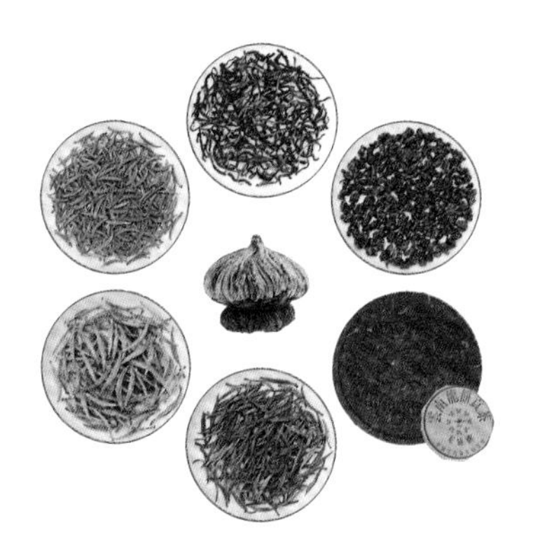

中國茶依其製法和特點，分綠茶、紅茶、烏龍茶、
黃茶、白茶和黑茶等六大基本茶類，
另有再經加工的花茶和緊壓茶。

一、綠茶

綠茶是基本茶類之一，屬「不發酵茶」。製作過程不經發酵，乾茶、湯色、葉底均為綠色，是中國歷史上最早出現的茶類。根據其製作工藝殺青和乾燥方式的不同，分為炒青綠茶、烘青綠茶、晒青綠茶和蒸青綠茶四大類，還有介於前兩者之間的「半烘半炒綠茶」。幾乎中國的各產茶省均生產綠茶，其中以浙江、安徽、湖南、江西、江蘇、湖北和貴州為最多。

炒青綠茶，按產品形狀分有長炒青（如眉茶）、圓炒青（如珠茶）、扁炒青（如龍井）等，數量以長炒青為最多，經精製整形後稱為眉茶，是中國重要的外銷綠茶品種。各地所產名優綠茶，幾乎都是手工藝品，其特點是造型優美，色澤綠潤，香味鮮醇柔和，是綠茶中的佼佼者。

中國生產茶葉約有70%是綠茶，每年數量在50萬噸以上。綠茶以國內銷售為主，部分供應出口。中國出口的綠茶，在國際市場上素享盛譽，除眉茶外，還有珠茶和各種名優綠茶，年出口量超過15萬噸，佔世界綠茶貿易量的70%以上。銷往世界五十餘個國家和地區，主銷西北非和東南亞，西歐各國也有一定的銷量。

綠陽春

纖細秀長．香氣高雅

新創製名茶，屬條形烘青綠茶。1990 年由儀徵市捺山製茶廠創製。綠揚春茶是採摘單芽或一芽一葉初展鮮葉為原料，經殺青、理條、初烘、整形、足乾、揀剔等六道工序製成。殺青、理條是綠揚春茶製作關鍵。手工炒製，鮮葉經殺青，直接進入理條，採用「抓」、「抖」等手法，使茶坯成直條形，起鍋攤涼後，再入烘籠焙至足乾，揀剔後收藏。

綠揚春茶品質優異，在眾多的名茶中獨占鰲頭。1994、1995 年在江蘇「陸羽杯」名茶評比中獲特等獎；1999 年在中國茶葉學會第 3 屆「中茶杯」全國名茶評比中又獲特等獎。

特徵

茶形狀 - 纖細秀長
形似新柳

茶色澤 - 翠綠油潤

茶湯色 - 清澈明亮

茶香氣 - 高雅持久

茶滋味 - 鮮醇

茶葉底 - 嫩綠勻齊

產　地 - 江蘇省儀徵市周
邊丘陵山地

乾茶 纖細秀長

茶湯 清澈明亮

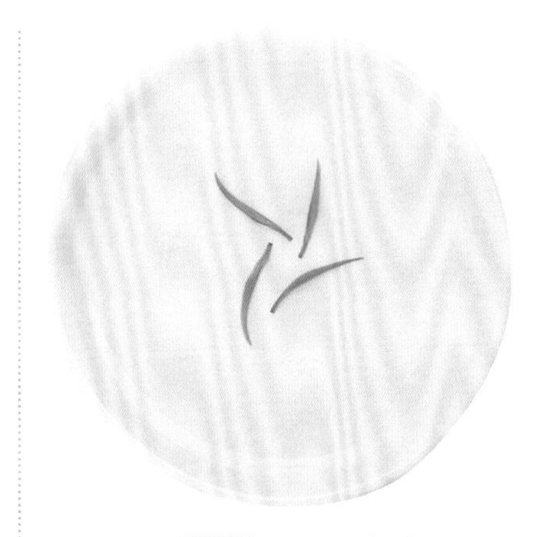

葉底 嫩綠勻齊

南山壽眉

色澤翠綠．鮮爽醇和

新創名茶，屬條形烘青綠茶。1985 年由江蘇省溧陽市李家園茶場創製。以福丁大白茶等良種鮮葉為原料，特級極品於 3 月底採肥壯的芽苞為主，後採一芽一葉或二葉初展的鮮葉，剔除老葉、梗雜後，攤放在竹簾上，散盡青草氣後付製。炒製工藝分為殺青、理條整形、烘焙、揀剔等四道工序。理條是塑造壽眉外形的關鍵工序。在 80℃～ 100℃的電炒鍋中進行，鍋溫先高後低，再略高。操作手法先將茶條拉直後擰彎，再撳壓。先直後彎、先圓後扁，促其外形向月牙方向發展，反覆揉搓至含水率達 20% 時起鍋攤涼。然後烘焙，烘至含水率 6%、外形露毫、清香四溢時下烘。揀去黃片、梗雜，割末收藏。

乾茶 色澤翠綠

茶湯 清澈明亮

葉底 嫩綠完好

特徵

茶形狀 - 條索微彎略扁
白毫披覆似眉

茶色澤 - 翠綠

茶湯色 - 清澈明亮

茶香氣 - 清雅持久

茶滋味 - 鮮爽醇和

茶葉底 - 嫩綠完好

產　地 - 江蘇省溧陽市
南山天目湖
旅遊風景區

太湖翠竹

形似竹葉．翠綠油潤

乾茶 翠綠油潤

新創製名茶，屬扁形烘炒綠茶。太湖翠竹採用福丁大白茶和槠葉種等無性系品種芽葉，於清明前採摘單芽或一芽一葉初展鮮葉，經攤放、殺青、整形（理條和搓揉）、乾燥和輝炒提香等五道工序製成。理條和搓揉是形成太湖翠竹特殊風格的主要工藝，殺青後之鮮葉稍攤涼後入鍋理條，採用抓、帶、搭等手法在80℃鍋溫下將茶在鍋底理順、理直；至手感不粘手時進行搓揉，將茶葉握於雙手掌心，運用掌力，向一方向搓揉，並與搭、帶、抖相結合手法把茶葉理順，達到條索細緊時進行烘乾。再搓揉、理條一次，至含水率15%時下烘攤涼。最後輝炒提香，達足乾時，割末即可收藏。

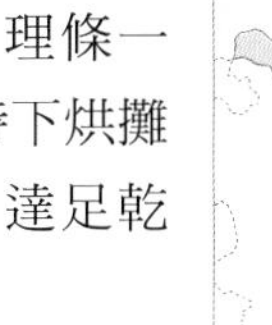

茶湯 清澈明亮

特徵

茶形狀 - 條形扁似竹葉

茶色澤 - 翠綠油潤

茶湯色 - 清澈明亮

茶香氣 - 清高持久

茶滋味 - 鮮爽甘醇

茶葉底 - 嫩綠勻整

產　地 - 江蘇省無錫郊區和錫山一帶

葉底 嫩綠勻齊

陽羨雪芽

香氣清雅．滋味鮮醇

乾茶 緊細勻直

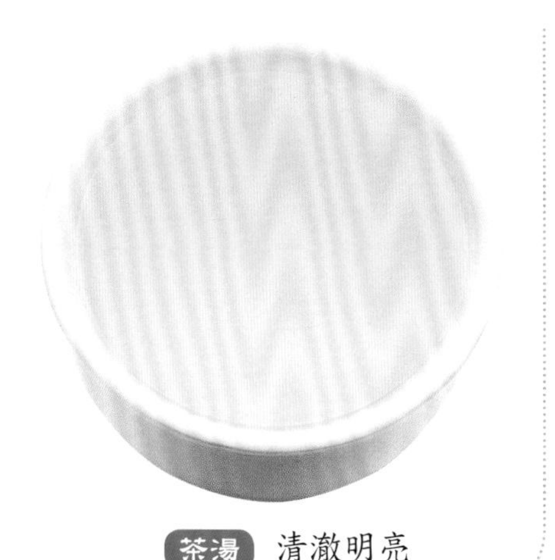

茶湯 清澈明亮

葉底 明亮完整

歷史名茶，屬條形炒青綠茶。主產於宜興市南部陽羨遊覽景區。據歷史記載，東漢宜興陽羨已有茶生產，並在唐代成為著名的貢茶。陽羨雪芽於谷雨時採自宜興種一芽一葉初展之鮮葉為原料。經高溫殺青、輕度揉捻和整形乾燥等三道工序製成。其製作工藝關鍵在於整形乾燥。

在鍋溫 50℃～ 80℃的平鍋中進行，初以抖散水分為主，至茶不粘手時，採取邊搓邊理，搓理結合，7 成乾時稍提高鍋溫，合掌輕搓，使茸毛顯露，散發茶香。8 成乾時薄攤鍋中，適當翻炒。含水量達 7% 時，出鍋攤涼。割末後收藏。

特徵

茶形狀 - 緊細勻直
有鋒苗顯毫

茶色澤 - 翠綠

茶湯色 - 清澈明亮

茶香氣 - 清雅

茶滋味 - 鮮醇

茶葉底 - 嫩勻、明亮完整

產　地 - 江蘇省宜興市

太湖小天鵝茶

茶形扁平似劍

新創名茶，屬烘青綠茶。於 2000 年，由無錫市茶葉品種研究所開發研製。

太湖小天鵝茶，於清明前後，採摘福鼎大白茶品種茶樹之單芽或一芽一葉初展鮮葉為原料。要求鮮葉原料的品種、芽葉長短、肥瘦、色澤這四項條件達到一致，並且不帶魚葉，不採病蟲葉。成品茶以原料單芽和一芽一葉所佔的比例，分為特級、一至四級共 5 個級別。特級小天鵝茶，由單芽精製而成，在沖泡過程中芽頭豎立，景象奇特，集觀賞與飲用於一身。

2001 年在第 4 屆「中茶杯」全國名優茶評比中獲特等獎。

特徵

茶形狀 - 扁平似劍
有峰苗顯毫

茶色澤 - 翠綠

茶湯色 - 綠而明亮

茶香氣 - 清香持久

茶滋味 - 鮮爽醇和

茶葉底 - 嫩勻

產　地 - 江蘇省無錫市
梅園一帶

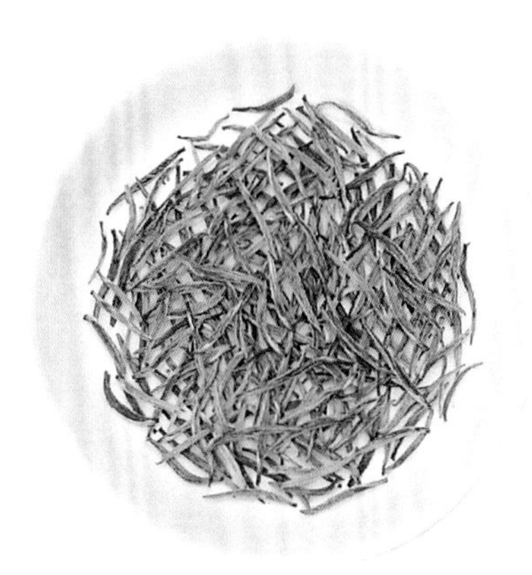

乾茶　峰苗顯毫

茶湯　綠而明亮

葉底　葉底嫩勻

南京雨花茶

鋒苗挺秀・形似松針

新創製名茶，屬針形炒青綠茶。

雨花茶於清明前後採摘一芽一葉初展之鮮葉。通常製成 500 克特級雨花茶需 5 萬多個芽葉。雨花茶分殺青、揉捻、搓拉條和烘乾等四大工序製成。搓拉條是雨花茶成形的關鍵。經殺青、揉捻微出茶汁的葉子在 85 ～ 90℃鍋溫中用翻炒抖散理順茶條，再於手中輕輕滾轉搓條，不斷解散團塊，待葉子不粘手時降溫至 60 ～ 65℃，手掌五指伸開，兩手合抱茶葉，使其順一個方向用力滾搓，約 20 分鐘，達 7 成乾時升溫 75 ～ 85℃，手抓葉子沿鍋壁來回拉炒理條，進一步做圓，9 成乾起鍋。冷卻割末後，在文火中烘焙足乾收藏。

乾茶 緊細圓直

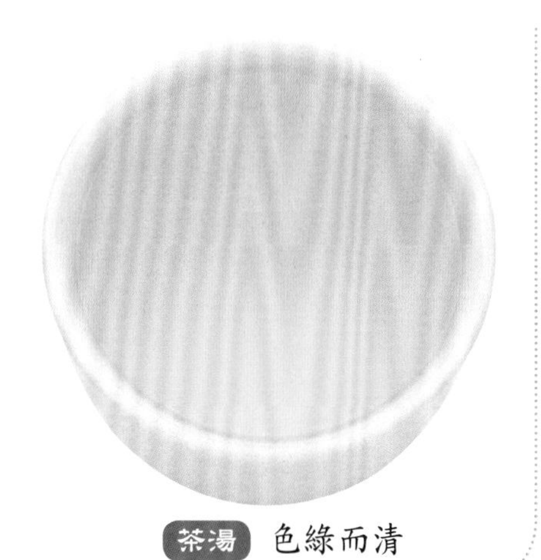

茶湯 色綠而清

葉底 匀嫩明亮

特徵

茶形狀 - 條索緊細圓直
形似松針

茶色澤 - 翠綠

茶湯色 - 綠而清

茶香氣 - 濃郁高雅

茶滋味 - 鮮醇

茶葉底 - 匀嫩明亮

產　地 - 南京市郊
和周邊各縣

茅山青鋒

茶形平整．湯色綠明

新創製名茶，屬扁形炒青綠茶。於 20 世紀 80 年代由茅麓茶場創製。因產於茅山，形如青鋒短劍而取名茅山青鋒。茅山是江蘇主要山脈之一，雄踞整個蘇南平原，氣候溫和，雨量充沛，土層深厚，有利於茶樹生長。

茅山青鋒是高檔手工製作綠茶。生產季節性很強。採谷雨前後一芽一葉的鮮葉為原料，經攤放、殺青、整形、攤涼、輝鍋、精製等工藝而成。

殺青、整形是茅山青鋒製作的重點工藝。攤放後的鮮葉入鍋，在殺青階段採用撩、抖、托、挺、檔等炒製手法，使茶葉成條略帶扁平形，達 7 成乾時起鍋。經攤涼後，再入鍋輝炒至足乾，割去末子，簸去輕身黃片後收藏。

特徵

茶形狀 - 平整光滑
挺秀顯毫

茶色澤 - 綠潤

茶湯色 - 綠明

茶香氣 - 高爽

茶滋味 - 鮮醇

茶葉底 - 嫩勻

產　地 - 江蘇省金壇市
主產於茅麓
茶場

乾茶 挺秀顯毫

茶湯 湯色綠明

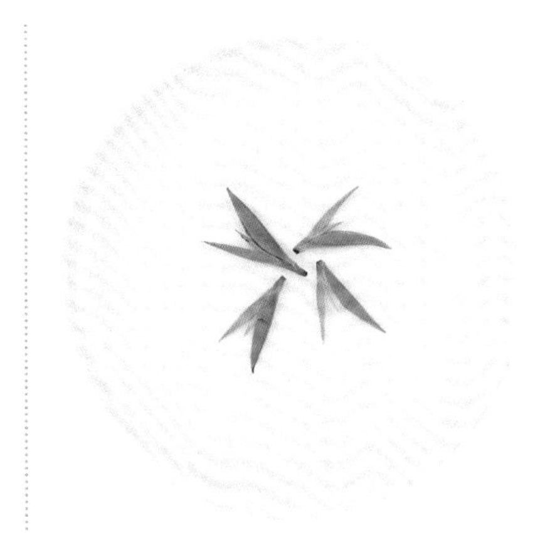

葉底 葉底嫩勻

金山翠芽

茶湯明亮・香高持久

新創製名茶，屬扁形炒青綠茶。於 1981 年由鎮江市五洲山茶場等單位創製。鎮江市位於江蘇省境內長江下游南岸，土壤都為下蜀系酸性黃壤，土層深厚，宜於茶樹生長。

金山翠芽選用福丁大白茶等無性多毫良種，於清明前後採單芽和一芽一葉為原料，經殺青、輝乾兩大工序炒製而成。殺青是金山翠芽品質形成最主要階段，採用鍋溫在 120℃，投葉量約 250 克，抖燜結合翻炒 3 ～ 4 分鐘後降溫於 80℃進入做形，用抖、帶、抓、炒等手法炒至 7 成乾起鍋攤涼，然後兩鍋併為一鍋，在 70 ～ 80℃時鍋溫中繼續整形炒乾，含水量 6% 時起鍋，去末收藏。

乾茶 扁平挺削

茶湯 綠而明亮

葉底 肥勻嫩綠

特徵

茶形狀 - 扁平挺削、顯毫
茶色澤 - 翠綠
茶湯色 - 綠而明亮
茶香氣 - 香高持久
茶滋味 - 濃醇
茶葉底 - 肥勻嫩綠
產　地 - 江蘇省鎮江市句容、丹徒、丹陽等地

無錫毫茶

銀綠隱翠・白毫披覆

新創製名茶，屬捲曲形炒青綠茶。1979 年由無錫市茶樹品種研究所研製開發。

無錫毫茶以無性系大毫品種為原料，於清明前後採一芽一葉初展鮮葉，在竹筐內攤放 4 ～ 6 小時後即可付製。

分殺青、揉捻、搓毛、乾燥等四道加工工序。殺青後進入揉捻，在控溫 100℃的鍋中，採用揉、抖、炒的手法交替進行，待稍揉出茶汁時，即可轉入搓毛階段，是毫茶加工的關鍵工序。搓毛，始溫約 80℃，將揉捻成條的茶葉，用雙手在鍋中搓團，輕翻勤翻，微揉提毫，待條索捲曲顯毫，達 8 成乾時起鍋。稍攤涼後，再進行最後的乾燥工序。

特徵

茶形狀 - 條形捲曲肥壯
白毫披覆

茶色澤 - 銀綠隱翠

茶湯色 - 色綠明亮

茶香氣 - 嫩香持久

茶滋味 - 鮮醇

茶葉底 - 嫩綠柔勻

產　地 - 江蘇省
無錫市郊區

乾茶　條形捲曲

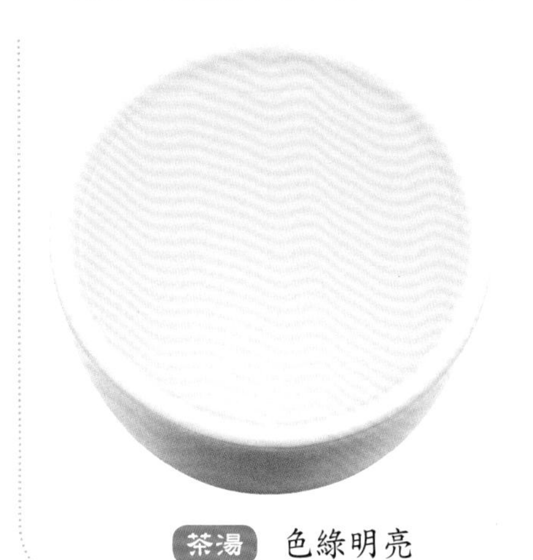

茶湯　色綠明亮

葉底　嫩綠柔勻

碧螺春

茶形似螺．嫩香芬芳

乾茶 捲曲呈螺

茶湯 嫩綠清澈

葉底 嫩綠柔勻

歷史名茶，屬螺形炒青綠茶。創製於明末清初。當地人稱碧螺春為「嚇煞人香」，意即有擋不住的奇香。後因康熙皇帝品飲後覺得味道很好，但名稱不雅，於是題名「碧螺春」，此後，其名代代相傳，延續至今。

碧螺春的製作分採、揀、攤涼、殺青、炒揉、搓團、焙乾等七道工序。高級的碧螺春茶在春分前後開始採製，採一芽一葉初展，稱為「雀舌」。碧螺春製作目前還保持手工方法，殺青以後即炒揉，揉中帶炒，炒中帶揉，揉揉炒炒，最後焙乾。細嫩芽葉與巧奪天工的高超技藝，使碧螺春茶形成了色、香、味、形俱美的獨有風格。

江蘇省
南京
吳縣

茶形狀 - 條索纖細
捲曲呈螺

茶色澤 - 銀綠隱翠

茶湯色 - 嫩綠清澈

茶香氣 - 嫩香芬芳

茶滋味 - 鮮醇

茶葉底 - 芽大葉小
嫩綠柔勻

產　地 - 江蘇省吳縣市
太湖洞庭山

金壇雀舌

狀如雀舌・茶色綠潤

屬炒青綠茶。1982年由金壇縣多種經營局與方麓茶場科技人員共同研製，並以金壇縣名和茶葉形狀命名。

金壇雀舌主產於方麓茶場，每年於清明前後開採，採摘芽苞和一芽一葉初展之鮮葉為原料，經殺青、攤涼、整形、乾燥等工序加工而成。殺青和整形是製好金壇雀舌茶的關鍵。殺青手法，採用抛燜結合，然後抖、撩交替進行，待散失一定水分後，改用以搭為主，結合抖、撩做形，使茶初步形成扁直形，稍有觸感時，起鍋攤涼。稍後的整形，以搭和抓兩種手法結合進行，使茶葉在一定的壓力作用下，趨向扁、直、平、滑，形似雀舌，在鍋中炒至發出「沙沙」響聲時，即可起鍋攤涼冷卻收藏。

特徵

茶形狀 - 扁平挺直
狀如雀舌

茶色澤 - 綠潤

茶湯色 - 嫩黃明亮

茶香氣 - 嫩香持久

茶滋味 - 鮮爽

茶葉底 - 嫩勻

產　地 - 江蘇省金壇市
方麓茶場

乾茶 扁平挺直

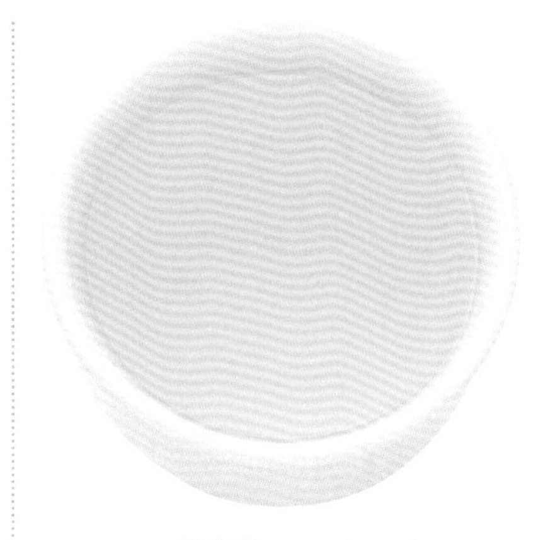

茶湯 嫩黃明亮

葉底 葉底嫩勻

西湖龍井

馥郁清香．甘鮮醇和

乾茶　扁平挺直

扁形綠茶，以「色綠、香郁、味醇、形美」四絕著稱，馳名中外。2001 年 11 月 4 日龍井茶開始實施原產地域保護，將杭州西湖區劃為龍井茶生產發源地，允許冠以「西湖龍井茶」之稱。

清明前後至谷雨是採製龍井茶的最佳時節，特級茶採摘標準為一芽一葉及一芽二葉初展，每公斤乾茶需 7 ～ 8 萬個鮮嫩芽葉。手工炒製分抓、抖、搭、搨、捺、推、扣、甩、磨、壓等 10 個基本動作，分別在青鍋、炒二青和輝鍋三道工序中完成，還要配以分篩、回潮、挺長頭、簸片末等輔助工序。目前一、二級西湖龍井也有推廣機械製茶。

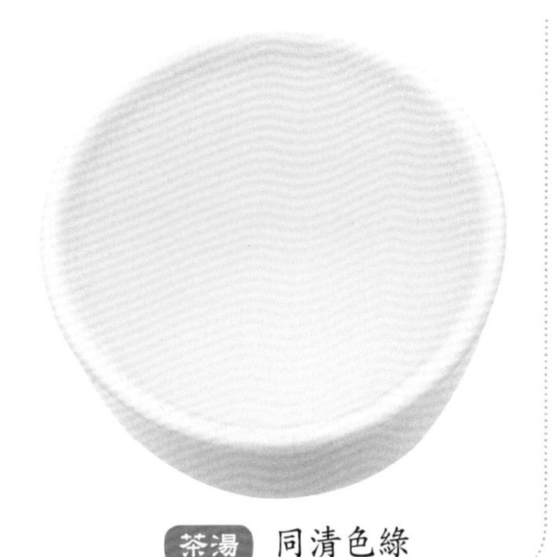

茶湯　同清色綠

特徵

茶形狀 - 扁平挺直
光潔勻整

茶色澤 - 翠綠鮮潤

茶湯色 - 同清色綠

茶香氣 - 馥郁清香
幽而不俗

茶滋味 - 甘鮮醇和

茶葉底 - 嫩綠、勻齊成朵

產　地 - 杭州市西子湖畔
西湖山區

葉底　勻齊成朵

大佛龍井

湯色杏綠・嫩香持久

因大佛寺得名。新昌縣全縣地勢由東南向西北呈階梯狀下降。茶園主要分布在海拔200～600米的丘陵山地之中。迎霜、翠峰、烏牛早等是當地主栽茶樹良種。大佛龍井茶分特級至五級共六個等級。

製作工藝與杭州西湖龍井相仿，分攤放、殺青、攤涼、炒二青、輝乾等工序，炒製的操作手法包括抓、抖、抹、搭、捺、扣、壓等手法。

80年代後期起，加速產業化步伐，新昌縣有5家企業註冊品牌商標，1995年新昌縣被命名為「中國名茶之鄉」。1991年大佛龍井茶獲中國文化名茶稱號；1995年獲第2屆中國農博會金獎。

特徵

茶形狀 - 扁平光滑
尖削挺直

茶色澤 - 綠翠勻潤

茶湯色 - 杏綠明亮

茶香氣 - 嫩香持久
略帶蘭花香

茶滋味 - 鮮爽甘醇

茶葉底 - 嫩綠明亮

產　地 - 浙江省新昌縣
等地

乾茶 尖削挺直

茶湯 杏綠明亮

葉底 嫩綠明亮

吳剛茶

嫩綠油潤．清香馥郁

乾茶 扁平光滑

主產地在浙江、江西、福建三省交界處，海拔400多米，環峰連綿，山巒起伏，氣候溫和。茶樹在漫射光條件下生長，形成特有的高山茶特色。當地主要適合種植的品種有鳩坑種和龍井43號等，於春分前後開採。

特級茶原料採一芽一葉初展，1～3級茶原製採一芽一葉至一芽二葉初展。製作工藝分攤放、殺青、分解、輝鍋等四道工序。殺青有壓、搭、抖等手法，輝鍋主要用扣、磨、甩、壓等炒製方法。

吳剛茶品質超群，分別在1992年獲全國農業博覽會銀獎；1992年和1993年分別獲浙江省優質茶和一類名茶稱號；2001年獲中國茶葉學會第4屆「中茶杯」全國名優茶評比一等獎。

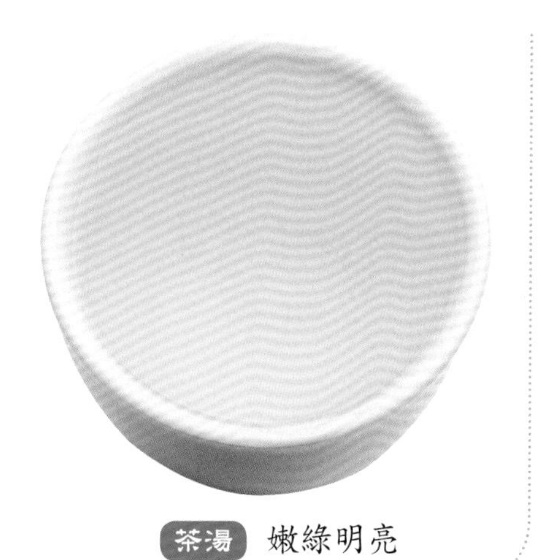

茶湯 嫩綠明亮

特徵

茶形狀 - 扁平光滑、尖削
茶色澤 - 嫩綠油潤
茶湯色 - 嫩綠明亮
茶香氣 - 清香馥郁
茶滋味 - 鮮爽
茶葉底 - 肥嫩成朵
產　地 - 浙江省龍游縣沐塵鄉鳳凰山一帶

葉底 肥嫩成朵

長興紫筍茶

芽葉似筍．形似蘭花

歷史著名貢茶，屬半烘炒型綠茶。始於唐代宗廣德年間（公元 763 ～ 764 年），後失傳，1978 年恢復生產。

長興紫筍茶主產於浙江省長興縣顧渚山麓。顧渚山位於太湖之濱，空氣潮濕，雨水充沛，土壤肥沃。

製作工藝包括：採摘、攤青、殺青、理條（帶有輕揉捻作用）；攤涼、初烘、複烘等工序。標準為一芽一葉初展，一級為一芽一葉初展占 85% 左右。根據芽葉嫩度分紫筍、旗芽、雀舌等三個級別。1978 年紫筍茶恢復後，連續 4 年被評為浙江一類名茶。1982 年獲浙江省農業廳頒發的「名茶證書」。

特徵

茶形狀 - 芽葉相抱似筍
形似蘭花

茶色澤 - 綠翠、銀毫顯露

茶湯色 - 清澈明亮

茶香氣 - 清高

茶滋味 - 鮮醇甘甜

茶葉底 - 嫩綠柔軟

產　地 - 浙江長興縣
顧渚山

乾茶　形似蘭花

茶湯　清澈明亮

葉底　嫩綠柔軟

開化龍頂

香氣清幽．鮮醇甘爽

新創名茶，屬半烘炒型綠茶，開化產茶早有歷史紀錄，但多以產白毛尖等芽茶為主。

據《開化縣志》記載，明崇禎4年（1631年）已成貢品，清光緒24年（1898年）名茶朝貢時「黃絹袋袱旗號簍」，專人專程進獻。後失傳，20世紀70年代，科技人員在齊溪公社大龍山海拔800米的「龍頂潭」附近採葉試製名茶，獲得成功，並命名為開化龍頂。

產地潮濕多霧，日照短，多陰雨天，茶樹沉浸在雲蒸霞蔚之中，堪稱佳茗極品。開化龍頂的製作工藝包括採摘、攤放、殺青、輕揉、搓條、初烘、造型提毫、低溫焙乾等工序。成品茶分特、一、二級三個級別。

乾茶　緊結挺直

茶湯　杏綠清澈

葉底　成朵勻齊

特徵

茶形狀 - 條索緊結挺直
茶色澤 - 銀綠隱翠
白毫顯露
茶湯色 - 杏綠清澈
茶香氣 - 鮮嫩清幽
茶滋味 - 鮮醇甘爽
茶葉底 - 成朵勻齊
產　地 - 浙江省開化縣
齊溪鎮大龍村
一帶

江山綠牡丹

形似蘭花．具嫩栗香

新創名茶，屬烘青綠茶，1980年春由江山市林業局科技人員研製。因主產於江山市仙霞山麓，故又名「仙霞茶」、「仙霞化龍」，後正式定名「江山綠牡丹」。

據傳明代正德皇帝巡視江南時，途經仙霞關，品飲仙霞茶後讚不絕口，當即賜名為「綠茗」，列為貢茶。

清同治年間《江山縣志》記，宋代詩人蘇東坡稱「江山茶色香味三絕」。當地環境溪水潺潺，雲霧繚繞，綠牡丹茶以採摘細嫩，加工精湛而馳名，後隨著滄桑變遷，綠茗茶失傳。20世紀80年代恢復試製。

經攤放、殺青、攤涼、理條、輕揉、烘焙等工序製作而成。

特徵

茶形狀 - 緊結挺直
形似蘭花

茶色澤 - 翠綠顯毫

茶湯色 - 嫩綠清澈

茶香氣 - 高爽、具嫩栗香

茶滋味 - 鮮醇爽口

茶葉底 - 葉底厚實、黃綠色

產　地 - 浙江省江山市
仙霞山麓

乾茶　緊結挺直

茶湯　嫩綠清澈

葉底　黃綠厚實

徑山茶

細嫩緊結・鮮嫩栗香

乾茶 細嫩緊結

歷史名茶，屬烘青綠茶。徑山茶始於唐朝，聞名於兩宋。宋吳自牧《夢粱錄》卷十八「物產」中記：「徑山採谷雨前茗，以小罐貯饋之」。明萬曆《余杭縣志》「物產」記：「茶，本縣徑山四濱塢出者多佳」。

徑山風光綺麗，秀竹成林，茶園多在海拔560米以上山坡種植，氣候濕潤，終年雲霧繚繞，晝夜溫差大，土質疏鬆肥沃，因此茶葉品質優越。徑山茶分特一、特二、特三，三個等級。採摘標準以一芽一葉或一芽二葉初展為原料製作。特一級工藝分攤放、殺青、揉捻、烘焙等四道工序。

茶湯 嫩綠瑩亮

特徵

- 茶形狀 - 細嫩、緊結、顯毫
- 茶色澤 - 翠綠
- 茶湯色 - 嫩綠瑩亮
- 茶香氣 - 鮮嫩栗香
- 茶滋味 - 甘醇爽口
- 茶葉底 - 勻淨成朵
- 產　地 - 浙江省杭州市余杭區長樂鎮徑山村

葉底 勻淨成朵

方山茶

色澤綠潤 · 香高味鮮

歷史名茶，屬半烘炒型綠茶。宋明代時已聞名。北宋蔡宗顏撰《茶譜遺事》記：「龍游方山陽坡出早茶，味絕勝」。民國《龍游縣志》記：「龍游南鄉多產白毛尖，香高味鮮」。方山位於龍游以南的丘陵山地，土層深厚，雨量充沛，晝夜溫差大，自然條件優越。方山茶的採摘標準為初展一芽一二葉，加工工藝分為殺青、搓揉、初烘、炒乾理條、複烘等五道工序。分特級、一級、二級三個等級，已獲有機茶認證。1989年認定為省級一類名茶。2001年獲中國茶葉學會第4屆「中茶杯」名優茶評比一等獎。

特徵

茶形狀 - 條索細緊
挺直略扁
形似蘭花

茶色澤 - 色澤綠潤、毫峰顯露

茶湯色 - 嫩綠清澈

茶香氣 - 幽香持久

茶滋味 - 鮮醇爽口

茶葉底 - 肥壯、細嫩成朵

產　地 - 浙江省龍游縣
溪口等地

乾茶　挺直略扁

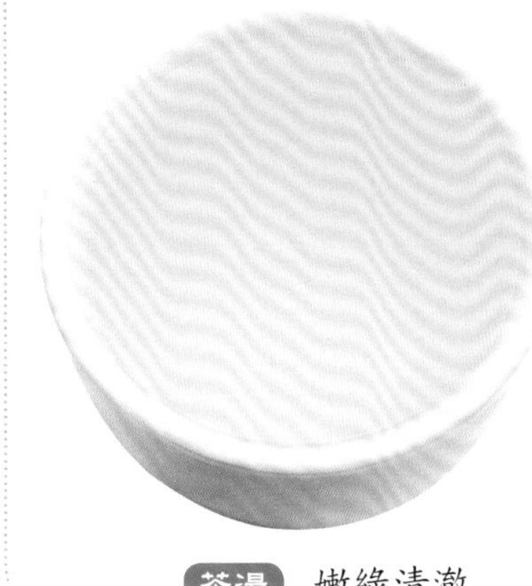

茶湯　嫩綠清澈

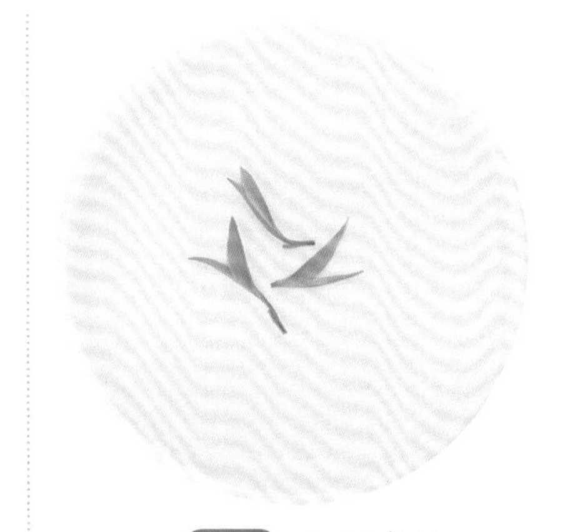

葉底　細嫩成朵

雪水雲綠

翠芽玉立 · 清湯綠影

新創名茶。屬烘青綠茶。1989 年春，由桐廬縣農業局研製開發成功。雪水雲綠產地雪水嶺的龍涎頂，海拔 900 餘米，有龍潭瀑布，崖壑飛流，四周群峰翠疊，雲海縹緲，具有優良的生態環境。雪水雲綠於早春清明前後開採。經殺青、理條、初焙、複焙等工序製成。沖泡時茶芽如蓮芯挺立杯中，徐徐浮沉，翠芽玉立、清湯綠影。

曾連續四屆評為浙江省一類名茶；1992 年和 1995 年獲首屆和第 2 屆中國農業博覽會金質獎。1999 年獲中國茶葉學會第 3 屆「中茶杯」全國名優茶評比一等獎。

乾茶 挺直扁圓

茶湯 清澈明亮

葉底 嫩勻完整

特徵

茶形狀 - 挺直扁圓
形似蓮芯

茶色澤 - 銀綠隱翠

茶湯色 - 清澈明亮

茶香氣 - 清香高雅

茶滋味 - 鮮醇

茶葉底 - 嫩勻完整

產　地 - 浙江省桐廬縣
新合鄉雪水嶺

東白春芽

唐代名茶・嫩板栗香

半烘炒型綠茶，又稱婺州東白茶。為唐代名茶，1980 年恢復創製。唐李肇的《國史補》中將婺州東白與蒙頂白花、顧渚紫筍等 15 種茶列為唐代名茶。東白山位於東陽之東北，群山峰巒起伏，終年繞霧，多茂林修竹，雨量充沛，晝夜溫差大，土壤肥沃，芽葉粗壯。東白春芽在清明至谷雨間採一芽一至二葉初展芽梢。經攤放、殺青、炒揉、初烘、複烘等工序製成。優越的自然環境、優良的茶樹品種和精湛的採製技術使東白春芽色香味俱佳。

20 世紀 80 年代來在浙江名茶評比中多次被評為一等獎。2001 年獲中國茶葉學會第 4 屆「中茶杯」全國名優茶評比二等獎。

乾茶 平直略開展

茶湯 清澈明亮

葉底 勻齊嫩綠

特徵

茶形狀 - 平直略開展
形似蘭花
芽毫顯露

茶色澤 - 翠綠

茶湯色 - 清澈明亮

茶香氣 - 嫩板栗香

茶滋味 - 鮮醇

茶葉底 - 勻齊嫩綠

產　地 - 浙江省東陽市
東白山

金獎惠明

清澈明淨．鮮爽甘醇

歷史名茶，屬炒青綠茶。據傳唐代惠明寺已有產茶。明成化 18 年（公元 1482 年）列為貢茶。

民國 4 年獲得美利堅巴拿馬萬國博覽會一等證書及金質褒章。後因戰事而失傳，1975 年恢復試製。赤木山群峰聳峙，雲霧圍繞，使陽光以漫射光方式照射，奠定了惠明茶優異品質的基礎。惠民茶採摘標準以一芽一葉為主，採摘早生、多毫、肥壯的優質鮮葉為原料，經殺青、揉捻、理條、提毫、整形、攤涼、炒乾等工序製成。

惠明茶泡在杯中湯色清澈、嫩勻成朵，芽芽直立，栩栩如生，花香郁馥，滋味甘鮮。目前已有機械加工產品。

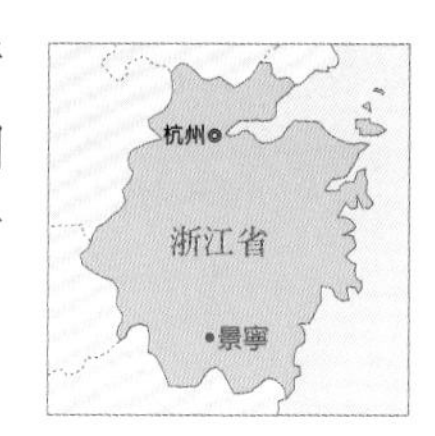

乾茶 肥壯緊結

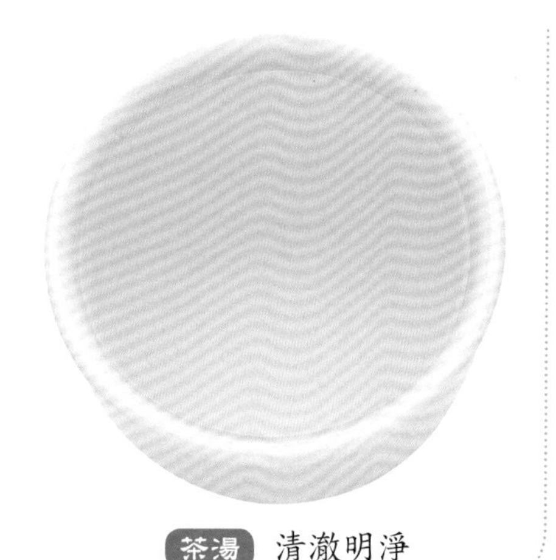

茶湯 清澈明淨

葉底 嫩勻成朵

特徵

茶形狀 - 肥壯緊結
茶色澤 - 翠綠顯毫
茶湯色 - 清澈明淨
茶香氣 - 清高持久
茶滋味 - 鮮爽甘醇
茶葉底 - 嫩勻成朵
產　地 - 浙江省景寧縣惠明寺一帶

臨海蟠毫

色綠毫多．香郁味甘

屬半烘炒型綠茶。以其外形蟠曲披毫故名，有「形美、色綠、毫多、香郁、味甘」之特點。產地環境優美，古剎深幽，林木郁蔥，氣候溫和，雨量充沛，終年雲霧繚繞，土層深厚；優異的環境孕育優異的鮮葉自然品質。

製茶原料多用福鼎白毫一芽一葉至一芽二葉初展芽葉，在春分前後開採；工藝包括攤放、殺青、造型（炒乾）、烘乾等工序，其中造型是形成「蟠毫」的關鍵工序。分特級、一至三級共四個等級，除手工炒製外，已有機械炒製產品。

乾茶　緊結蟠曲

茶湯　嫩綠清澈

葉底　嫩綠成朵

特徵

茶形狀 - 緊結、蟠曲顯毫
茶色澤 - 銀綠隱翠
茶湯色 - 嫩綠清澈
茶香氣 - 鮮嫩持久
茶滋味 - 鮮爽醇厚
茶葉底 - 嫩綠成朵
產　地 - 浙江省臨海市雲峰山

望海茶

香氣持久．回味甘甜

乾茶 細緊挺直

望海崗位於海拔931米，是天台山脈分支。山巒蜿蜒，極目千里，眺望東海、海天相接，故名。由於氣候溫和，雨量充沛，晝夜溫差大，因此，鮮葉原料內質優異，尤以微量元素鋅和鎂含量特高。望海茶於清明至谷雨前開採，採摘一芽一葉初展，採回鮮葉需用竹墊攤放3～4小時後方可進入加工階段。經殺青、揉捻、做形、烘炒等工序製成，在做形時需用雙手握茶旋轉、揉搓、抖散，使茶條細緊挺直，不勾曲。每公斤乾茶約需7萬個左右茶芽。1982年起連續三年被評為浙江省一級名茶。1995年獲第2屆中國農業博覽會金質獎。1999年獲中國茶葉學會第3屆「中茶杯」全國名優茶評比一等獎。

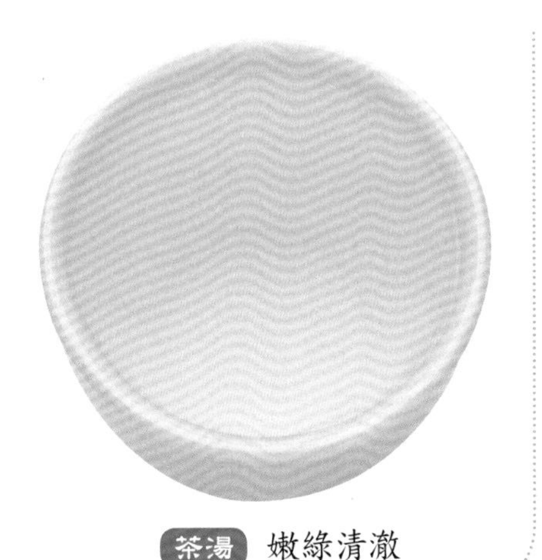

茶湯 嫩綠清澈

葉底 明亮勻齊

特徵

茶形狀－條索細緊挺直
茶色澤－翠綠顯毫
茶湯色－嫩綠清澈
茶香氣－香氣持久
有嫩栗香
茶滋味－鮮醇爽口
回味甘甜
茶葉底－明亮勻齊
產　地－浙江省寧海縣
望海崗一帶

方岩綠毫

翠綠披毫．茶味醇厚

創新名茶，20世紀90年代創製成功，屬烘炒型綠茶。產地海拔800米，土質肥沃，山峰綠翠，雨量充沛，長年雲霧繚繞，多漫射光。方岩綠毫的採摘標準為一芽一葉初展，芽長於葉或芽與葉平齊，芽葉長度2～3厘米。製作工藝包括攤放、殺青、理條做形、烘乾等四道工序。鮮葉攤放時間為4～8小時，用6CST-30（D）型滾筒殺青機殺青，理條做形用6CLZ-60（D）型往復理條機，理條鍋溫先高後低，時間為4～8分鐘。烘乾分毛火和足火兩個過程。現已有機械製茶產品。

特徵

茶形狀 - 形似蘭花
茶色澤 - 翠綠披毫
茶湯色 - 清澈明亮
茶香氣 - 清高持久
茶滋味 - 醇厚鮮爽
茶葉底 - 嫩綠成朵
產　地 - 浙江省永康市方岩山山麓

乾茶　形似蘭花

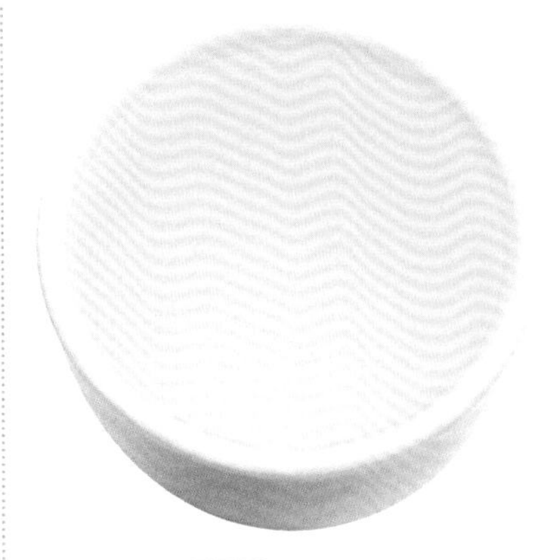

茶湯　清澈明亮

葉底　嫩綠成朵

更香翠尖

翠綠油潤 · 香氣濃郁

乾茶 緊細挺直

新創名茶，屬烘青有機綠茶。20 世紀 90 年代由北京更香茶葉有限公司和中國農業科學院茶葉研究所，共同在浙江武義研製開發。產地在海拔 1000 米左右的高山上，長年雲霧繚繞，環境山清水秀，土壤肥沃，氣候溫和，優越的生態環境是更香翠尖茶優異品質的基礎。產地遠離工業和其他作物種植區，因此無污染。在清明前後採摘一芽一葉細嫩芽梢，每公斤乾茶需 12 萬個左右茶芽。炒製過程嚴格，按有機茶加工工藝製作，分殺青、烘乾、提香三道工序。炒製工具全部採用不鏽鋼材料，從採摘、加工到包裝，全過程均依有機茶生產要求管理。

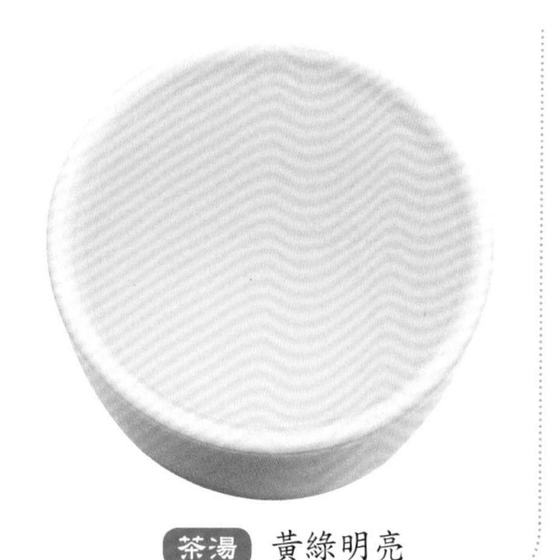
茶湯 黃綠明亮

葉底 嫩綠明亮

特徵

茶形狀 - 緊細挺直
茶色澤 - 翠綠油潤
茶湯色 - 黃綠明亮
茶香氣 - 濃郁高長
茶滋味 - 醇厚鮮爽 回味甘甜
茶葉底 - 嫩綠明亮
產　地 - 浙江省武義市白姆鄉

銀猴茶

形如小猴・滿披銀毫

銀猴茶分為「遂昌銀猴」和「松陽銀猴」，產於遂昌及松陽兩縣高海拔山地。產地峰巒疊嶂，雲海縹渺，秀麗壯觀，令人有「山外山，山中山，山上山」之感覺，土層深厚，優越的生態環境是銀猴茶優異品質的基礎。銀猴茶用多毫型福雲品系為原料，一般在清明前後 10 天採摘一芽一葉初展芽梢，茶芽粗壯多茸毛，葉片肥厚柔嫩。製作工藝包括鮮葉攤放、殺青、揉捻、造型、烘乾等工序。造型是塑造銀猴茶美觀外形後的關鍵工序，手勢輕巧，以免白毫脫落和變色，鍋溫掌握在 80 ～ 100℃間，形成獨特的小猴形狀，滿披銀毫，形美味佳，品質優異，風格獨特。

杭州
浙江省
遂昌
松陽

特徵

茶形狀 - 條索肥壯弓彎 形狀如小猴

茶色澤 - 色綠光潤

茶湯色 - 嫩綠清澈

茶香氣 - 香高持久

茶滋味 - 鮮醇爽口

茶葉底 - 嫩綠成朵 勻齊明亮

產　地 - 浙江省遂昌、松陽兩縣

乾茶　肥壯弓彎

茶湯　嫩綠清澈

葉底　勻齊明亮

千島玉葉

芽壯顯毫．翠綠嫩黃

乾茶 條直扁平

原名「千島湖龍井」。1983年7月原浙江農業大學教授莊晚芳等茶葉專家到淳安考察，根據千島湖景色和茶葉具白毫的特點，題名為「千島玉葉」。產地山多林茂，雲霧繚繞，溫暖濕潤，土壤肥沃，千島玉葉名茶在清明前開採，特一級茶葉採摘標準為一芽一葉初展，每公斤乾茶需4～5萬個茶芽，分特一、特二、特三共三級。製作工藝包括殺青做形、篩分攤涼、輝鍋定形、篩分整理等工序。製作手法有搭、抹、抖、捺、擻、挺、抓、磨等11種仿杭州西湖龍井的採摘標準和炒製手法。近年已逐步走向機械化加工。

茶湯 湯色明亮

特徵

茶形狀 - 條直扁平
挺似玉葉
芽壯顯毫

茶色澤 - 翠綠嫩黃

茶湯色 - 湯色明亮

茶香氣 - 香氣清高、雋永持久

茶滋味 - 醇厚鮮爽

茶葉底 - 厚實勻齊

產　地 - 產於淳安縣
青溪一帶

葉底 厚實勻齊

龍浦仙毫茶

色澤鮮活．香氣清鮮

新創名茶，屬針形半烘炒綠茶，已通過有機茶驗証。產地分布在上虞市龍浦鄉海拔 800 米以上高山；雲霧繚繞，群山起伏，氣候溫暖濕潤，土壤肥沃，晝夜溫差大，優良的生態環境形成優質的鮮葉原料。

龍浦仙毫在清明前後進行採摘，以採摘單芽為主，每公斤成茶需用十萬個以上幼嫩茶芽。經攤放、殺青、初烘、整形、提香、乾燥等工序加工而成。

茶湯清澈明亮、滋味甘醇、清香。2000 年獲中國茶葉學會第 3 屆「中茶杯」全國名優茶評比一等獎。

乾茶 細緊勻整

茶湯 清澈明亮

葉底 勻整成朵

特徵

茶形狀 - 單芽型
條索細緊勻整

茶色澤 - 翠綠鮮活

茶湯色 - 清澈明亮

茶香氣 - 清鮮

茶滋味 - 甘醇

茶葉底 - 勻整成朵

產　地 - 浙江省上虞市
南部龍浦鄉

汶溪玉綠茶

挺直顯毫・茶色嫩綠

於 90 年代後期創製的名茶，屬烘炒型綠茶。產地受海洋性氣候影響，氣候溫和、雨量充沛，濕度大，土層深厚，土質肥沃，優良的生態環境形成優質的原料。

在清明前後採自福鼎白毫品種茶樹，以一芽一葉初展為採摘標準。經攤青、殺青、攤涼、揉搓做形、初烘、理條、足烘、篩分等工序製成，目前已採全程機械化生產。產品質量上乘，色綠香高、滋味鮮醇。多次獲省內和全國性的獎勵。

曾獲浙江省機製名茶第一名；2001 年獲中國茶葉學會第 4 屆「中茶杯」全國名優茶評比特等獎。2002 年獲浙江省農業博覽會優質農產品銀獎。

乾茶 挺直顯毫

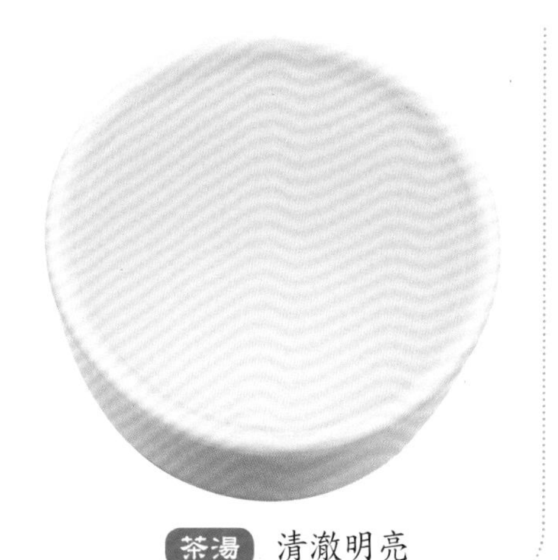

茶湯 清澈明亮

葉底 嫩綠勻整

特徵

茶形狀 - 挺直顯毫
茶色澤 - 嫩綠
茶湯色 - 清澈明亮
茶香氣 - 香高
茶滋味 - 鮮醇
茶葉底 - 嫩綠勻整
產　地 - 浙江省寧海市

更香霧綠

茶湯清澈・清爽甘甜

21世紀初由北京更香茶葉有限公司和中國農業科學院茶葉研究所聯合研製開發，屬烘青綠茶。已獲有機茶頒証。產地在武義市白姆鄉海拔1000米的高山上，長年雲霧繚繞，植被良好、山青水秀，土層深厚、土壤肥沃，晝夜溫差大、遠離工業園區，優越的生態環境是更香霧綠茶優異品質的基礎。在清明前後開採，採摘一芽一葉初展芽葉進行加工。每公斤乾茶約需12萬個細嫩芽頭。製作工藝包括殺青、揉捻、烘乾、提香等工序。炒製工具全部採用不鏽鋼材料，安全衛生。從茶園管理、採摘、加工、包裝全過程均依有機茶要求進行監控和管理。

特徵

茶形狀 - 細嫩顯芽
茶色澤 - 翠綠
茶湯色 - 清澈明亮
茶香氣 - 清香
茶滋味 - 清爽甘甜
茶葉底 - 嫩綠明亮
產　地 - 浙江省武義市

乾茶　細嫩顯芽

茶湯　清澈明亮

葉底　嫩綠明亮

七星春芽

綠翠光潤．鮮醇爽口

乾茶 細嫩挺秀

茶湯 清澈綠明

葉底 嫩綠明亮

天台山餘脈分布寧海全境，茶區雲霧繚繞，海拔高度在1000米左右，土層深厚、土質肥沃、晝夜溫差大，優良的生態條件下形成優質的鮮葉原料。由於主產地在七星塘山，故名「七星春芽」。

福鼎白毫茶，是當地主栽茶樹品種，七星春芽以福鼎白毫茶為原料，在清明前後採摘一芽一葉初展鮮葉，經攤放、殺青、攤涼、輕揉、造型、初烘和足烘七道工序製成。現已實現全程機械化加工。1999年起從茶園管理、採摘、加工、包裝實行全過程有機茶管理。2001年獲中國茶葉學會第4屆「中茶杯」全國名優茶評比一等獎。

特徵

茶形狀 - 細嫩挺秀、顯毫
茶色澤 - 綠翠光潤
茶湯色 - 清澈綠明
茶香氣 - 香高持久
茶滋味 - 鮮醇爽口、回甘
茶葉底 - 嫩綠明亮
產　地 - 浙江省寧海縣深圳南溪溫泉一帶

禹園翠毫

綠潤顯毫．清香持久

新創名茶，屬烘炒型綠茶。由安吉縣南湖林場於 90 年代創製的機製名茶。主產於浙北黃壤丘陵地帶，產地春季溫暖多雨，以鳩坑群體茶樹品種為原料，採一芽一至二葉初展鮮葉，經殺青、揉捻、初烘、做形、足烘、乾燥等工序，全過程採用機械加工。

乾茶 細直秀麗

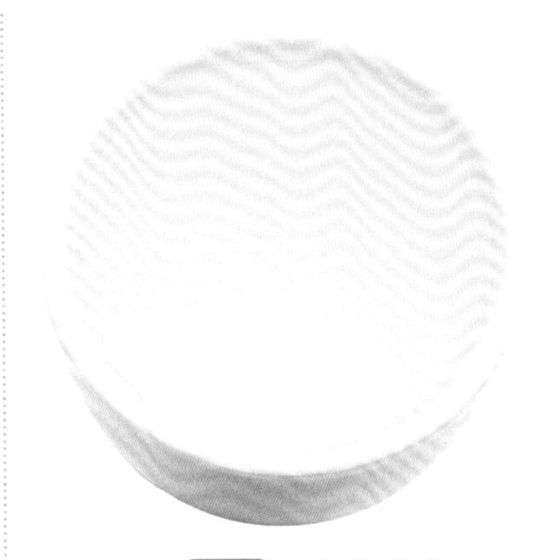

茶湯 清澈明亮

葉底 葉底嫩勻

特徵

茶形狀 - 細直秀麗
茶色澤 - 綠潤顯毫
茶湯色 - 清澈明亮
茶香氣 - 清香持久
茶滋味 - 鮮醇甘爽
茶葉底 - 嫩勻
產　地 - 浙江省安吉縣南湖林場

雲綠茅尖茶

茶形挺秀．湯色明亮

創製名茶，屬烘青綠茶。天台山餘脈分布寧海縣全境，茶區海拔在千米左右，高山雲霧繚繞，晝夜溫差大、土層深厚、土質肥沃，自然生態條件優越，鮮葉品質良好。雲綠茅尖茶在清明前後進行採摘，採用細嫩茶芽為原料，特級茶均採單芽製成每公斤乾茶約 16 萬個芽頭。鮮葉經攤放、殺青、攤涼、輕揉、造型、初烘和足烘等七道工序製成。現已採全程機械化加工，1998 年起從茶園管理、採摘、加工、包裝全過程按有機茶要求實行監控和管理。特級茶泡茶時茶芽挺立杯中，上下浮沉，色綠形美，味甘香高，品質上乘。

乾茶 細嫩挺秀

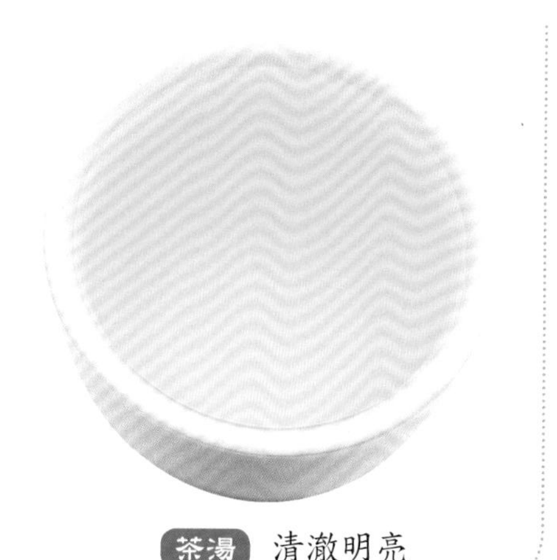
茶湯 清澈明亮

葉底 嫩綠明亮

特徵

茶形狀 - 細嫩挺秀
茶色澤 - 翠綠顯毫
茶湯色 - 清澈明亮
茶香氣 - 清香持久
茶滋味 - 鮮爽回甘
茶葉底 - 嫩綠明亮
產　地 - 浙江省寧海縣深圳南溪溫泉一帶

莫干劍芽

狀似松針．茶香清新

於 1995 年秋新創製名茶，屬半烘炒型綠茶。莫干山脈分布德清全縣，境內群山連綿，茶區海拔多在 500 ～ 700 公尺之間，生態環境優越，夏無酷暑，冬少嚴寒，土層深厚，土質肥沃。茶鮮葉自然品質優良，無污染。

莫干劍芽採摘粗壯單芽，每公斤乾茶需十餘萬個茶芽。經攤放、殺青、理條、攤涼、烘乾等工序加工而成。泡茶時茶芽挺立杯中，徐徐浮沉，清湯綠影，令人入勝。

1997 年被評為浙江省一類名茶，1997 年獲中國茶葉學會第 2 屆「中茶杯」全國名優茶評比二等獎。

特徵

茶形狀 - 細緊挺直似松針
茶色澤 - 翠綠顯毫
茶湯色 - 嫩綠明亮
茶香氣 - 清新持久
茶滋味 - 鮮爽
茶葉底 - 單芽完整 嫩綠柔軟
產　地 - 浙江省德清縣 莫干山區

乾茶　細緊挺直

茶湯　嫩綠明亮

葉底　嫩綠柔軟

瀑布仙茗

茸毛顯露·光潤綠翠

乾茶 條索緊結

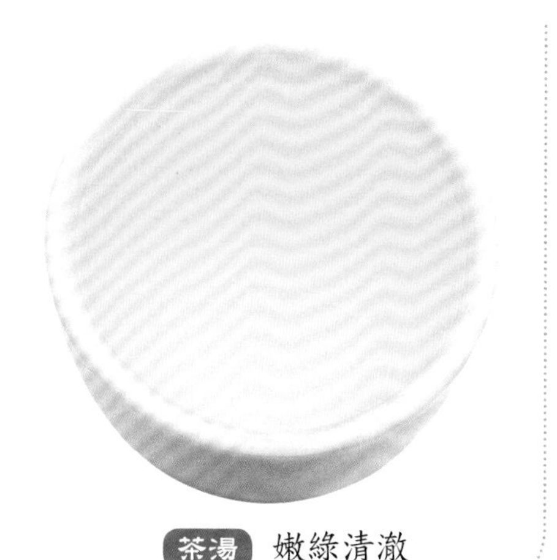

茶湯 嫩綠清澈

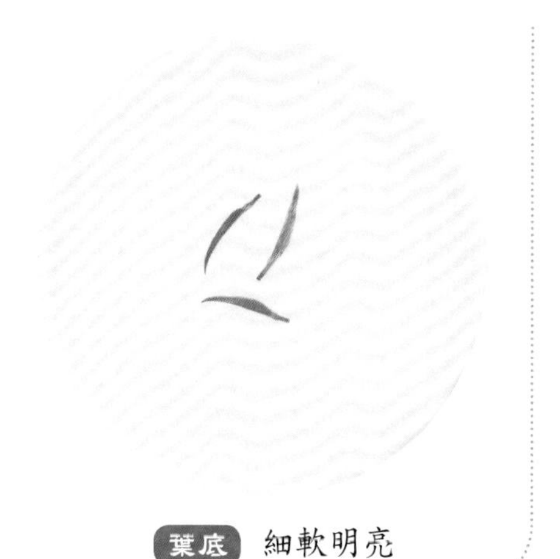

葉底 細軟明亮

浙江省最古老的歷史名茶，屬炒青綠茶，又名瀑布茶。西晉晉惠帝永熙年間（公元290～306年已有記載，距今已有1700餘年歷史。四明山區山巒起伏，翠峰疊連，碧波蕩漾，雲霧縹渺，為茶樹生長提供優越的生態環境。

瀑布仙茗分春、秋兩期採製，春期仙茗在清明前開採，至4月中旬結束；秋期仙茗在9月下旬～10月中旬採製，採摘一芽一葉（特級）至一芽二葉（一級）標準的鮮葉，經攤放、殺青、揉捻、理條、整形、足火等工序製成。瀑布仙茗現已採用機械化加工。

特徵

茶形狀 - 條索緊結
茸毛顯露

茶色澤 - 光潤綠翠

茶湯色 - 嫩綠清澈

茶香氣 - 高雅持久、具栗香

茶滋味 - 鮮醇爽口

茶葉底 - 細軟明亮

產　地 - 浙江省余姚市
四明山麓

安吉白茶

香氣馥郁・沁人心脾

因葉色玉白形如鳳羽，又名玉鳳茶。是一種溫度敏感突變體，每年春季在 20 ～ 22℃較低溫條件下，新生葉片中葉綠素合成受阻，出現葉色的階段性白化，伴隨出現蛋白水解酶活性提高，使游離氨基酸含量增加。氣溫上升後，葉色恢復成綠色。安吉白茶採摘期只有 30 天左右（在 4 月 15 日～ 5 月 15 日）。幼嫩芽葉經適度攤放、殺青、攤涼、初烘、複烘製成。成品茶的品質特點是氨基酸含量特別高，總量可達 6% 以上，比一般綠茶高一倍左右。由於其外形秀美，葉色白綠相間，香氣馥郁，沁人心脾，品質特異。

安吉白茶連續多次獲得中國茶葉學會「中茶杯」全國名茶評比特等獎。

特徵

茶形狀 - 條索自然
形為鳳羽

茶色澤 - 綠中透黃、色油潤

茶湯色 - 杏黃

茶香氣 - 馥郁持久

茶滋味 - 鮮爽甘醇

茶葉底 - 黃白似玉
筋脈翠綠

產　地 - 浙江省安吉縣
及松陽等地

乾茶　條索自然

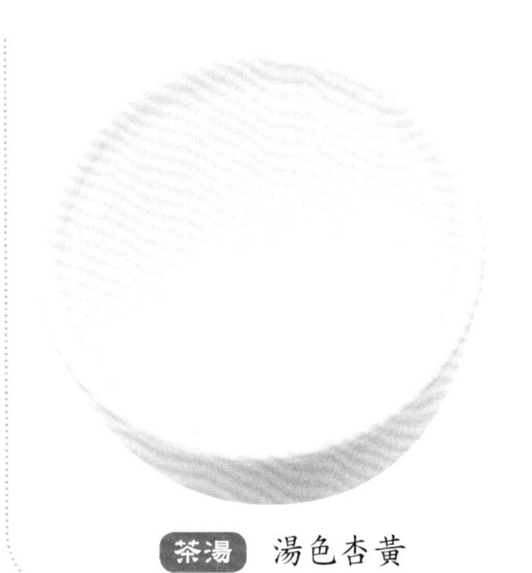

茶湯　湯色杏黃

葉底　黃白似玉

安吉白片

清香持久．鮮甜爽口

乾茶 挺直扁平

歷史名茶，屬半烘炒型綠茶。安吉產茶歷史悠久，唐陸羽《茶經》中記：「浙西，以湖州上……生安吉、武康二縣山谷」。1979年以前安吉生產炒青綠茶為主。天目山系分布安吉全縣，境內山巒起伏，森林茂密，雲霧繚繞，土壤肥沃，茶樹生長生態環境優越。1980年恢復研製，白片茶的生產獲得成功。安吉白片，採摘一芽一葉初展之鮮葉，經殺青、清風、壓片、初烘、攤涼、複烘等工序製成。安吉白片與安吉白茶雖都是半烘炒型綠茶，但兩者有區別，安吉白片是當地群體品種製成，而安吉白茶是特定的白茶品種加工而成。

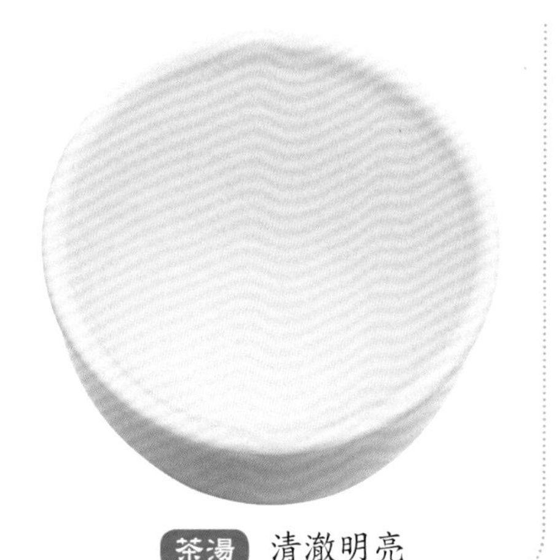

茶湯 清澈明亮

葉底 柔軟肥壯

特徵

茶形狀 - 挺直扁平
形似蘭花

茶色澤 - 色澤翠綠

茶湯色 - 清澈明亮

茶香氣 - 清香持久

茶滋味 - 鮮甜爽口

茶葉底 - 柔軟肥壯
嫩綠明亮

產　地 - 浙江省安吉縣
山河等地

太白頂芽

芳香馥郁・鮮醇略甘

屬烘青綠茶。唐陸羽《茶經》中記有：「婺州（今東陽）東白山與荊州（今湖北江陵縣）同」的述說。唐李肇《國史・補》中將婺州東山與睦州（今浙江桐廬）鳩坑、顧渚紫筍等 15 種茶列為唐代名茶。後因歲月變遷，名茶工藝失傳。1979 年東白山茶場研製及恢復太白頂芽的生產。在清明至谷雨間採摘一芽一葉初展鮮葉，芽長於葉，形似筍頭。經攤放、殺青、炒揉、烘焙等工序製成。由於太白頂芽氨基酸含量高達 5%，茶條挺直，品質超群，於 1997、1999 和 2001 年連獲中國茶葉學會第 2、3、4 屆「中茶杯」全國名優茶評比一等獎和二等獎。

特徵

茶形狀 - 粗壯顯毫
形似梭心

茶色澤 - 翠綠油潤

茶湯色 - 嫩黃清澈

茶香氣 - 芳香馥郁、具嫩栗香

茶滋味 - 鮮醇略甘

茶葉底 - 勻齊嫩綠

產　地 - 浙江省東陽市
東白山

乾茶　粗壯顯毫

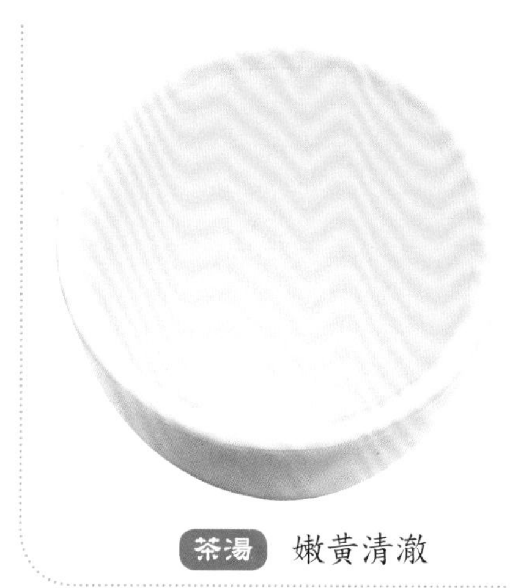

茶湯　嫩黃清澈

葉底　勻齊嫩綠

敬亭綠雪

嫩香持久．滋味甘醇

乾茶 挺直飽滿

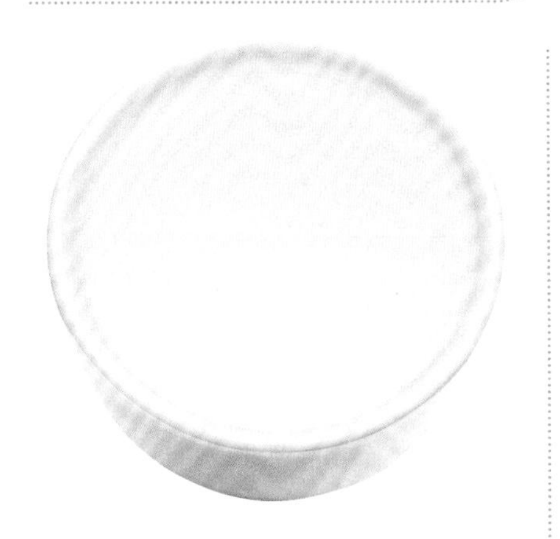

茶湯 黃綠清澈

葉底 嫩綠成朵

歷史名茶，屬條形炒青綠茶，始於明代。每年在清明至谷雨採摘一芽一葉初展，芽尖與葉尖平齊的茶芽，經殺青、做形與乾燥等三道工序製成。做形是敬亭綠雪成形的關鍵工藝，在60℃的鍋溫中，採用搭攏和理條二種手法完成做形。搭攏是四指並攏與拇指並用，使殺青葉在掌心內做形又不滑出虎口，直至芽葉並攏，不分不離成為雀舌雛形。理條是運用腕力和指力，使葉子在鍋內往復運動，理直茶條。搭攏和理條有分有合，巧妙配合。當茶條呈雀舌形，約四成乾即可出鍋。後經烘乾收藏。敬亭綠雪在1997年、2001年連獲中國茶葉學會第2、4屆「中茶杯」全國名優茶評比一等獎。

特徵

- 茶形狀 - 形如雀舌 挺直飽滿
- 茶色澤 - 翠綠色
- 茶湯色 - 黃綠清澈明亮
- 茶香氣 - 嫩香持久
- 茶滋味 - 甘醇
- 茶葉底 - 嫩綠成朵
- 產　地 - 安徽省宣州市城北的敬亭山一帶

黃山綠牡丹

茶形如花．翠綠顯毫

主產於歙縣大谷運的黃音坑、上揚尖、仙人石一帶。始於 1986 年，由歙縣黃山芳生茶葉有限公司首先製作，經十餘年開發，現已成為年產 150 多噸的花型茶產業。綠牡丹於谷雨前後採摘一芽二葉，芽葉全長 4 ～ 5 厘米之鮮葉，經殺青輕揉、初烘理條、選芽裝筒、造型美化、定型烘焙、足乾貯藏等六道工序製成。製作難度較高，均是手工生產。綠牡丹是一種既可飲用，又可供藝術欣賞的花型茶，開湯沖泡後，徐徐舒展，如一朵盛開的綠色牡丹，堪稱國色天香。由於形狀呈花朵，代表喜慶吉祥之意，因此常作婚、壽、禮賓招待用茶之珍品。黃山綠牡丹曾於 1992 年獲「茶葉花」發明專利證書。

特徵

茶形狀 - 呈花朵狀
似銀絲穿翠玉

茶色澤 - 翠綠

茶湯色 - 黃綠明亮

茶香氣 - 清香

茶滋味 - 醇爽

茶葉底 - 嫩綠、形如牡丹花

產　地 - 安徽省歙縣

乾茶 呈花朵狀

茶湯 黃綠明亮

葉底 形如牡丹

桐城小花

條索舒展．略帶蘭香

歷史名茶，屬直條形烘青綠茶，創製於明代。桐城市地處皖中，境內的龍眠山是霍山山脈東南走向的一支脈，此處峰高谷深，氣候溫和，雨量充沛，野生蘭草充盈山坡，是典型的皖中山區氣候特徵。

桐城小花屬皖西蘭花茶的一個品種。一般在谷雨前開採，選一芽二葉初展，肥壯、勻整、茸毛顯露的芽葉，經攤放、殺青、初烘、攤涼、複烘、揀剔等工序，精製而成。成品茶分特、一、二、三等四個等級。特級桐城小花每500克約有2萬餘個芽頭組成。

乾茶 芽葉完整

茶湯 綠亮清澈

葉底 嫩綠完整

特徵

茶形狀 - 芽葉完整
形似蘭花

茶色澤 - 翠綠

茶湯色 - 綠亮清澈

茶香氣 - 鮮爽持久、帶蘭花香

茶滋味 - 醇厚、鮮爽回甘

茶葉底 - 嫩綠、完整成朵

產　地 - 安徽省桐城市
龍眠山一帶

天柱劍毫

花香持久．鮮醇回甘

始於唐代，稱天柱茶。1980年恢復生產時，啟用現名。天柱劍毫茶採製要求嚴格。清明至谷雨前後20天中選擇生長健壯的茶樹，採一芽一葉初展、一芽一葉開展和一芽二葉初展三個等級鮮葉分別付製。在攤青後，經殺青、理條、做形、提毫、烘焙等五道工序加工而成。在平鍋中殺青，溫度先高後低（160℃～130℃），勤翻高揚，至發出清香時變換手法進入理條，理順即行起鍋，攤涼後進入做形。做形是天柱劍毫關鍵工序，通過翻、抖、捺、搭等手法，使茶葉平直呈劍狀，最後抄起茶坯雙手輕擦提毫，使白毫顯露，茶坯起鍋攤涼後，經初烘、複烘，直到足乾，茶香陳發，下烘收藏。

乾茶 挺直似劍

茶湯 碧綠明亮

葉底 勻整嫩鮮

特徵

茶形狀 - 挺直似劍
滿披白毫

茶色澤 - 翠綠顯毫

茶湯色 - 碧綠明亮

茶香氣 - 花香持久

茶滋味 - 鮮醇回甘

茶葉底 - 勻整嫩鮮

產　地 - 安徽省潛山縣
天柱山一帶

天柱弦月

形似新月．滋味濃醇

創始於 1979 年，屬條形炒青綠茶。潛山地處皖西大別山的東南麓，巒峰疊嶂，地貌類型多樣，地形複雜，地勢由西北向東南傾斜，依次形成山、丘和圩坂。天柱弦月採摘要求嚴格，每年於清明至谷雨前後 20 天中，選擇生長健壯之茶樹，採摘一芽一葉初展、一芽一葉和一芽二葉初展三個等級鮮葉，經攤青半天後分別付製，要求當天採摘芽葉當天製完。攤青葉經殺青、揉捻、解塊後，在鍋中徐徐炒乾。製品分特級、一級和二級，三個等級。天柱弦月是一種條形炒青高級綠茶與天柱劍毫等共同組成天柱山牌名優茶系列產品。

乾茶 細緊微曲

茶湯 黃綠明亮

葉底 葉底嫩綠

特徵

茶形狀 - 條索細緊微曲形似新月

茶色澤 - 深綠油潤

茶湯色 - 黃綠明亮

茶香氣 - 花香持久

茶滋味 - 濃醇

茶葉底 - 嫩綠

產　地 - 安徽省潛山縣的天柱山一帶

太平猴魁

幽香撲鼻．醇厚爽口

歷史名茶，屬尖形烘青綠茶。創製於清末。太平猴魁以當地柿葉種茶樹為原料，採法極其考究。茶農在清晨朦霧中上山採摘，霧退收工，一般只採到上午10時。採回鮮葉，按一芽二葉標準，一朵朵進行選剔（俗稱揀尖）。保證鮮葉大小整齊，老嫩一致。製作工藝分殺青、烘乾兩道工序。烘乾又分毛烘、二烘和拖老烘等三段進行。製好猴魁趁熱裝入鐵筒，以錫封口，運往銷區。猴魁的色、香、味、形，別具一格，有「刀槍雲集，龍飛鳳舞」的特色。每朵茶都是兩葉抱一芽，俗稱「兩刀一槍」。成茶挺直，魁偉重實，不散、不翹、不彎曲。色蒼綠，遍身白毫，含而不露。

特徵

茶形狀 - 挺直、扁平重實
白毫隱伏

茶色澤 - 蒼綠

茶湯色 - 杏綠清亮

茶香氣 - 幽香撲鼻

茶滋味 - 醇厚爽口而回甘

茶葉底 - 肥厚柔軟
黃綠明亮

產　地 - 安徽省黃山區
新明鄉一帶

乾茶　扁平重實

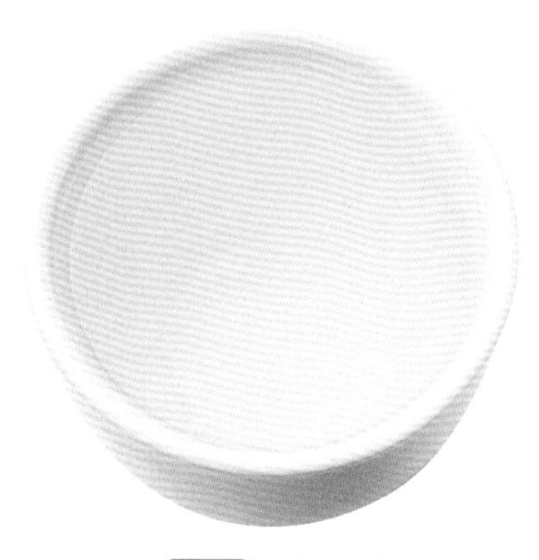

茶湯　杏綠清亮

葉底　肥厚柔軟

涇縣劍峰茶

挺直有鋒．帶蘭花香

乾茶 挺直有鋒

涇縣以生產尖茶為主。目前生產的尖茶依據採摘原料老嫩分為魁尖、特尖和尖茶等三類。魁尖為一芽一葉初展和一芽一葉；特尖為一芽二葉初展和一芽二葉；尖茶為一芽三葉。劍峰茶是魁尖的一個品種。其製茶工藝與「太平猴魁」類似，並不繁複，分殺青和烘乾兩道工序。殺青投葉量少，以抖炒為主。烘焙用炭火，分初烘和複烘兩道。初烘、複烘均用四只烘籠連續進行，其中並有輕壓做形。成品挺直有峰，自然舒展，與猴魁相似，但品質風格卻是伯仲有別。色澤鮮綠，不耐貯藏；猴魁色蒼綠；劍峰茶白毫顯露，而猴魁白毫隱伏；劍峰茶身骨輕薄，欠肥壯，猴魁重實肥壯。

茶湯 湯色綠明

特徵

茶形狀 - 挺直有峰
茶色澤 - 翠綠油潤
茶湯色 - 綠明
茶香氣 - 香高持久
帶蘭花香
茶滋味 - 鮮醇回甘
茶葉底 - 嫩綠、芽葉完整
產　地 - 安徽省涇縣

葉底 芽葉完整

六安瓜片

清香持久．鮮醇回甘

名茶中唯一以單片嫩葉炒製而成的產品，堪稱一絕。瓜片要茶梢長到駐芽時才開採。鮮葉採回後要及時扳片，使葉片與芽梗分開，老、嫩葉分別歸堆。扳下芽葉製「銀針」，梗與老葉炒「針把子」；炒片分兩鍋進行，用一般竹絲帚或高粱帚。頭鍋，又稱生鍋，起殺青作用，鍋溫 150℃，葉片變軟，葉色變暗即可掃入熟鍋（70 ～ 80℃），邊炒邊拍，起整形作用，炒成片狀。再烘至 8 成乾出售。經茶葉經營專業戶收購後，按級歸堆，再行二次複烘。第一次稱拉小火，100℃溫度至九成乾下烘，揀去黃片雜物後，第二次即拉老火。採用高溫、明火快烘，至葉面起霜足乾，趁熱裝桶密封。

乾茶 葉邊背捲

茶湯 碧綠清澈

葉底 黃綠明亮

特徵

茶形狀 - 單片、不帶芽梗
葉邊背捲順直

茶色澤 - 寶綠色、富有白霜

茶湯色 - 碧綠、清澈明亮

茶香氣 - 清香持久

茶滋味 - 鮮醇回甘

茶葉底 - 黃綠明亮、柔軟

產　地 - 安徽省六安、
金寨、霍山等

屯綠珍眉

嫩香鮮爽．滋味醇濃

乾茶 緊結重實

茶湯 黃綠清澈

葉底 肥厚綠亮

屯綠珍眉鮮葉採摘因地而異。深山區，只採春茶一季；低山丘陵區，採春夏茶二季；只有在畈區的洲茶園採摘秋茶。春茶在谷雨至立夏間開採，夏茶芒種邊採，秋茶白露時開園。屯綠是屯溪綠茶的簡稱，珍眉是炒青毛茶精製後的名稱。典型的屯綠炒青毛茶初製工藝流程是：鮮葉（貯青）、殺青、揉捻、二青、三青、輝乾（毛茶）。毛茶的精製作業包括篩分、切軋、風選、揀剔、乾燥和車色等。毛茶通過分篩、抖篩、撩篩、風選、緊門、揀剔，初步分離出本身、長身、圓身、輕身、筋梗等各路篩號茶，再經拼配而成各種規格的成品茶。珍眉是以本身路篩號茶為主，經拼配，是一種長形茶。

特徵

茶形狀 - 緊結重實
顯鋒苗、條索勻齊

茶色澤 - 綠潤

茶湯色 - 黃綠清澈

茶香氣 - 嫩香鮮爽持久

茶滋味 - 鮮醇濃爽

茶葉底 - 嫩勻、肥厚、綠亮

產　地 - 安徽省黃山市
所轄歙縣等縣

岳西翠蘭

舒展成朵．茶色翠綠

新創名茶，屬直條形烘青綠茶類。創製於20世紀80年代初。岳西位於安徽省西部，是一個典型的山區縣。氣候溫和，雨量充沛，茶樹生長條件優越。岳西翠蘭茶採製講究，每年谷雨前後採一芽二葉初展之鮮葉，經揀剔和攤放後付製。製作分殺青和烘乾兩道工序。殺青採用手工，分頭鍋和二鍋。頭鍋採用高溫快殺，約3分鐘。當青氣消失，清香出現時，轉入二鍋。二鍋溫度稍低，邊炒邊整形。當鮮葉失重達45～50%時，起鍋散熱上烘。烘焙分毛火和足火，在炭火烘籠上進行。兩次烘乾之間需攤涼半小時以上。足乾後略攤片刻，即裝桶密封待售。

安徽省
合肥
岳西

特徵

茶形狀 - 芽葉相連
舒展成朵
形似蘭花

茶色澤 - 翠綠

茶湯色 - 淺綠明亮

茶香氣 - 清高持久

茶滋味 - 醇濃鮮爽

茶葉底 - 嫩綠明亮

產　地 - 安徽省岳西縣

乾茶 芽葉相連

茶湯 淺綠明亮

葉底 嫩綠明亮

涌溪火青

清高鮮爽．醇厚甘甜

當地茶農仿徽州炒青，並參照浙江平水珠茶的特點製作而成。最初時稱「焙青」，因當地口音將「焙」字念成「火」音，加上地名，便成了涌溪火青。

於清明至谷雨期間，採摘當地柳葉種茶樹一芽二葉初展之鮮葉為原料，經揀剔後在竹製圓匾中，置陰涼處攤放6小時後付製。從古至今其加工均為手工，分殺青、揉捻、炒頭坯、並鍋炒二坯、做形焙乾、篩分等六道工序。從鮮葉下鍋到製成乾茶，在鍋裡用不同手法和不同鍋溫，連續不停地翻炒，其工藝細緻而漫長，前後約20小時才能完成。並鍋後一鍋茶葉量都在10公斤以上。

乾茶　緊結重實

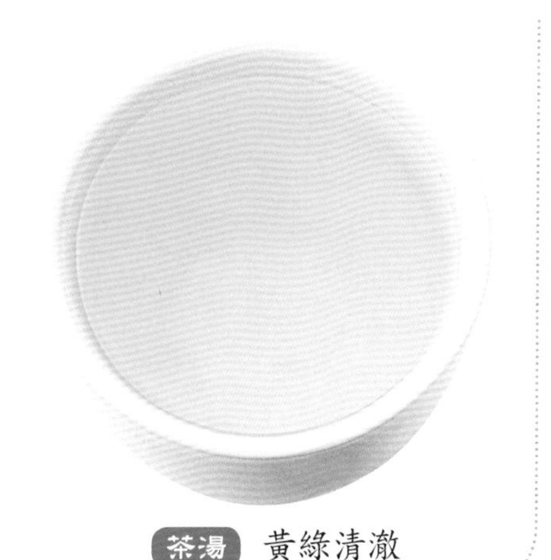
茶湯　黃綠清澈

葉底　杏黃勻嫩

特徵

- 茶形狀 - 呈腰圓、緊結重實
- 茶色澤 - 墨綠、油潤顯毫
- 茶湯色 - 黃綠、清澈明亮
- 茶香氣 - 清高鮮爽
- 茶滋味 - 醇厚而甘甜
- 茶葉底 - 杏黃、勻嫩整齊
- 產　地 - 安徽省涇縣黃田鄉的涌溪等地

金山時雨茶

花香高長．醇厚爽口

創製於清道光年間。原名金山茗霧，後改為現名。績溪境內千米以上山峰有46座。茶園均栽植於海拔600～900米的五午凹、天凹、大塔、獅子頭、羊棧、石丘灘、石屋上、石屋下等山場，春季陰雨連綿，花草吐香，周圍林木蔥郁，常年霧海雲天，鮮葉天然品質優良。

金山時雨茶每年於4月下旬採一芽二葉初展之鮮葉（俗稱鶯嘴甲），每千克約5000個茶芽。採用炒青製法完成加工過程，具特耐沖泡之特點，沖泡時以第三次續水時茶味最佳，6次以後始淡。由於金山時雨茶花香持久，品質超群，深受消費者青睞。現已成為安徽主產名茶之一。

乾茶 捲曲顯黃

茶湯 清澈明亮

葉底 嫩綠金黃

特徵

茶形狀－捲曲顯毫
茶色澤－翠綠油潤
茶湯色－清澈明亮
茶香氣－花香高長
茶滋味－醇厚爽口
茶葉底－嫩綠金黃
產　地－安徽省績溪縣上庄的上金山一帶

黃山毛峰

清香馥郁・鮮醇爽口

乾茶　形似雀舌

黃山毛峰品質之好壞取決於黃山大葉品種特性，發芽整齊，芽頭壯實，茸毛特多，葉質柔軟，氨基酸總量和水浸出物含量高，從而使成品茶白毫顯露，味濃而爽。其製作分殺青和烘焙二道工序。殺青在廣口深底斗鍋中進行，要求在鍋內翻得快，揚得高，撒得開，撈得淨。炒至葉色轉暗失去光澤時出鍋。特、一級毛峰不經揉捻，二級以下適當手揉。烘焙分毛火、足火兩步進行。毛火用明炭火，足火用木炭暗火，採用低溫慢烘，以透茶香。

特級毛峰沖泡時霧氣繞頂，香氣馥郁，芽葉堅直懸浮湯中，徐徐下沉，芽挺葉嫩，多次沖泡仍有餘香。

茶湯　黃綠明亮

特徵

茶形狀 - 形似雀舌
白毫顯露

茶色澤 - 黃綠油潤

茶湯色 - 黃綠清澈明亮

茶香氣 - 清香馥郁

茶滋味 - 鮮醇爽口

茶葉底 - 嫩黃柔軟

產　地 - 安徽省黃山、
歙縣、休寧

葉底　嫩黃柔軟

天竺金針

嫩相持久·富有花香

新創名茶，屬烘青條形綠茶。於 1988 年研製成功。宣州市地處皖南山區，氣候屬中亞熱帶北緣氣候類型，四季分明、氣候溫和、日照充足、無霜期長、偏東風多。光、溫、水等氣候因子配合良好，茶葉資源豐富，名茶群集是安徽省重要茶葉生產基地。

天竺金針是 20 世紀 80 年代後期創製，品質較突出的名茶之一。以當地尖葉種鮮葉為原料，於清明前後採摘一芽一葉初展之芽葉，經殺青、做形、烘焙而成。成品茶製工細膩、形秀色綠、嫩香持久，現已成為安徽皖南地區消費者最受歡迎的名茶之一。

特徵

茶形狀 - 挺直勻齊披毫
茶色澤 - 翠綠
茶湯色 - 淺綠明亮
茶香氣 - 嫩香持久、有花香
茶滋味 - 鮮爽
茶葉底 - 嫩黃明亮、全芽
產　地 - 安徽省宣州市天竺山一帶

乾茶 勻齊披毫

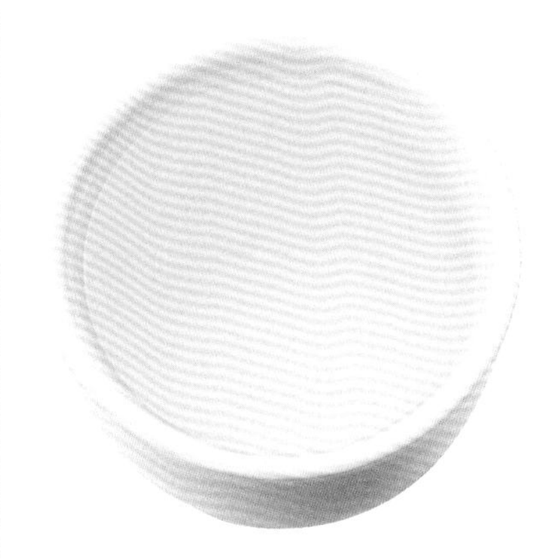

茶湯 淺綠明亮

葉底 嫩黃明亮

舒城蘭花

蘭花清香．濃醇回甘

乾茶 芽葉相連

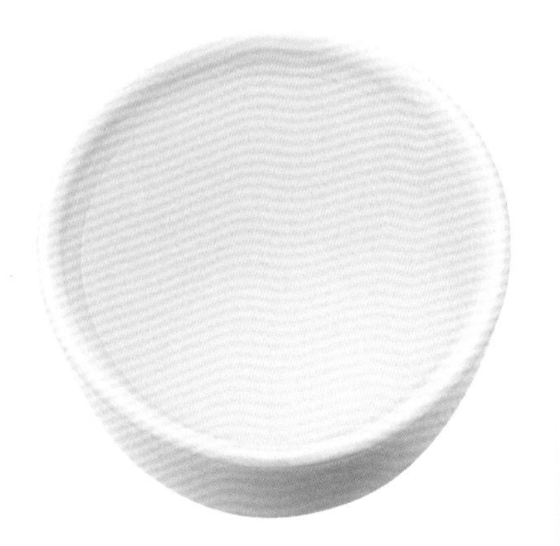
茶湯 綠亮明淨

葉底 嫩綠成朵

蘭花茶一般在谷雨前開始採摘，小蘭花採一芽二三葉，大蘭花採一芽四五葉，特級蘭花茶採一芽二葉初展的正常芽梢。白天採回鮮葉，至晚上生火炒茶。分殺青（生鍋、熟鍋）和烘焙二道工序。殺青用特製的竹絲把在兩口鍋中進行，第一口生鍋，溫度較高（鍋底見紅），鮮葉下鍋，手持炒把在鍋中連續不斷迴旋翻炒，散發水氣，待葉質柔軟轉入第二口熟鍋，適當降溫，改用「緊把」，即邊炒邊用力將茶葉旋入竹把內，起揉條作用，再逐漸旋出散開透氣，「緊把」和「鬆把」交替進行，使葉子既搓捲成條，又保持翠綠色澤，香味鮮爽。炒至「沙沙」作聲時起鍋攤涼，然後烘乾，隨即裝桶密封。

特徵

茶形狀 - 芽葉相連似蘭草
茶色澤 - 翠綠、勻潤顯毫
茶湯色 - 綠亮明淨
茶香氣 - 蘭花清香
茶滋味 - 濃醇回甘
茶葉底 - 嫩綠成朵
產　地 - 安徽省舒城及六安、霍山、廬江桐城、岳西等地

白霜霧毫

形若蘭花・滋味鮮醇

由著名茶葉專家陳椽教授定名，一是因霧毫原產白桑園一帶，「白霜」與「白桑」地名諧音；二是外形毫白如霜。每年於谷雨前後 10 天內採一芽一葉初展無病綠色芽葉（不採紫色芽），經揀剔置於篾匾中攤放數小時，待發出茶香後付製。分殺青做形和乾燥兩大工序。殺青做形在兩口並連茶鍋中進行，投葉量 25 ～ 30 克，手持特製小型竹絲帚，在鍋內按順時針方向有節奏地向鍋左上部翻拋。當葉色變翠綠，顯露茶香並發出沙沙響聲時，出鍋攤晾。然後分二次烘乾，初烘達八九成乾時下烘，經揀剔，於次日足烘提香，烘焙中翻動要輕，以保持芽葉完整。

乾茶　翠綠油潤

茶湯　淺綠明亮

葉底　嫩匀成朵

特徵

茶形狀 - 形如蘭花初放
毫峰顯露

茶色澤 - 翠綠油潤

茶湯色 - 淺綠明亮

茶香氣 - 清鮮持久

茶滋味 - 鮮醇

茶葉底 - 嫩匀成朵

產　地 - 安徽省舒城縣
龍河口水庫
上游山區

老竹大方

帶板栗香．濃醇爽口

乾茶 扁平勻齊

大方茶是明代（1567～1572）由大方和尚創製。於谷雨前採一芽二葉初展之鮮葉，經揀剔和薄攤，以手工殺青、做形、輝鍋等工序製作而成。大方茶的炒製不用平鍋而用斗鍋，在炒製過程中，為便於茶葉在鍋中翻動，常在鍋內壁塗抹幾滴菜油或豆油，使鍋壁光滑，這也是與其他茶類不同之點。大方茶有頂谷大方、老竹大方和素胚大方之分。頂谷大方是大方中之極品，外形扁平勻齊、披滿金色茸毫，香氣高長有板栗香。老竹大方，又稱竹葉大方，外形扁平勻齊、挺直、光滑，和龍井相似，但較肥壯。素胚大方由大方毛茶精製而成，是花茶原料，通過窨花製成珠蘭大方、茉莉大方等大方花茶。

茶湯 湯色淡黃

葉底 嫩勻黃綠

特徵

茶形狀 - 扁平勻齊
近似龍井

茶色澤 - 深綠褐潤

茶湯色 - 淡黃

茶香氣 - 板栗香

茶滋味 - 濃醇爽口

茶葉底 - 嫩勻、黃綠

產　地 - 安徽省歙縣東南部的老竹鋪等地

南湖銀芽

香氣持久．滋味鮮爽

由宣州市南湖茶林場於1994年創製。宣州市位於皖南中低山、丘陵與長江沿岸平原交接地帶，丘陵地貌覆蓋全境，茶樹均分布在500米以下的低山區。四季分明、氣候溫和、年溫差大、雨量適中、日照充足、無霜期長、偏東風多。光、溫、水等氣候條件優越，且配合比較恰當，茶樹生長良好。南湖銀芽採自當地尖葉群體種一芽一葉初展之鮮葉為原料。經殺青、理條、做形、烘乾等工序加工而成。

南湖銀芽產品質量優秀，在省內外名優茶評比中多次獲獎，1999年獲中國茶葉學會第3屆「中茶杯」全國名優茶評比一等獎。

乾茶 細緊挺秀

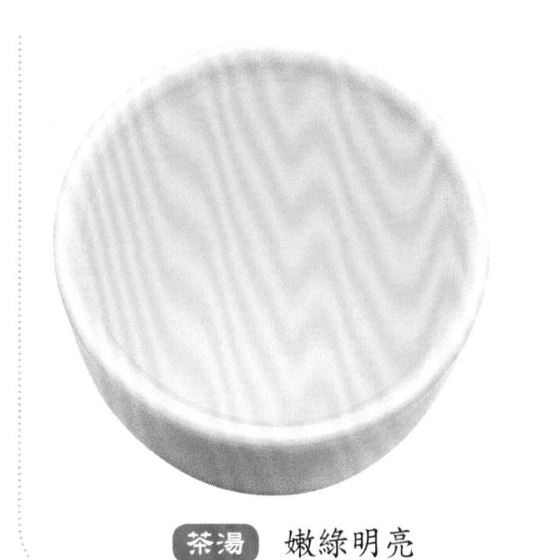
茶湯 嫩綠明亮

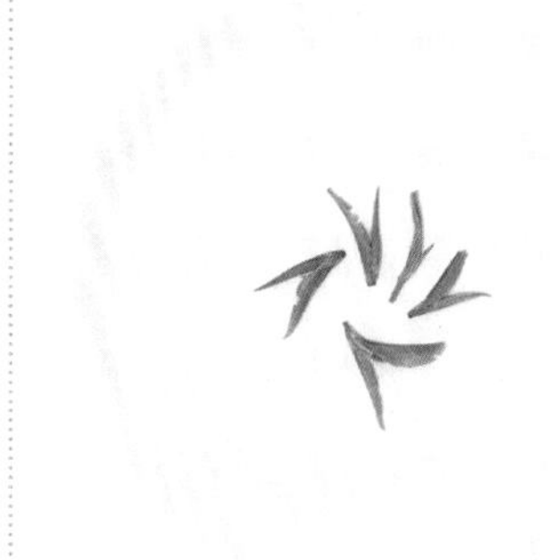
葉底 翠綠明亮

特徵

茶形狀 - 條索細緊挺秀有峰苗
茶色澤 - 銀綠隱翠
茶湯色 - 嫩綠明亮
茶香氣 - 清香持久
茶滋味 - 鮮爽
茶葉底 - 翠綠明亮
產　地 - 安徽省宣州市南湖地區

漪湖綠茶

茶香高爽．濃而鮮醇

乾茶 舒展平整

新創名茶，屬條形炒青綠茶類，是郎溪縣溪湖茶業有限公司於 1997 年開發的新產品。

漪湖綠茶於清明至谷雨開採，採一芽一葉初展鮮葉，不採魚葉、病蟲葉、紫芽葉、傷損葉和不採雨水葉。經殺青、理條、初焙、足火等工序製成。研製初期在平鍋中用手工理條，現已採用自動連續理條機完成理條作業，並在烘乾機中進行初焙與足火工序，全程基本實現機械化作業，產品比較穩定。

漪湖綠茶在 1999 年獲安徽省優質農產品稱號。2001 年獲中國茶葉學會第 4 屆「中茶杯」全國名優茶評比二等獎。

茶湯 嫩黃綠亮

葉底 嫩綠成朵

特徵

茶形狀 - 挺直有鋒苗
舒展平整

茶色澤 - 翠綠

茶湯色 - 嫩黃綠亮

茶香氣 - 高爽

茶滋味 - 濃而鮮醇

茶葉底 - 嫩綠成朵

產　地 - 安徽省郎溪縣
南漪湖以東
山區

汀溪蘭香

嫩綠隱翠．清香持久

新創名茶，屬尖形烘青綠茶。涇縣是安徽省的一個老茶區，尖茶是其傳統產品。遠在唐宋年代就曾出過白雲蘭片、梅花片、涂尖等尖茶類名貴茶葉。

傳說清乾隆帝六下江南，途經寧國府時，知府大人獻上涇縣汀溪的貢尖款待，乾隆飲後，龍顏大悅，讚不絕口，吩咐隨從多多帶上，途中飲用。汀溪蘭香是 1989 年在「提魁茶」的基礎上研製而成。

汀溪蘭香茶，每年於清明至谷雨採一芽一葉或二葉初展之鮮葉，經殺青、做形、初烘和複烘等工序而製成。分特級、一、二級。芽肥形美，香高持久，滋味鮮爽回甘。

特徵

茶形狀 - 壯實顯芽
茶色澤 - 嫩綠隱翠
茶湯色 - 嫩黃綠亮
茶香氣 - 清香持久
茶滋味 - 鮮醇
茶葉底 - 嫩綠成朵
產　地 - 安徽省涇縣寧國與宣城等縣

乾茶　壯實顯芽

茶湯　嫩黃綠亮

葉底　嫩綠成朵

汀溪蘭劍

嫩綠披毫．嫩香持久

創製於1989年。主產於涇縣東南部山區的汀溪、愛民、南容、銅山、晏山、陳村等鄉鎮。這些地區山高林密，溪流瀠洄，氣候溫濕，土壤也較為肥沃。蘭劍的採製工藝嚴格。要求於清明至谷雨採一芽一葉或二葉初展之鮮葉，茶農依其形象稱之為「一葉搶，二葉靠」。茶芽還須肥壯完好，長約3厘米，每100個鮮茶芽重量為15克左右。採回鮮葉必須立即攤放，一般上午採，下午製。製作工藝並不複雜，分殺青、做形、初烘、複烘等工序製成。唯獨做形過程，手「拉」時間稍長，因成形似劍而稱「蘭劍」。

乾茶 挺直似劍

茶湯 嫩綠明亮

葉底 綠嫩成朵

特徵

- 茶形狀 - 挺直似劍 有峰苗
- 茶色澤 - 嫩綠披毫
- 茶湯色 - 嫩綠明亮
- 茶香氣 - 嫩香持久
- 茶滋味 - 鮮爽
- 茶葉底 - 綠嫩成朵
- 產　地 - 安徽省涇縣

珩琅翠芽

清香持久．鮮醇爽口

新創名茶，屬直長形烘青綠茶。於 1988 年創製。

珩琅翠芽工藝比較簡單，每年於清明前後開採，鮮葉分三個級別，特級為一芽一葉初展；一級為一芽一葉；二級為一芽二葉初展。其製法與九山翠芽基本相似，鮮葉經殺青、揉捻、毛火、足火而成。

成品茶翠綠顯毫，清香持久，分特級、一級和二級共三個等級。

乾茶 勻整顯毫

茶湯 湯色綠亮

葉底 嫩綠完整

特徵

茶形狀 - 條形勻整顯毫
茶色澤 - 翠綠
茶湯色 - 綠亮
茶香氣 - 清香持久
茶滋味 - 鮮醇爽口
茶葉底 - 嫩綠芽葉完整
產　地 - 安徽省蕪湖縣

黃山針羽

嫩香幽長．滋味鮮醇

乾茶 挺直勻齊

新創名茶，屬尖形烘青綠茶。祁門原以產紅茶為主，20世紀90年代國內市場綠茶暢銷，因而許多地方進行改製，發展綠茶生產。

黃山針羽於1991年試製成功。按照尖形烘青綠茶製法，於清明前後採摘一芽一葉到一芽二葉初展之鮮葉，經殺青、理條後，烘焙製成。分特級、一至二級共三個級別。

產品特點是外形條索肥壯挺直，多鋒苗，顯白毫；內質香高持久，滋味鮮醇，有花香味。

茶湯 嫩綠明亮

葉底 嫩勻完整

特徵

茶形狀 - 挺直勻齊
峰苗顯毫

茶色澤 - 嫩綠隱翠

茶湯色 - 嫩綠明亮

茶香氣 - 嫩香幽長

茶滋味 - 鮮醇

茶葉底 - 嫩勻完整

產　地 - 安徽省祁門縣
仙寓山南麓

德信牌綠仙子

銀綠隱翠．嫩香高雅

新創名茶，屬烘青型綠茶。2000年由德信行（珠海）天然食品有限公司研製開發。綠仙子茶主產地在齊雲山一帶，是大別山的餘脈，地處大別山區的西北邊緣，與江淮丘陵相連，林木蔥翠，雲霧籠罩，成土母質為泥質頁岩和花崗岩，土壤比較肥沃，茶樹生長的自然環境得天獨厚。綠仙子茶選用金寨當地群體品種鮮葉為原料，採摘一芽一葉初展之芽葉，經殺青、初揉、初烘後，在特製的水浴鍋上進行整形、提毫後焙之足乾。

綠仙子茶芽葉細嫩，色澤綠翠，嫩香持久，是綠茶中又一新品。

安徽省
合肥
金寨

特徵

茶形狀 - 條索捲曲顯毫
茶色澤 - 銀綠隱翠
茶湯色 - 綠而明亮
茶香氣 - 嫩香高雅
茶滋味 - 鮮爽
茶葉底 - 嫩綠明亮
產　地 - 安徽省金寨縣

乾茶 條索捲曲

茶湯 綠而明亮

葉底 嫩綠明亮

福安翠綠芽

嫩綠油潤．茶湯黃綠

新創名茶，屬扁形炒青綠茶。福安產茶歷史悠久，據光緒十年（1884 年）版的《福安縣志》載：「當時福安遍地植茶，年產超過十萬箱」。福安以生產垣洋功夫紅茶而盛名，20 世紀 90 年代為適應市場變化，大量改製綠茶，福安翠綠芽也是其中之一。翠綠芽採自菜茶品種一芽一葉初展鮮葉為原料，經晾青、殺青、攤涼、整形、理條、乾燥等工序製成。

福安翠綠芽香氣濃爽，滋味醇厚，沖泡於玻璃杯中，芽尖向上，蒂頭下垂懸浮於水面，隨後又降落於底部，忽升忽降，起落多次，最後豎立於杯底，妙趣橫生。品嚐其味栗香濃烈，滋味醇厚，令人心曠神怡。

乾茶 扁平肥壯

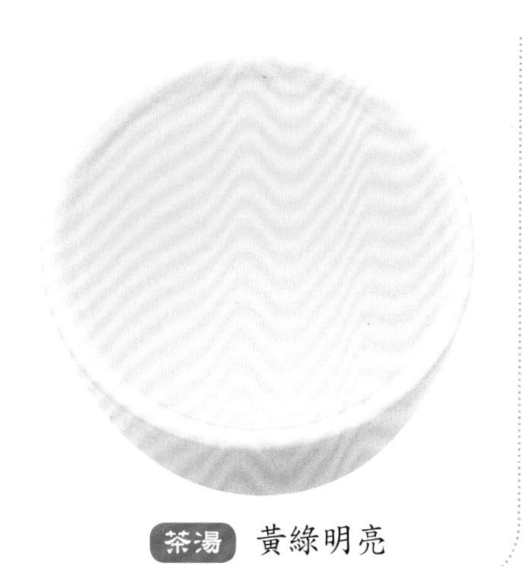
茶湯 黃綠明亮

葉底 嫩綠勻整

特徵

茶形狀 - 扁平肥壯
兩頭細尖

茶色澤 - 嫩綠油潤

茶湯色 - 黃綠明亮

茶香氣 - 濃爽

茶滋味 - 濃醇

茶葉底 - 嫩綠勻整

產　地 - 福建省福安縣

壽山香茗

清香鮮爽．鮮醇回甘

新創名茶，屬條形烘青綠茶。壽寧原為坦洋功夫紅茶產地，20 世紀 80 年代後為適應外銷市場變化改製為綠茶生產。壽山香茗於 20 世紀 90 年代中期，由壽寧縣寶雲茶廠研製而成。

壽山香茗採自當地菜茶一芽一葉初展之鮮葉為原料，按照烘青製茶工藝，鮮葉經殺青、揉捻、初烘、炒揉做形、攤涼、複火、揀剔、包裝等七道工序加工而成。

成品茶外形條索緊秀美觀；內質、茶湯黃綠明亮，清香誘人，深受消費者的歡迎。

特徵

茶形狀 - 條索細緊
彎曲秀麗

茶色澤 - 深綠油潤

茶湯色 - 黃綠明亮

茶香氣 - 清香鮮爽

茶滋味 - 鮮醇回甘

茶葉底 - 嫩綠明亮

產　地 - 福建省壽寧縣

乾茶　彎曲秀麗

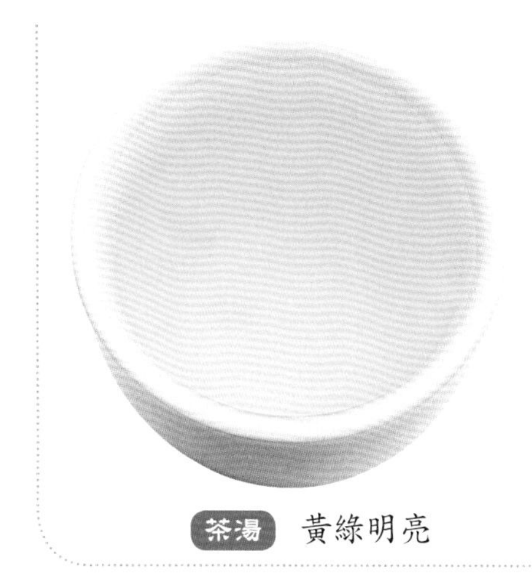

茶湯　黃綠明亮

葉底　嫩綠明亮

栗香玉芽

條索勻整．栗香濃郁

條形烘青綠茶。20 世紀 90 年代由屏南縣鴛鴦溪茶場開發。屏南位於福建省東部，境內有天山山脈跨越全境，茶區一般分布在海拔 600 米至 800 米之間。產地山高谷深，氣候溫和，土壤肥沃，生態環境優越。

栗香玉芽於每年清明前後採自福丁大白茶、福鼎大毫茶等良種茶樹一芽一葉至一芽二葉初展嫩芽，經晾青、殺青、初烘、理條（機械作業為主）、複焙、揀易等工序加工而成。栗香玉芽成品茶外形條索勻整，內質栗香濃郁，沖泡時的展葉，先沉浮自如而鮮活，後直立成朵，形體優美。由於品質超群，2000 年第 2 屆國際名茶評比獲金獎。

乾茶 條索挺直

茶湯 嫩綠清澈

葉底 肥壯綠亮

特徵

茶形狀 - 條索挺直
勻齊顯毫

茶色澤 - 翠綠

茶湯色 - 嫩綠清澈

茶香氣 - 栗香持久

茶滋味 - 清鮮

茶葉底 - 肥壯綠亮

產　地 - 福建省屏南縣

霞浦元宵綠

外形細巧．條緊綠潤

新創名茶，屬捲曲形烘青綠茶。元宵綠是一品種茶名，因其發芽特早，在正月元宵節就可採茶，故名。霞浦在明代為福寧縣，所以又名「福寧元宵綠」。元宵綠採摘一芽一葉至一芽二葉初展之鮮葉為原料。要求芽葉完整，鮮葉採回要經過揀剔，選取完整芽梢，除去單片、魚葉、花蕾及雜物，薄攤於竹簾上，置室內通風處，散發水分，待葉軟時付製，經殺青、揉捻、複火、揀剔包裝等七道工序加工而成。元宵綠其外形細巧，條緊綠潤，外形優美，每斤乾茶約需3.5萬個左右嫩芽構成，並以其香高味鮮醇而著稱，1991年獲福建省農業廳優質茶稱號。

特徵

茶形狀 - 條索捲曲
緊秀顯毫

茶色澤 - 銀綠隱翠

茶湯色 - 黃綠明亮

茶香氣 - 清香高雅

茶滋味 - 鮮醇回甘

茶葉底 - 嫩黃明亮

產　地 - 福建省霞浦縣

乾茶 捲曲緊秀

茶湯 黃綠明亮

葉底 嫩黃明亮

乾茶 茶端微勾

茶湯 黃綠明亮

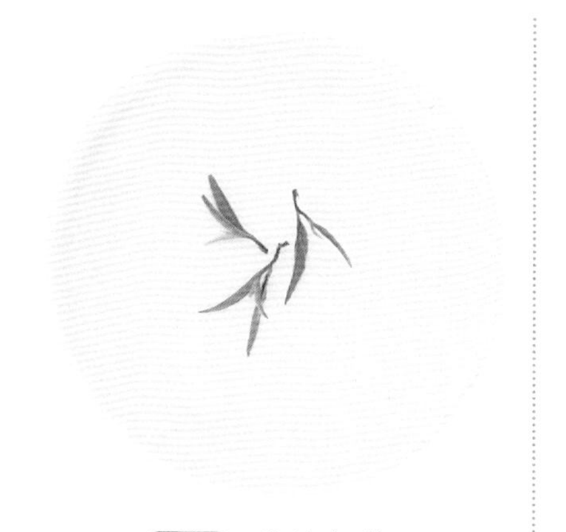

葉底 黃綠勻整

狗牯腦

江西茗茶·略帶花香

亦稱狗牯腦石山茶。屬炒青綠茶。相傳清嘉慶元年（公元1796年），有一梁姓木排工，流落南京，一年多後，攜帶茶籽重返家園，在石山一帶種茶，即名狗牯腦茶，因該山形似狗頭故名。狗牯腦山矗立於羅霄山脈南麓支系的群山之中，山中林木蒼翠，溪流潺潺，雲霧繚繞，冬無嚴寒，夏無酷暑，土壤肥沃，生態條件優越。狗牯腦茶鮮葉選自當地群體小葉種，清明前後採一芽一葉芽梢，經殺青、初揉、二青、複揉、整形提毫、炒乾等工序製成。特級茶泡茶時，芽葉挺直，尖端朝上。

特徵

茶形狀 - 緊結秀麗
茶端微勾、顯毫

茶色澤 - 翠綠

茶湯色 - 黃綠明亮

茶香氣 - 香氣高雅、略帶花香

茶滋味 - 味醇、清爽

茶葉底 - 黃綠勻整

產　地 - 江西省遂川湯湖鄉狗牯腦山一帶

廬山雲霧

長飲益壽．有蘭花香

廬山茶在唐、宋代已遠近馳名，不少詩人，學者留下涉茶詩文。至明、清時廬山茶葉生產已達商品化程度。1949 年後，廬山雲霧成為中國主要名茶之一。廬山種茶地區都在海拔 800 米以上，全年有 260 多天雲霧繚繞，山高林密、土壤肥沃，自然環境優越，鮮葉質量高。廬山雲霧每年於 5 月初開採，以一芽一葉初展芽梢為採摘標準。經攤放、殺青、輕揉、理條、整形、提毫、烘乾等工序而成。出口茶分特級、一級、二級；內銷茶分特一、特二和 1 ～ 3 級。1982 年被評為商業部全國名茶，並獲國家優質產品銀質獎；1988 年獲中國首屆食品博覽會金獎。

乾茶 條索圓直

茶湯 清澈明亮

葉底 嫩綠勻齊

特徵

茶形狀 - 條索圓直、多毫

茶色澤 - 綠潤

茶湯色 - 清澈明亮

茶香氣 - 鮮爽而持久
有蘭花香

茶滋味 - 醇爽

茶葉底 - 嫩綠勻齊

產　地 - 江西省廬山含
仙人洞等地

上饒白眉

創新茗茶．香高持久

乾茶 茶索緊直

主產地位於贛東北低山丘陵區，以上饒大面白品種的一芽一二葉芽梢為原料，鮮葉要求為「嫩、勻、鮮、淨」。包括殺青、揉撚、做形、烘乾等工序製作而成，分特級、一級、二級，三個級別。因「白眉」形似老壽星眉毛，外觀雪白，故名。殺青時要求做到高溫快速和殺透、殺勻。整個過程要以抖炒為主，抖燜結合，先抖後燜。揉撚時要求初乾、輕揉、做條、提毫。提毫時手勢輕而均勻，以防白毫脫落。烘乾用烘籠進行。嚴防火溫過高，乾燥過快。1985 年獲江西省創新名茶稱號。1995 年第 2 屆中國農業博覽會上評為中國名茶。

茶湯 明亮清澈

特徵

茶形狀 - 茶索緊直、顯毫
茶色澤 - 綠潤
茶湯色 - 明亮清澈
茶香氣 - 香高持久
茶滋味 - 鮮醇
茶葉底 - 嫩綠勻朵
產　地 - 江西省上饒縣尊橋鄉

葉底 嫩綠勻朵

前嶺銀毫

清香高爽 · 味鮮濃醇

新創名茶，屬圓直形半烘炒綠茶。20 世紀 80 年代由江西省蠶茶研究所研製而成。清明起選用福鼎大白茶一芽一葉初展芽梢為原料，經殺青、揉捻、鍋炒成形，烘乾等工序製成。殺青時鍋溫約 130 ～ 150℃，下鍋後迅速翻炒，要快翻、高揚、撒開、撈淨。全程約 2 ～ 3 分鐘。揉捻採用雙手把式推揉法，要來輕去重，揉至茶汁溢出，初步成條。做條在鍋中進行，鍋溫 70 ～ 100℃，先高後低。採用搓條和滾壓交替進行，使葉條拉直，並達到八、九成乾時起鍋。烘乾時用無異味的白紙墊底，溫度為 60 ～ 70℃，文火長烘，適時翻抖。約 30 ～ 40 分鐘，然後攤涼密封存放。

特徵

茶形狀 - 挺秀多毫
茶色澤 - 翠綠勻齊
茶湯色 - 清澈明亮
茶香氣 - 清香高爽
茶滋味 - 味鮮濃醇
茶葉底 - 柔嫩明亮
產　地 - 江西省南昌縣梁家渡一帶

乾茶　挺秀多毫

茶湯　清澈明亮

葉底　柔嫩明亮

膠南春

清香誘人．獨具一格

乾茶 緊細捲曲

茶湯 嫩綠明亮

葉底 嫩綠勻整

膠南春主產於膠南市海青鎮一帶。膠南地處黃海之濱，受海洋性氣候影響，四季分明，雨量充沛，水熱資源豐富，茶園多分布在丘陵緩坡地帶，土層深厚，生長條件優越。膠南春以採摘一芽一二葉鮮葉為原料，要求勻度一致。製作工藝細膩，鮮葉經攤放、殺青等工序製成。

膠南春茶條索捲曲，清香誘人，品質獨具一格。在2001年中國茶葉學會第4屆「中茶杯」評比中獲一等獎，是山東名茶中之新秀。曾獲青島國際農業科技博覽會推薦產品，獲青島市第1、2、3屆優質綠茶評比一等獎、特等獎。

特徵

茶形狀 - 條索緊細
捲曲顯毫

茶色澤 - 深綠油潤

茶湯色 - 嫩綠明亮

茶香氣 - 清香

茶滋味 - 鮮嫩爽口

茶葉底 - 嫩綠勻整

產　地 - 山東省膠南市

綠芽春

色綠香郁・味醇形美

綠芽春主產於山東省膠南市海青鎮。膠南市地處黃海之濱，這裡土壤肥沃，雨量適中，生態環境優越，無污染，2001 年被山東省列入無公害茶葉生產示範基地。

綠芽春採嫩梢單芽為原料，經攤放、殺青、理條、乾燥、整形等多道工序加工而成。綠芽春，芽頭細小，成品茶具「色綠、香郁、味醇、形美」之獨特風格，是山東名茶中芽頭最為細嫩的產品之一。

2001 年青島市第 2 屆優質綠茶評比獲一等獎；2001 年獲第 4 屆「中茶杯」全國名優茶評比「優質茶」稱號；2002 年獲青島市第 3 屆優質綠茶，同年獲山東名優茶評比「特優茶」稱號。

乾茶 單芽略扁

茶湯 黃綠明亮

葉底 嫩綠明亮

特徵

茶形狀 - 單芽略扁
茶色澤 - 淺綠
茶湯色 - 黃綠明亮
茶香氣 - 嫩香
茶滋味 - 醇爽
茶葉底 - 嫩綠明亮
產　地 - 山東省膠南市

海青翡翠

呈蘭花形．鮮嫩爽口

海青翡翠主產於山東省膠南市膠州灣之海青鎮一帶。膠南位於黃海之濱，受海洋性氣候的影響，春夏秋三季早晚雲霧繚繞，空氣清新濕潤，晝夜溫差大，土質深厚肥沃，適宜茶樹生長。海青翡翠採收一芽一葉或一芽二葉初展鮮葉為原料，採回的鮮葉攤放3～4小時後，方可殺青。殺青鍋溫160℃左右，投葉0.5千克，採用抖燜結合的手法，將鮮葉炒至柔軟略帶粘性，出鍋薄攤散熱。散熱後，在篾製茶筐內初揉，採用雙手向前推動，倒轉分開、加輕壓，歷時10～15分鐘即可烘焙。初烘溫度為90～100℃，至含水量30～40%，出烘整形。整形後再攤涼2～3小時，足火烘乾。

濟南 膠南 山東省

特徵

茶形狀 - 呈蘭花形
茶色澤 - 翠綠油潤
茶湯色 - 嫩綠明亮
茶香氣 - 清香
茶滋味 - 鮮嫩爽口
茶葉底 - 嫩綠明亮
產　地 - 山東省膠南市

乾茶 翠綠油潤

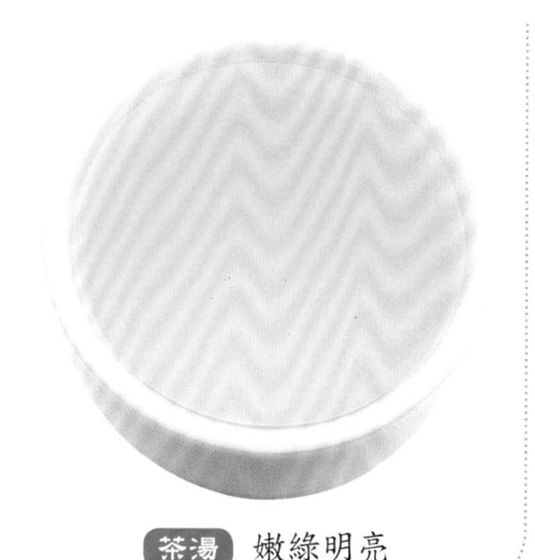

茶湯 嫩綠明亮

葉底 嫩綠明亮

懸泉碧蘭

清香濃郁 · 品質超群

新創製名茶，屬半烘半炒型綠茶。2001年由山東膠南市鐵山懸泉茶廠研製。主產於山東省膠南市鐵山鎮鐵橛山。鐵橛山主峰595米，清泉不絕，大旱不涸，林木蔥蔥，雲霧繚繞，氣候宜人，適宜於茶樹生長。自1967年，南茶北引成功以來，現已發展茶園1000多畝，成為膠南重要茶葉生產基地之一。懸泉碧蘭茶於每年谷雨前後採一芽一葉或一芽二葉初展的鮮葉為原料，製作分鮮葉攤放、殺青、做形、攤涼、初烘、足烘等工序。懸泉碧蘭品質超群，在2001年中國茶葉學會第4屆、第5屆「中茶杯」評比中，分別獲特等獎。

特徵

茶形狀 - 蘭花形
略有毫

茶色澤 - 翠綠鮮活

茶湯色 - 嫩綠鮮活

茶香氣 - 清香濃郁

茶滋味 - 清鮮

茶葉底 - 黃綠成朵

產　地 - 山東省膠南市

乾茶　翠綠鮮活

茶湯　嫩綠鮮活

葉底　黃綠成朵

河山青牌碧綠茶

細緊捲曲．鮮濃醇厚

乾茶　細緊捲曲

茶湯　黃綠明亮

葉底　細嫩勻齊

產於山東日照市東港區內。日照位於山東省東南沿海之濱，受海洋性氣候影響，四季分明，雨熱同季，光、熱、水資源豐富。土壤多為黃棕沙壤土，pH 質在 5.5 ～ 6.5 之間，適宜茶樹生長。特級碧綠茶於 4 月下旬採一芽一葉初展之鮮葉，經攤晾、殺青、搓條、提毫、烘乾等6道工序製成。鮮葉採回，薄攤3～5小時，進行殺青。殺青鍋溫為 150℃左右，投葉 200 克，抖炒 5 ～ 6 分鐘後，進行搓條。鍋溫降至 80℃左右，待茶葉稍許成條時，轉入提毫。鍋溫降至 60 ～ 65℃，雙手攏住茶條做單向搓轉，當茶條細緊，白毫顯露時出鍋攤涼 1 小時左右，然後足火烘乾。

特徵

茶形狀 - 細緊捲曲
有白毫

茶色澤 - 綠潤

茶湯色 - 黃綠明亮

茶香氣 - 有栗香

茶滋味 - 鮮濃醇厚

茶葉底 - 細嫩、勻齊、黃綠

產　地 - 山東省日照市
東港區

綠梅茶

形美香高．味佳獨特

炒青型綠茶。1994年由汶上縣茶人之家研製。主產於山東省汶上縣境內丘陵山地。綠梅茶採用手工與機械相結合的加工方法，分：採、揀、涼青、殺青、機揉、炒揉、搓團、整形、焙乾等九道工序加工而成。高級綠梅茶在春天的第一批茶芽初展開始採摘，一般只採一單芽。採回後，立即過篩，揀掉碎片、雜質，攤涼至水份失去10～20%時進行殺青。殺青時，每鍋投葉量500克左右，鍋溫160～180℃，7～8分鐘起鍋轉入揉捻，用揉捻機輕揉10分鐘左右，再入鍋中炒揉，揉中帶炒，炒中帶揉，揉揉炒炒，搓團整形，最後焙乾。成品形美、香高、味佳，風格獨特。

特徵

茶形狀 - 條索纖細
緊秀如眉
顯毫

茶色澤 - 銀綠隱翠

茶湯色 - 嫩綠明亮

茶香氣 - 濃烈芬芳

茶滋味 - 醇香

茶葉底 - 黃綠、單芽完整

產　地 - 山東省汶上縣

乾茶　條索纖細

茶湯　嫩綠明亮

葉底　單芽完整

乾茶 扁平光滑

茶湯 黃綠明亮

葉底 肥嫩勻整

嶗山春

栗香濃烈．滋味爽口

主產於青島市嶗山山脈。於4月下旬至5月上旬，採摘一芽一葉初展之鮮葉，經攤青、殺青、回潮、輝炒、乾茶分篩等六道工序加工而成。鮮葉採回後薄攤3～5小時，入鍋殺青，鍋溫100～120℃，投葉100克，先用單手炒1分鐘，再用雙手燜炒，並結合抖炒4～5分鐘，待葉質變柔，青氣散失，炒至七、八成乾時起鍋。薄攤回潮，約40～60分鐘再進行輝炒。採用抖、搭相結合手法，炒至茸毛脫落，扁平光滑，折之即斷時出鍋。出鍋乾茶經篩分割末，即可上市銷售。嶗山春自創製以來，由於形美、味濃，深受消費者歡迎，是青島市主要名優綠茶之一。

特徵

茶形狀 - 扁平光滑、挺直

茶色澤 - 綠中透黃

茶湯色 - 黃綠明亮

茶香氣 - 栗香濃烈

茶滋味 - 爽口

茶葉底 - 肥嫩勻整

產　地 - 山東省青島市嶗山

萬里江牌江雪茶

栗香濃郁．鮮嫩爽口

江雪茶於20世紀90年代末由山東省青島市嶗山區萬里江茶場、青島市北方茶葉研究所共同創製。主產於山東省青島市嶗山區境內。青島市地處膠東半島黃海之濱，受海洋性氣候的影響，四季分明，光、熱、水資源豐富，是山東省「南茶北引」最早獲得試種成功之點，現已發展茶園萬畝以上。江雪茶以每年5月初採摘一芽一葉初展鮮葉為原料，經攤放、殺青、攤涼、理條做形、烘乾而成。江雪茶由於芽葉細嫩，加工中在殺青、攤晾後再次入鍋理條做形，動作要輕，保持茶芽挺直，避免芽頭斷碎，這是製好江雪茶的關鍵工藝。

特徵

茶形狀 - 全芽針形
略有毫

茶色澤 - 綠潤

茶湯色 - 嫩綠明亮

茶香氣 - 栗香濃郁

茶滋味 - 鮮嫩爽口

茶葉底 - 深綠尚勻

產　地 - 山東省青島市
嶗山區

乾茶　全芽針形

茶湯　嫩綠明亮

葉底　深綠尚勻

浮來青

清香誘人・栗香高長

屬烘炒型綠茶。1992年由山東浮來青茶廠研製生產，主產於莒縣浮來山。浮來山是國家重點文物保護區，此地生長著樹齡在3000年以上的「天下第一銀杏樹」，至今仍枝葉繁茂，碩果累累。浮來青因此得名。浮來青茶以採收一芽一葉初展和一芽一葉標準的鮮葉，採取攤涼殺青、揉捻、二青做形、提毫、乾燥等七道工序加工而成。其炒製過程最大特點是整個炒製在一口鍋中完成，只是不斷地變換手法有所不同。成品茶的特點：綠、香、濃、淨。綠是指乾茶色澤翠綠油潤，湯色黃綠明亮，葉底嫩綠鮮活；香既是指乾茶清香誘人，又指沖泡後栗香高長、醇厚；濃指滋味濃醇乾爽；淨則是葉底完整無雜質。

乾茶 捲曲細緊

茶湯 黃綠明亮

葉底 嫩綠鮮活

特徵

茶形狀 - 捲曲細緊
茶色澤 - 翠綠油潤
茶湯色 - 黃綠明亮
茶香氣 - 栗香明顯
茶滋味 - 濃醇乾爽
茶葉底 - 芽葉完整 嫩綠鮮活
產　地 - 山東省 莒縣浮來山

雪青茶

香高味濃．鮮嫩爽口

由日照市東港區上李家莊茶場研製生產。1974年冬普降大雪，覆蓋整片茶園，翌年春雪融化，茶樹一片蔥綠，枝葉繁茂，採其新芽加工成茶，品質特別優異，故取名雪青茶。

雪青茶採摘於每年4月下旬至5月上旬。鮮葉標準為一芽一葉初展。採後鮮葉經攤放、殺青、搓條、提毫、攤涼、烘乾等工序加工而成。鮮葉採回後均勻薄攤3～5小時，即可殺青。殺青用電炒鍋，鍋溫130～140℃，投葉200克，單、雙手結合，抖炒5～6分鐘，即轉入搓條。搓條主要起揉緊茶條與顯毫作用，大約歷時15分鐘左右，再進行提毫。當白毫初顯時，用足火烘乾。

乾茶　茶條索緊

茶湯　綠而明亮

葉底　細嫩勻整

特徵

茶形狀 - 條索緊
白毫顯露

茶色澤 - 翠綠

茶湯色 - 綠而明亮

茶香氣 - 香高持久

茶滋味 - 鮮嫩爽口

茶葉底 - 細嫩勻整

產　地 - 山東省日照市

十八盤銀峰

清香高長．滋味嫩鮮

乾茶 嫩綠油潤

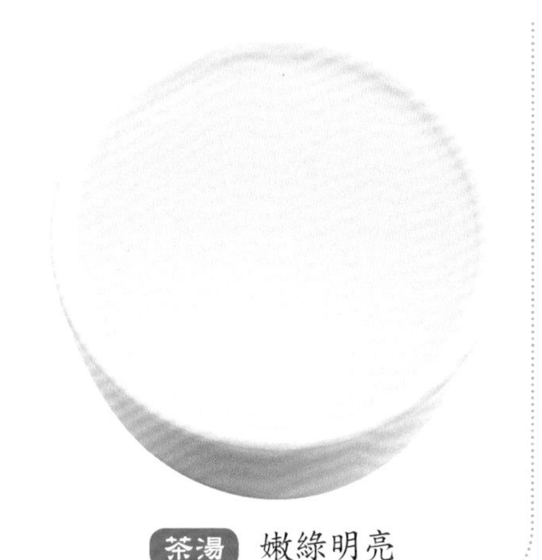

茶湯 嫩綠明亮

葉底 嫩綠勻齊

新創製名茶，屬烘青型綠茶類。固始縣位於河南省南部與安徽省六安茶區毗鄰，氣候屬亞熱帶向暖溫帶過渡的大陸性季風氣候，四季分明，雨量充沛，雨熱同季，土壤疏鬆，肥沃，土層深厚，適宜茶樹生長。十八盤銀峰於谷雨前後，採自當地群體品種一芽一葉初展鮮葉為原料，經殺青、做形、烘焙、回潮、複烘等工序加工而成。採回青葉攤放 2 ～ 3 小時之後，即可殺青。殺青鍋溫在 140 ～ 160℃，待葉片柔軟時，接著降溫至 90℃進行做形。用壓、抖、甩相結合的方式，使芽葉細緊略扁，達七至八成乾時出鍋攤涼。然後用木炭為燃料進行初次烘焙，達九成乾時，回潮 3 ～ 4 小時，再足火烘乾。

特徵

茶形狀 - 全芽略扁尚肥壯
茶色澤 - 嫩綠油潤
茶湯色 - 嫩綠明亮
茶香氣 - 清香高長
茶滋味 - 嫩鮮爽口
茶葉底 - 嫩綠勻齊、完整
產　地 - 河南省固始縣武廟鄉

仰天雪綠

翠綠油潤 · 鮮醇甘厚

新創製名茶，屬扁形烘青綠茶類。1982 年由河南省仰天窪茶場創製。因其產地處在高山深谷，春天仰視山頂可見白雪，而山腰綠色茶芽萌發，故名仰天雪綠。固始位於北亞熱帶向溫帶過渡的季風濕潤區，小氣候特殊，山頂終年雲鎖霧繞，受漫射光照的影響和晝夜溫差較大，鮮葉中積累的內含成分較多，持嫩性好，自然品質優良。仰天雪綠每年谷雨前 5 天左右採一芽一葉或一芽二葉初展之鮮葉，經攤青、殺青、做形、烘乾等四道工序加工而成。其關鍵工藝在於做形階段，吸取龍井與毛尖兩類茶的加工特點，採取撈、抖、帶、撒、搓、壓等手法，使成品茶既有毛尖茶翠綠油潤色澤，又具龍井茶之清香。

特徵

茶形狀 - 平伏略扁
挺秀顯毫

茶色澤 - 翠綠油潤

茶湯色 - 嫩綠清澈

茶香氣 - 清香持久

茶滋味 - 鮮醇甘厚

茶葉底 - 嫩綠鮮活

產　地 - 河南省固始縣
祖師鄉廟
羈馬村

乾茶　平伏略扁

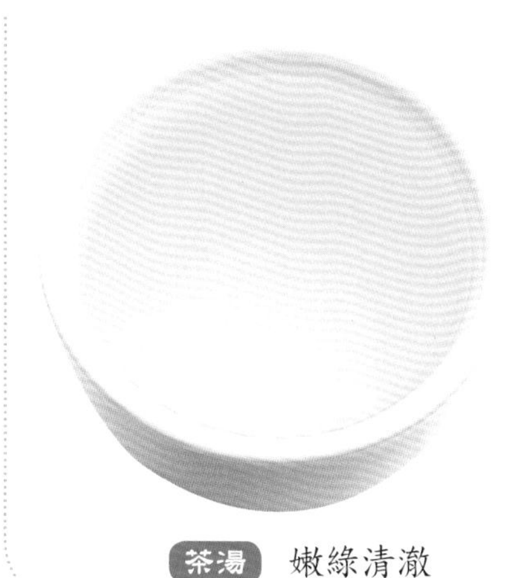

茶湯　嫩綠清澈

葉底　嫩綠鮮活

信陽毛尖

形秀色綠．香高味鮮

信陽毛尖是綠茶中之珍品，一直以形秀、色綠、香高、味鮮而聞名。信陽處於北亞熱帶向暖溫帶過渡氣候區，四季分明，光、熱、水資源豐富。茶區以黃棕壤土居多，土層深厚，質地疏鬆，通氣性好，呈微酸性反應。氣候和土壤資源十分適宜於茶樹生長。信陽特級毛尖茶一般於谷雨前採摘一芽一葉初展鮮葉為原料，經攤晾、生鍋、熟鍋、初烘、攤涼、複烘、揀剔、再複烘等九道工序加工而成。分生鍋和熟鍋兩次炒製，是信陽毛尖品質形成的主要階段。生鍋與熟鍋並列挨近均成30～40度傾斜裝置。生鍋起殺青、初揉作用，熟鍋是做條整形，發揮香氣、滋味的關鍵工序。

乾茶 細秀勻直

茶湯 黃綠明亮

葉底 細嫩勻整

特徵

茶形狀 - 細秀勻直、白毫顯露
茶色澤 - 翠綠
茶湯色 - 黃綠明亮
茶香氣 - 清香高長、略有熟板栗香
茶滋味 - 鮮濃爽
茶葉底 - 細嫩勻整
產　地 - 河南省信陽縣

賽山玉蓮

扁秀挺直．色綠清香

由光山縣涼亭鄉茶葉經濟技術開發公司於1986年創製。光山縣氣候屬於亞熱帶向暖溫帶過渡地區，兼有亞熱帶和暖溫帶的氣候特點，夏熱多雨，冬季乾寒，雨量充沛，適宜茶樹生長，現發展茶園1萬餘公頃。賽山玉蓮於清明前後採摘生長壯實、勻整一致的單個芽頭為原料，採用殺青、做形、攤放、整形、烘乾六道加工工序製作而成。

賽山玉蓮是河南茗苑中的一朵新秀，以優良的品質和獨特的風韻備受消費者讚譽。1994年在第3屆中國信陽茶葉節中獲「金龍杯」獎；1995年中國茶葉學會首屆「中茶杯」評比中獲特等獎。

特徵

茶形狀 - 扁秀挺直
白毫滿披

茶色澤 - 嫩綠油潤

茶湯色 - 淺綠明亮

茶香氣 - 嫩香持久

茶滋味 - 鮮爽

茶葉底 - 嫩綠勻整

產　地 - 河南省光山縣
賽山一帶

乾茶　扁秀挺直

茶湯　淺綠明亮

葉底　嫩綠勻整

宣恩貢羽

茶形圓勻．鮮爽回甘

由宣恩縣特產局於 20 世紀 80 年代末期研製成功。伍家台是歷史上有名的貢茶產地，清乾隆皇帝曾賜匾「皇恩寵賜」。產地群山環繞，日照充沛，土質肥沃，鮮葉原料品質優良。

宣恩貢羽茶在清明至谷雨前採摘一芽一至二葉初展鮮葉為原料，經殺青、初揉、炒二青、複揉整形，毛火、足火等工序製成。宣恩伍家台地區是中國土壤硒含量較高地區，因此宣恩貢羽茶中硒元素含量豐富，故又名「富硒貢茶」。對克山病、大骨節病、缺血性心臟病及各種癌症等具有防治療效。

2001 年獲中國茶葉學會第 4 屆「中茶杯」名優茶評比特等獎。

乾茶 條索緊細

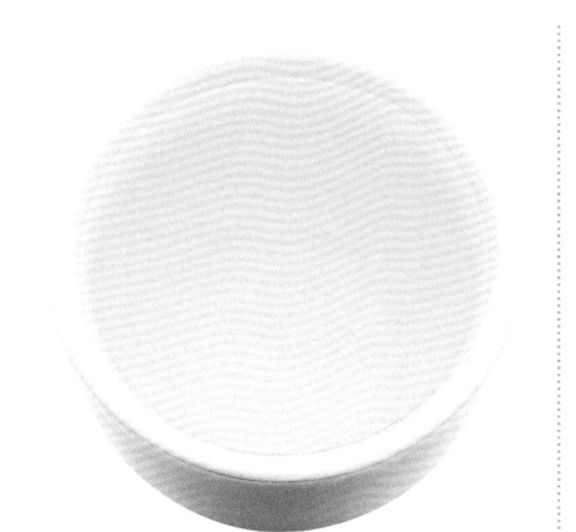
茶湯 湯色綠明

葉底 嫩綠勻齊

特徵

茶形狀 - 條索緊細、圓勻
茶色澤 - 翠綠
茶湯色 - 綠明
茶香氣 - 清香
茶滋味 - 鮮爽回甘
茶葉底 - 嫩綠勻齊
產　地 - 湖北省恩施和宣恩伍家台一帶

松峰茶

湖北名茶·清香鮮醇

新創名茶，屬烘青綠茶。20世紀80年代由羊樓洞茶場研製成功，因產於羊樓洞鎮南側的松峰山而得名。松峰山原名芙蓉山，地理上屬幕阜山餘脈之一，雨水充沛，氣候溫和，土質肥沃，雲霧繚繞，鮮葉原料品質優良。採摘原料為一芽二、三葉標準鮮葉，經殺青、揉捻、初乾、攤晾、足乾等工序製成，殺青使用複乾機，筒壁溫約220℃，時間約6～8分鐘，前期燜殺2.5分鐘，接著人工抖殺，大量散發水份和青氣。揉捻形成松峰茶緊結條索的關鍵工序。可採用40型揉捻機，輕壓短時，小機冷揉。烘乾是形成和固定松峰茶品質的重要環節，分初乾和複乾兩步。分特級、一至五級共六個級別。

特徵

茶形狀 - 條索緊細、勻整
茶色澤 - 翠綠
茶湯色 - 清澈明亮
茶香氣 - 清香高長
茶滋味 - 鮮醇
茶葉底 - 嫩綠勻齊
產　地 - 湖北省蒲圻縣羊樓洞鎮松峰山一帶

乾茶　條索緊細

茶湯　清澈明亮

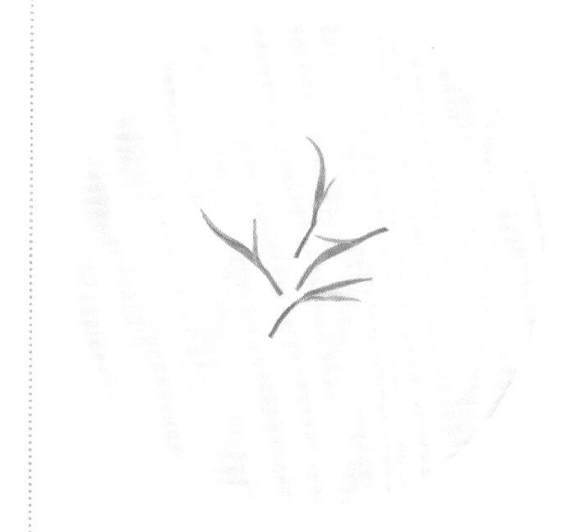

葉底　嫩綠勻齊

武當銀針

濃醇鮮爽．高爽持久

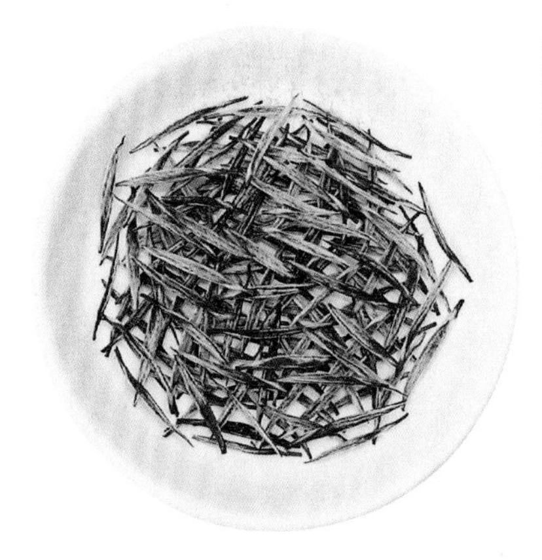

乾茶　緊細如針

新創名茶，20 世紀 80 年代中期，由武當鎮八仙觀茶葉總場精心研製而成。屬烘青綠茶。取當地「磨針井」一景的「鐵杵磨針」為寓意而名，又名武當銀針、針井茶。主產地武當山氣候雨熱同季，溫暖濕潤，翠林環繞，雲霧繚繞，相對溼度大，土質深厚，鮮葉原料品質優良。武當針井茶每年清明前後開採，採摘單芽至一芽一葉初展為原料，經攤放、殺青、初揉、殺二青、理條、整形、乾燥等工序製成。分特級、一級、二級、三級和等外級五個等級。

茶湯　清澈明亮

葉底　勻齊成朵

特徵

茶形狀 - 條索緊細如針顯毫

茶色澤 - 翠綠

茶湯色 - 清澈明亮

茶香氣 - 高爽持久

茶滋味 - 濃醇鮮爽

茶葉底 - 嫩綠、勻齊成朵

產　地 - 湖北丹江口市武當山一帶

恩施玉露

茸毛如玉．故名玉露

歷史名茶，屬傳統蒸青綠茶。始於清初。原稱「玉綠」，後改名「玉露」，主產地五峰山海拔在 520 ～ 595 米之間，山間谷地平闊，雲霧繚繞，氣候溫和，雨量充沛，良好的生態環境形成優質的鮮葉原料。當地主要品種為恩施地方群體品種「苔子」茶，採一芽一至二葉芽梢，經蒸青、搧涼、炒頭毛火、揉捻、鏟二毛火、整形上光等工序，精細加工而成，其殺青工序沿用唐代的蒸汽殺青方法。茶葉因葉色翠綠，毫尖茸毛銀白如玉，故名「玉露」，出口日本，譽為「松針」。是中國現存的歷史名茶中稀有的傳統蒸青綠茶。茶葉中含硒量高，在 3 ～ 11mg/kg 之間，1983 年被列為湖北省十大名茶之中。

特徵

茶形狀 - 條索緊圓挺直
毫白顯露

茶色澤 - 蒼翠潤綠

茶湯色 - 嫩綠明亮

茶香氣 - 清高

茶滋味 - 醇和回甘

茶葉底 - 綠亮勻整

產　地 - 湖北恩施市
五峰山一帶

乾茶　緊圓挺直

茶湯　嫩綠明亮

葉底　綠亮勻整

五峰銀毫

香高味鮮．爽口回甘

由五峰春光茶場研製成功，故又名「春光牌春眉茶」。產地山青水秀，兩岸奇峰、土層深厚，土質肥沃、雨量充沛，相對濕度和晝夜溫差大，是形成五峰銀毫茶「香高味鮮」的生態條件。在清明前後 10 天採摘一芽一至二葉初展鮮葉為原料，每公斤成茶有 8000 ～ 10000 個嫩芽。經攤青、殺青、揉捻、毛火、滾炒、輝鍋等工序製成。攤放時間約 6 ～ 8 小時，用八方複乾機殺青，筒溫 180 ～ 200℃，3 分鐘後降至 90℃，再殺青 3 ～ 4 分鐘，即取出攤涼轉入揉捻。揉捻使用 40 型揉捻機，先輕揉 15 ～ 20 分鐘，揉至基本成形為止。毛火溫度先高後低。滾炒和輝鍋溫度略低。分特、一、二級三個等級。

乾茶　細秀如眉

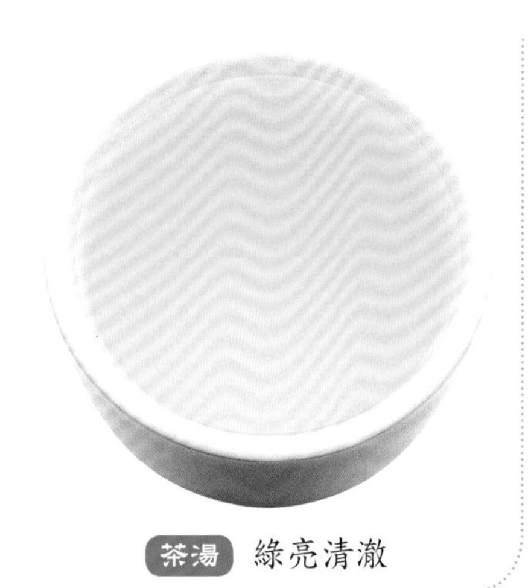

茶湯　綠亮清澈

葉底　嫩綠成朵

特徵

茶形狀 - 條索細秀如眉
茶色澤 - 綠潤鮮活
茶湯色 - 綠亮清澈
茶香氣 - 栗香高而持久
茶滋味 - 鮮濃爽口，回甘
茶葉底 - 嫩綠成朵
產　地 - 湖北五峰縣漁洋關一帶

碧葉青

形似竹葉．鮮醇爽口

由羊樓洞茶場創製，因其外形碧翠顯毫，形似竹葉而得名。產地雲霧繚繞，林木蔥鬱，生態條件優良。在清明前後採摘一芽一葉、一芽二葉幼嫩芽梢經殺青、整形、烘乾三個工序製成，殺青時前期燜殺，後期抖殺。整形是形成竹葉形的關鍵工序。成品茶具色綠、味鮮，形狀自然三大特點。

1986年通過省級鑑定，並在湖北省行業評比中獲第一名，連續5年獲省廳優質證書，1988年獲湖北省優質產品稱號，1998年獲全國第2屆農業博覽會金獎。

乾茶　形似竹葉

茶湯　碧綠清澈

葉底　鮮嫩勻整

特徵

茶形狀 - 形似竹葉
　　　　茸毛顯露
茶色澤 - 碧綠
茶湯色 - 碧綠清澈
茶香氣 - 香濃持久
茶滋味 - 鮮醇爽口
茶葉底 - 鮮嫩勻整
產　地 - 湖北省蒲圻縣
　　　　羊樓洞茶場

龍華春毫

清高馥郁．醇厚鮮爽

乾茶 緊結捲曲

龍華茶場於 1995 年研製成功。產地位於湖南省東南部便江河畔的大明山，海拔 260 米，屬中亞熱帶氣候。茶園四周水繞峰疊，雲霧彌漫，土壤肥沃，生態環境十分優越。龍華春毫茶以白毫早、福鼎大白茶、福雲 6 號良種的鮮葉為原料，3 月上中旬開採，鮮葉要求嫩、勻、鮮、淨，採摘一芽一葉初展、一芽一葉、一芽二葉初展的鮮葉分別加工成特級、一級、二級等系列產品。製作分攤青、殺青、清風、揉捻、做條、整形等工序。創製當年，獲湖南省首屆「郴茶杯」和第 2 屆「湘茶杯」名茶評比銀獎，1996 年又獲第 2 屆「郴茶杯」和第 3 屆「湘茶杯」名茶評比金獎。

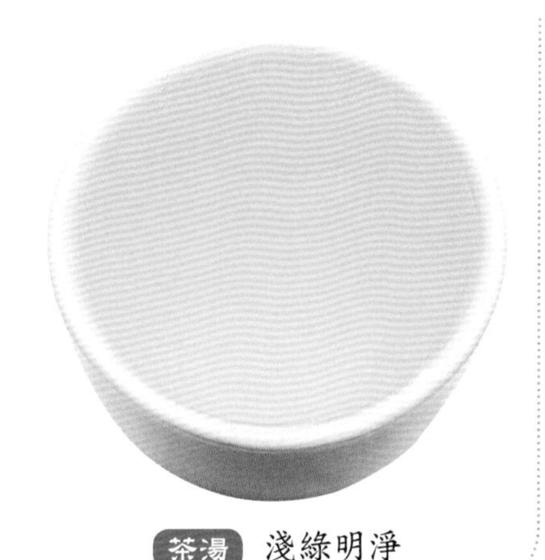

茶湯 淺綠明淨

葉底 嫩綠勻亮

特徵

茶形狀 - 條索緊結捲曲白毫披露

茶色澤 - 翠綠

茶湯色 - 淺綠明淨

茶香氣 - 清高馥郁

茶滋味 - 醇厚鮮爽

茶葉底 - 嫩綠勻亮

產　地 - 湖南省永興縣境內

碣灘茶

條索緊細．栗香鮮爽

於20世紀80年代沅陵縣農業局恢復生產的歷史名茶，屬條形烘炒綠茶。因產於沅陵縣的碣灘而得名。據《辰洲府志》記載：「邑中出茶處多，先以碣灘產者為最……」。相傳公元684年，唐睿宗的內宮娘娘胡風姣受詔回朝，由辰洲泛舟而下，途經碣灘，遇風而止，品嚐到碣灘茶，覺得甘醇爽口，便帶回朝中，賜文武百官品飲，皆讚不絕口，並列為貢品。以後隨著茶文化的交流，碣灘茶還遠傳日本。碣灘茶以當地群體種一芽一葉初展鮮葉為原料，要求大小一致、色澤一致、無單片葉、病蟲葉。鮮葉經攤放、殺青、揉捻、理條、搓條、初乾整形和烘焙等工序加工而成。

特徵

茶形狀 - 條索緊細
挺秀顯毫

茶色澤 - 綠潤

茶湯色 - 清綠明淨

茶香氣 - 栗香高而持久

茶滋味 - 鮮爽

茶葉底 - 嫩勻明亮
芽葉成朵

產　地 - 湖南省沅陵縣

乾茶　挺秀顯毫

茶湯　清綠明淨

葉底　嫩勻明亮

高橋銀峰

湯清茶香・鮮醇回甘

乾茶 緊細捲曲

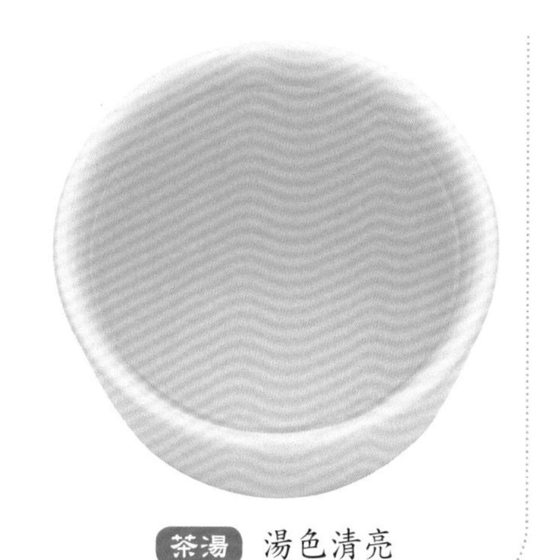

茶湯 湯色清亮

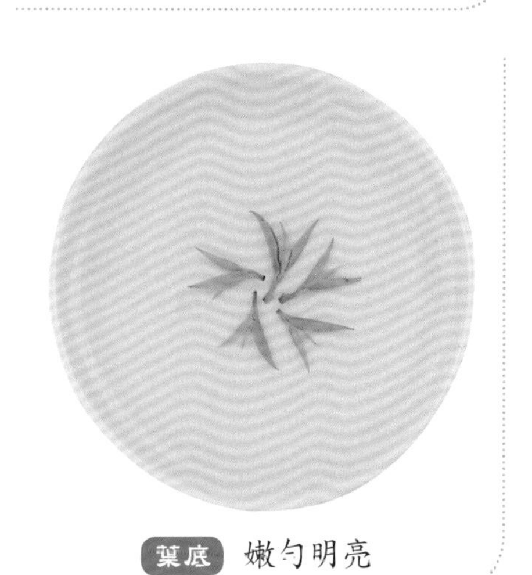

葉底 嫩勻明亮

新創名茶，1959 年由湖南省高橋茶葉試驗站創製，屬條形烘炒綠茶。因產於高橋和茶葉品質特點而得名。高橋銀峰採自湘波綠、櫧葉齊、尖波黃、白毫早、茗豐等良種茶樹，一般在 3 月下旬採摘，標準為一芽一葉初展鮮葉，芽葉長 2.5 厘米左右。鮮葉用內襯白紙的小竹籃盛裝（避免損傷、紅變）。採回鮮葉經殺青、清風、初揉、初乾、做條、提毫、攤涼和烘焙八道工序精製而成。高橋銀峰具有獨特的品質風格，茶芽細嫩，湯清茶香。1978 年獲湖南省科學大會獎，1981 年獲湖南省名茶稱號，1989 年在農業部主辦的全國名優茶評選中獲名茶稱號。

特徵

茶形狀 - 緊細捲曲勻整銀毫顯露

茶色澤 - 翠綠

茶湯色 - 清亮

茶香氣 - 清香持久

茶滋味 - 鮮醇回甘

茶葉底 - 嫩勻明亮

產　地 - 湖南省長沙市高橋

太平奇峰

茶形秀麗．鋒苗尖銳

新創名茶，1995年由石門縣太平鎮三峰茶場創製，屬條形半烘炒綠茶。在茶園管理、茶葉加工及貯運過程中按有機茶的要求進行，使得太平奇峰具有優異的自然品質。太平奇峰以單芽、一芽一葉和一芽二葉初展鮮葉為原料。製作包括鮮葉殺青、初揉、二青、攤涼、複揉、三青、整形做條、提毫和烘乾等工藝精製而成。太平奇峰形似秀麗的山峰，外形條索緊直，勻整秀麗，鋒苗尖銳，色澤尚綠，白毫顯露，乾聞具有獨特的高山茶香。內質湯色淺綠黃亮，香氣純正持久，滋味濃厚回甘，葉底嫩綠明淨。連續沖泡4次仍鮮爽可口，茶湯不起茶鏽，長久放置不失鮮綠色澤。

特徵

茶形狀 - 條索緊直
白毫顯露

茶色澤 - 尚綠

茶湯色 - 淺綠黃亮

茶香氣 - 純正持久

茶滋味 - 濃厚回甘

茶葉底 - 嫩綠明淨

產　地 - 湖南省石門縣
太平鎮

乾茶　條索緊直

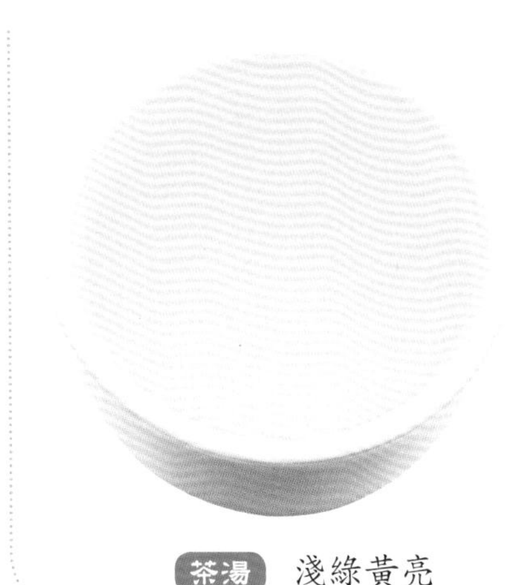

茶湯　淺綠黃亮

葉底　嫩綠明淨

野草王

香氣純正．滋味醇和

乾茶 緊實挺秀

新創名茶，屬綠茶。創製於 20 世紀 90 年代。桃源縣地處湖南省北部，位於洞庭湖西端，海拔 40 ～ 1064 米，年平均氣溫 16.5℃，年降雨量 1447.9 毫米。這裡氣候溫暖，夏無酷暑，冬無嚴寒，土壤肥沃深厚，適宜茶樹生長。

野草王茶於清明前採摘當地群體種單芽和一芽一葉初展鮮葉為原料，經殺青、做形、提毫、乾燥等工序精心製作而成。野草王茶在沖泡中能呈現芽頭「三起三落」，而後茶芽豎立杯中，如雨後春筍，具很強的觀賞價值。1998 年獲湖南省名優茶「金牌杯」金獎。

茶湯 淺綠明亮

葉底 肥嫩明亮

特徵

茶形狀 - 緊實挺秀
白毫顯露

茶色澤 - 翠綠

茶湯色 - 淺綠明亮

茶香氣 - 純正

茶滋味 - 醇和

茶葉底 - 肥嫩明亮

產　地 - 湖南省桃源縣
茶庵鋪鎮

狗腦貢茶

清香持久．茶味醇厚

屬條形烘炒綠茶。創製於 20 世紀 90 年代。資興市是一個以丘陵山地為主的湘南產茶區。優越的自然生態環境，得天獨厚的山區氣候條件，孕育了狗腦貢茶的良好品質。狗腦貢茶採自當地群體品種茶樹，以一芽二葉初展鮮葉為原料，鮮葉經攤放、殺青、揉捻、二青、做形、提毫和烘乾等工序精製而成。1995 年獲第 2 屆「湘茶杯」金獎、全國新技術新產品交易會金獎，1998 年獲湖南省名優茶「金牌杯」金獎，1999 年獲湖南省首屆農博會金獎，2000 年獲中國杭州第 2 屆國際茶博會銀獎，2001 年在中國茶葉學會第 4 屆「中茶杯」全國名優茶評比中獲優質茶稱號。

乾茶　細緊捲曲

茶湯　黃綠明亮

葉底　細嫩黃綠

特徵

茶形狀 - 細緊捲曲
披毫

茶色澤 - 尚綠潤

茶湯色 - 黃綠明亮

茶香氣 - 清香持久

茶滋味 - 醇厚

茶葉底 - 細嫩黃綠

產　地 - 湖南省資興市

蘭嶺毛尖

嫩香持久．醇爽回甘

乾茶 披毫隱翠

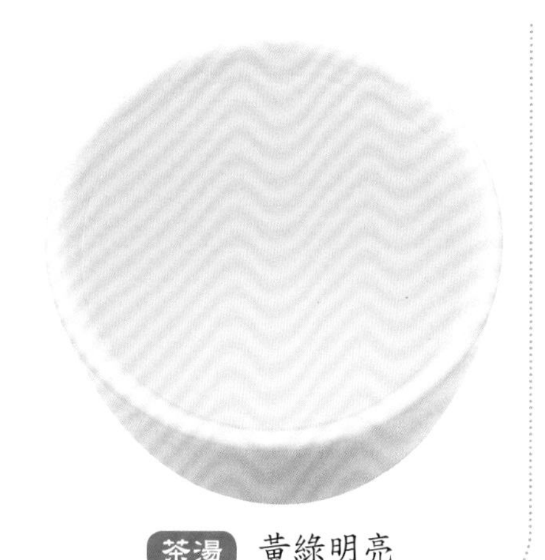
茶湯 黃綠明亮

葉底 嫩綠鮮亮

新創名茶，由湘陰縣蘭嶺茶廠於 1993 年創製，屬烘青綠茶。產地湘陰位於湖南省北部，洞庭湖南岸，地處幕阜山餘脈，屬中亞熱帶向北亞熱帶過渡的濕潤氣候區，四季分明，濕潤多雨。茶園多分布在第四紀紅壤崗地上。土層深厚，適宜於茶樹生長。茶樹品種主要有福鼎大毫茶、福雲 6 號、湘波綠、湘妃茶等適製綠茶的無性系良種。採用無公害茶生產技術，茶葉無污染。蘭嶺毛尖茶三月初開採，採摘一芽一葉初展，芽葉長度 2.0 ~ 2.6 厘米之鮮葉為原料，要求鮮葉嫩、勻、鮮、淨。製作分為攤放、殺青、清風、揉捻、做條、理條、提毫和烘焙等工序製成。

特徵

茶形狀 - 條索緊直勻整 披毫隱翠

茶色澤 - 翠綠

茶湯色 - 黃綠明亮

茶香氣 - 嫩香持久

茶滋味 - 醇爽回甘

茶葉底 - 嫩綠鮮亮

產　地 - 湖南湘陰縣境內

雄鷗牌特級蒸青綠茶

綠潤起霜・清純持久

主產地在湛江市徐聞縣、雷州半島東南端的海鷗和勇士兩個國營茶場。新創名茶，屬蒸青綠茶。1992 年由廣東省海鷗農場研製，是一種機械化生產的大葉蒸青綠茶。

雄鷗牌蒸青綠茶採自雲南大葉種、廣東水仙和海南大葉種等三個品種茶樹之新梢，特級茶以一芽二葉初展鮮葉為原料，經攤放、蒸汽殺青、脫水、揉捻、乾燥、車色等蒸青茶加工工藝製成。由於是蒸氣殺青，有利於茶多酚類物質的降解，大大減少成茶的苦澀味。成品茶條索緊秀勻整，湯色黃綠明亮，栗香濃烈。

乾茶 圓渾秀長

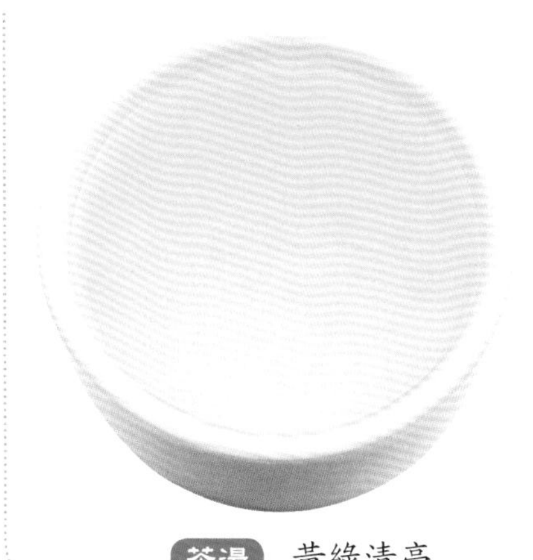

茶湯 黃綠清亮

葉底 嫩綠柔軟

特徵

茶形狀 - 緊結勻整
圓渾秀長

茶色澤 - 綠潤起霜

茶湯色 - 黃綠清亮

茶香氣 - 清純持久、具栗香

茶滋味 - 醇厚爽口

茶葉底 - 嫩綠柔軟

產　地 - 廣東省湛江市

樂昌白毛茶

微有白毛．其味清涼

歷史名茶，是廣東省一品種茶名。始於清代。

樂昌白毛茶，採用當地白毫茶品種茶樹，採一芽一葉初展之芽葉，要求原料純淨、勻齊、新鮮，並按條形烘青製法，經攤青、殺青、揉捻、初乾、整形提毫、烘乾等六大工序製成。樂昌白毛茶形美味佳，品質超群，在歷次名茶評比中成績突出。1992年廣東省首屆名優茶評比中獲廣東省名優茶稱號，同年又獲全國第1屆中國農博會金獎；1994年在中國茶葉學會舉辦的第1屆「中茶杯」全國名茶評比中獲二等獎；1995年獲第2屆中國農博會銀質獎。

乾茶 緊結圓渾

茶湯 黃綠明亮

葉底 嫩綠勻亮

特徵

茶形狀 - 條索緊結圓渾 稍彎曲、顯毫

茶色澤 - 綠潤

茶湯色 - 黃綠明亮

茶香氣 - 高長

茶滋味 - 醇爽

茶葉底 - 嫩綠勻亮

產　地 - 廣東省樂昌縣 九峰山一帶

棋盤石牌西山茶

翠綠油潤．幽香持久

歷史名茶，屬烘炒型綠茶類。創製於明代。據考証，桂平西山的茶樹為唐代高僧李明遠從江南引進的小葉種，植於西山棋盤石旁，當地至今仍把棋盤石旁兩株老茶樹稱西山茶始祖，並以棋盤石西山茶做為商標。西山茶的採製分採摘、攤青、殺青、炒揉、炒條、烘焙、複烘等7道工序。加工的過程中最大特點是揉捻工序在鍋中進行，採用搓揉方式，邊炒邊揉，至條索細緊時，轉入炒條定型，採用滾擦與翻炒相結合手法，使條索進一步緊結。整個過程，動作輕巧。因此成品茶捲曲細緊，峰苗顯露。

乾茶　條索細緊

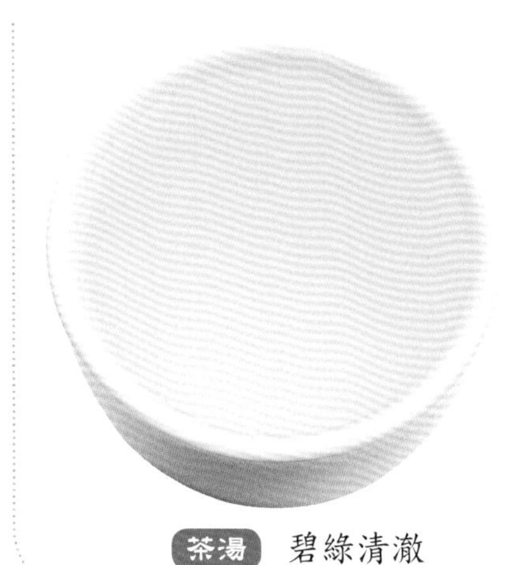

茶湯　碧綠清澈

特徵

茶形狀 - 條索細緊
呈龍捲狀

茶色澤 - 翠綠油潤

茶湯色 - 碧綠清澈

茶香氣 - 幽香持久

茶滋味 - 鮮爽甘醇

茶葉底 - 嫩綠明亮

產　地 - 廣西省桂平縣
西山一帶

葉底　嫩綠明亮

凌雲白毫

芽頭肥壯．銀灰透翠

歷史名茶，原名白毛茶，屬條形烘青綠茶，是一品種茶名，因白毛茶主產凌雲縣，故定名為凌雲白毛茶，但目前產地也擴及樂業縣。於清乾隆年間就有白毛茶的生產。凌雲白毛茶採自白毛茶品種茶樹之鮮葉，特級白毛茶的標準是一芽含苞或一芽一葉初展。成茶經攤青、殺青、揉捻、乾燥、複香等六道工序加工而成。因白毛茶條索粗壯，在初製過程中，很難達到足乾程度，稍加存放，就會吸潮，所以在包裝出廠前，增加複香工序，其目的在於使茶進一步乾透，除去清雜氣味，散發茶香，這是保證產品質量的重要一環。

乾茶　壯實碩大

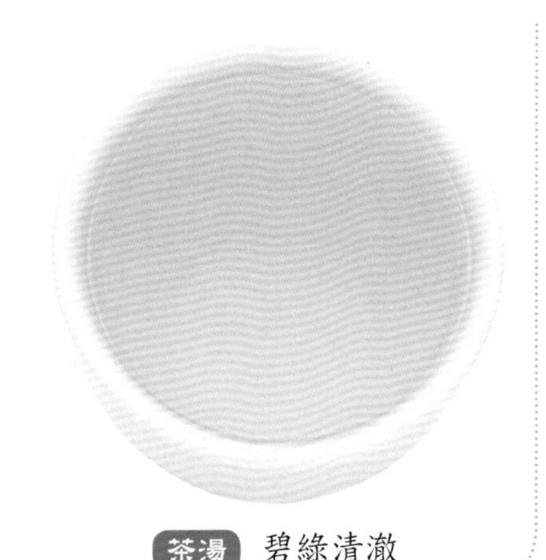

茶湯　碧綠清澈

葉底　嫩綠明亮

特徵

茶形狀 - 條索壯實碩大
滿披茸毛

茶色澤 - 銀灰透翠

茶湯色 - 碧綠清澈

茶香氣 - 清高持久

茶滋味 - 濃厚鮮爽

茶葉底 - 嫩綠明亮

產　地 - 廣西省凌雲縣

桂林銀針

清香持久．回味醇鮮

新創製名茶，屬針狀烘炒型綠茶類。於20世紀80年代由桂林茶科所創製。桂林市氣候溫和，盛夏無酷暑，嚴冬少霜雪，自然環境優越，適宜於茶樹生長。

銀針茶採自福鼎大白茶、凌雲白毛茶、福雲6號、雲南大葉種等多毫品種的單芽或一芽一葉初展之鮮葉，經攤放、殺青、攤涼、初乾與做條、攤涼、再乾與提毫、足火烘焙等8道工序加工而成。

桂林銀針，條索細緊，白毫顯露，色澤翠綠，獨具風格，1990年被廣西自治區授予「優質食品類」稱號；1991年產品參加杭州首屆國際茶博覽會，榮獲「優秀產品獎」。

乾茶 形似銀針

茶湯 清澈明亮

葉底 綠亮勻齊

特徵

茶形狀 - 形似銀針
白毫顯露

茶色澤 - 翠綠

茶湯色 - 清澈明亮

茶香氣 - 清香持久

茶滋味 - 回味醇鮮

茶葉底 - 綠亮勻齊

產　地 - 廣西省桂林市

桂林毛尖

香高持久．醇厚甘腴

由桂林市茶葉研究所創製。廣西桂林茶葉研究所位於桂林市老山腳下，風景怡人，屬丘陵山區，氣候溫和，春茶期間雲霧繚繞，十分有利於茶樹生長。

桂林毛尖選用福鼎大毫、福鼎大白茶、福雲 6 號、7 號、凌雲白毛茶等國家級良種，於清明前後採摘一芽一葉初展之鮮葉為原料，經攤放、殺青、揉捻等 6 道工序加工而成。

產品色澤翠綠，白毫顯露，條索緊細，香高味醇爽口，在 1985 年和 1989 年兩次獲農業部優質產品獎；1993 年在泰國曼谷舉辦的「中國優質農產品及科技成果設備展覽會」上榮獲金獎。

乾茶 條索緊細

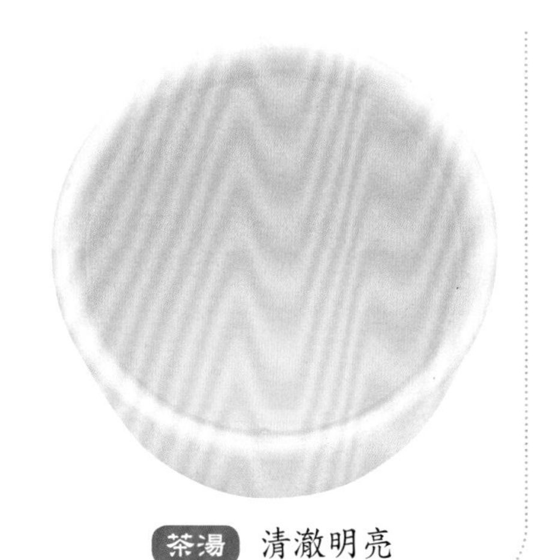

茶湯 清澈明亮

葉底 嫩綠明亮

特徵

茶形狀 - 挺秀、條索緊細
茶色澤 - 翠綠、白毫顯露
茶湯色 - 清澈明亮
茶香氣 - 香高持久
茶滋味 - 醇厚甘腴
茶葉底 - 嫩綠明亮
產　地 - 廣西省桂林市堯山一帶

將軍峰牌銀杉茶

綠潤清香．鮮醇持久

新創名茶，屬炒青型綠茶類。1995 年由廣西昭平將軍峰茶場創製。昭平位於廣西東部，與湖南、廣東相鄰。境內桂江、思勤江貫穿全縣，會合後流入潯江，成為廣西重要水系之一。銀杉茶，採自當地中葉群體種茶樹一芽一葉鮮葉為原料，經攤放、青鍋、輝鍋和乾燥等四個工序製成。青鍋以殺青為主，採用抖、帶、甩、搭、捺等手法（與龍井相似），約 6 ～ 7 成乾起鍋攤涼。輝鍋，主要採用抖、捺、拉、推、扣、抓、磨等手法交替進行，達含水量 9% 左右時起鍋。乾燥，在烘乾機中進行，目的是提香，含水量 6% 時下烘收藏。

乾茶 匀直扁平

茶湯 清澈明亮

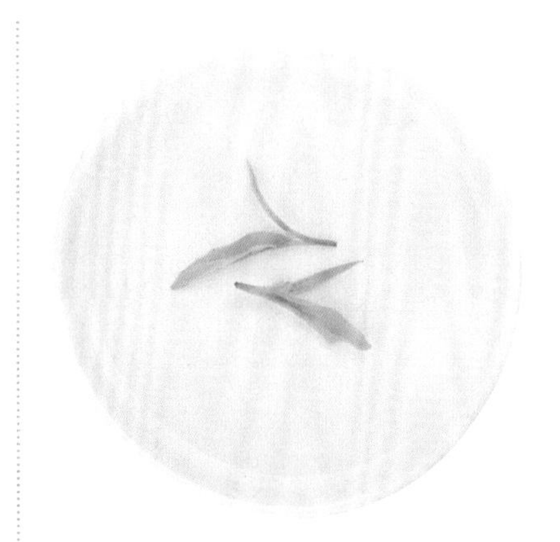
葉底 葉底嫩綠

特徵

茶形狀 - 匀直扁平、顯毫
茶色澤 - 綠潤
茶湯色 - 清澈明亮
茶香氣 - 清香
茶滋味 - 鮮醇
茶葉底 - 嫩綠
產　地 - 廣西昭平縣將軍峰茶廠

高駿牌銀毫茶

茶色翠綠・鮮醇甘爽

乾茶 緊細圓直

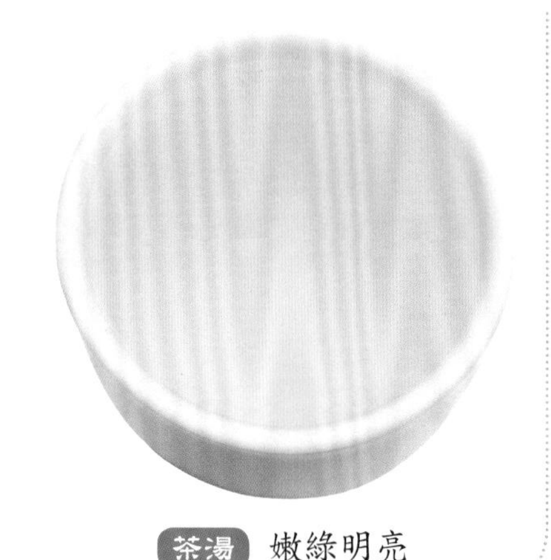

茶湯 嫩綠明亮

葉底 嫩綠勻整

新創名茶，屬烘青型綠茶。20 世紀 90 年代由靈山縣軍營垌茶廠創製。靈山地處廣西東南部，屬南亞熱帶氣候，年平均降雨量 1500 毫米，年平均溫度 21.5℃，全年基本無霜。軍營垌茶廠座落在靈山縣東大門石塘鎮附近，這裡青山環繞，山間雲霧繚繞，山澗常年長流，山泉清澈碧綠，十分適於茶樹生長。

銀毫茶以當地群體品種茶樹一芽一葉初展之鮮葉為原料，經攤放、殺青、揉捻、理條整形、烘乾等工序製成。成品茶條索細緊挺直，顯毫，香高持久，湯色清綠明亮，滋味鮮醇。2000 年秋，在廣西壯族自治區欽州市名優茶評比中，榮獲全市第一名。

特徵

茶形狀 - 條索緊細圓直
白毫顯露

茶色澤 - 翠綠

茶湯色 - 嫩綠明亮

茶香氣 - 嫩香

茶滋味 - 鮮醇甘爽

茶葉底 - 嫩綠勻整

產　地 - 廣西靈山縣
軍營垌茶廠

金秀白牛茶

香高持久・茶味甘醇

廣西地方名茶，屬炒青綠茶類。白牛茶為小喬木茶樹，樹高1～2米，原產大瑤山原始森林中，當地村民挖取野生茶苗種於村寨。每年春季採摘一芽一二葉鮮葉，採用炒青製法，經三炒三揉，最後在鍋中焙乾，白牛茶市場上很少出售，村民一般作自備用茶，每年採製的谷雨茶都精心保存，常吊掛在煙燃處，保存30年以上的陳茶多做藥用，以治療痢疾、肺氣管病和胃病較有療效。當地村民鑑別白牛茶的方法頗為特殊，常把製好的茶葉和銅錢吊在一起，放入口中咀嚼，以嚼碎銅錢的程度，判別真假及其品質之優劣。

乾茶 翠綠顯毫

茶湯 黃綠明亮

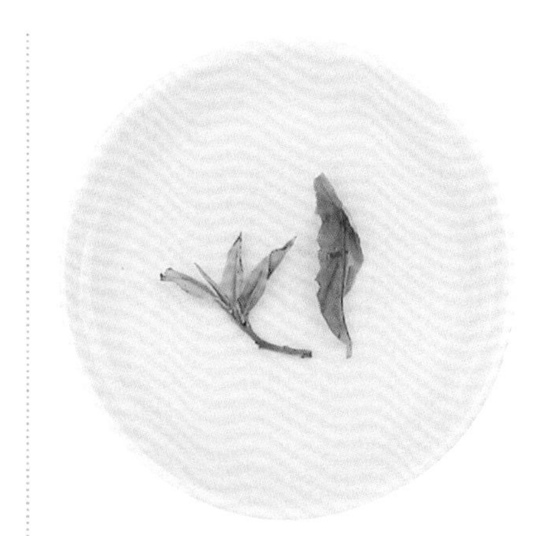

葉底 黃綠明亮

特徵

茶形狀－條索壯實、微彎
茶色澤－翠綠、顯白毫
茶湯色－黃綠明亮
茶香氣－香高持久
茶滋味－甘醇
茶葉底－黃綠明亮
產　地－廣西省自治區
金秀瑤族自治縣
羅香鄉白牛村

竹葉青

清香撲鼻 · 回味甘醇

創製於 1964 年，屬扁形炒青綠茶。當年，陳毅元帥到峨眉山視察，在峨眉山萬年寺品嘗此茶時，頓覺清香撲鼻，回味甘醇，讚不絕口，並問僧人：「此為何茶？」當得知此茶尚無定名時，陳毅元帥不經意地說道：「多像嫩竹葉啊，就叫竹葉青吧!」從此，竹葉青名聲遠揚，茶園面積不斷擴大，產量不斷增加。產地氣候溫和，土壤深厚，質地疏鬆，有機質含量高，雨量充沛，終日雲霧彌漫，有利於茶葉優良品質的形成。竹葉青茶以福鼎大白茶的單芽和一芽一葉初展鮮葉為主要原料，經鮮葉攤放、殺青、做形、攤涼、分篩、輝鍋等工藝精製而成。

乾茶 扁平光滑

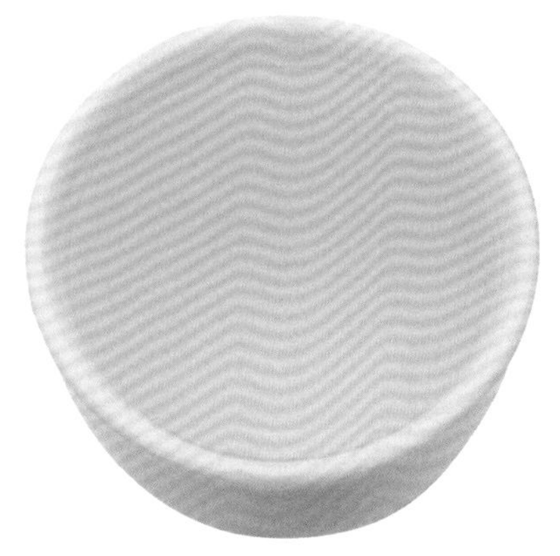

茶湯 嫩綠明亮

葉底 嫩黃明亮

特徵

茶形狀 - 扁平光滑
挺直秀麗

茶色澤 - 嫩綠油潤

茶湯色 - 嫩綠明亮

茶香氣 - 清香馥郁

茶滋味 - 鮮嫩醇爽

茶葉底 - 嫩黃明亮

產　地 - 四川省峨眉山市
及周邊地區

峨眉山峨蕊

清香馥郁・濃醇甘爽

創製於1959年，屬捲曲形烘青綠茶。傳說，古時峨眉山有一個採藥人，無意間發現一片茶林，又聽見鳥兒尖聲啼叫：「峨蕊出世……」他一驚，低頭看見一捆沾滿露水的茶苗。於是，採藥人將茶苗帶回栽於峨眉山中，精心培植，並將製作的茶葉稱為「峨蕊」。從此，峨蕊茶世代相傳，後來，在創製新茶時，就沿用「峨蕊」這個茶名。最初用四川中小葉群體種鮮葉為原料，後來改用福鼎大白茶、福選9號、福選12號等無性系良種。採摘單芽和一芽一葉初展之鮮葉，經攤青、殺青、做形、烘乾等工藝流程精心製成。峨蕊茶從1983年起連續三年被四川省農牧廳評為優質名茶。

特徵

茶形狀 - 緊細捲曲、顯毫
茶色澤 - 嫩綠油潤
茶湯色 - 黃綠明亮
茶香氣 - 清香馥郁
茶滋味 - 濃醇甘爽
茶葉底 - 嫩綠明亮
產　地 - 四川峨眉山淨山寺、黑水寺及普興、符紋一帶

乾茶　緊細捲曲

茶湯　黃綠明亮

葉底　嫩綠明亮

蒙山銀峰

馥郁高長·鮮醇回甘

新創名茶，屬烘青綠茶。於 20 世紀 90 年代創製。產地海拔 760 米，雨量充沛，氣候溫和，茶園土壤為沖積黃壤，茶園四周林木蔥郁，雲霧繚繞，茶樹生長環境優越，自然品質良好。

蒙山銀峰以福鼎大白茶品種一芽一葉初展鮮葉為原料，經殺青、攤涼、做形、烘乾等工序精心製作而成。

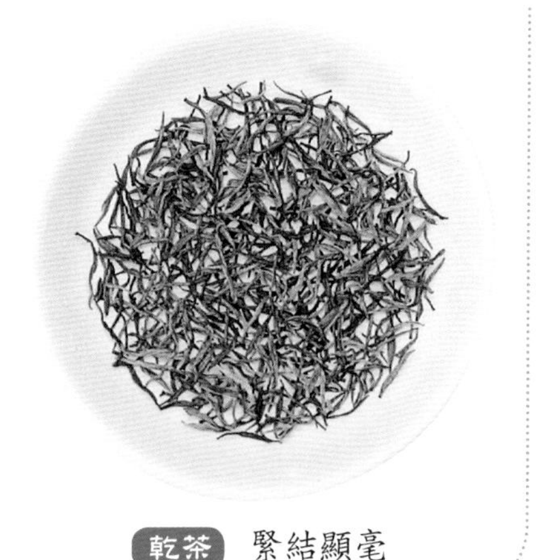

乾茶 緊結顯毫

茶湯 黃綠明亮

葉底 嫩綠明亮

特徵

茶形狀 - 緊結有鋒苗顯毫

茶色澤 - 綠潤

茶湯色 - 黃綠明亮

茶香氣 - 馥郁高長

茶滋味 - 鮮醇回甘

茶葉底 - 嫩綠明亮

產　地 - 四川省名山縣中鋒鄉牛碾碎等地

碧翠竹綠

色澤綠潤．茶帶清香

新創名茶，屬炒青綠茶。於20世紀90年代創製。以北川苔子茶品種的單芽和一芽一葉初展鮮葉為原料，鮮葉經殺青、做形、輝鍋等工序精製而成。1997年獲中國茶葉學會第2屆「中茶杯」全國名優茶評比二等獎。

特徵

茶形狀 - 挺直光滑 略顯白毫

茶色澤 - 綠潤

茶湯色 - 綠亮

茶香氣 - 清香

茶滋味 - 清爽

茶葉底 - 肥嫩柔軟

產　地 - 四川省北川縣曲山鎮

乾茶　挺直光滑

茶湯　湯色綠亮

葉底　肥嫩柔軟

廣元秀茗

色綠湯清．品質超群

新創名茶，屬綠茶。於 20 世紀 90 年代由四川廣元生態茶業有限公司與西南農業大學食品科學院聯合研製。廣元的茶樹均分布在 800 ～ 1100 米之間的山坡地段。這裡地勢開闊，森林覆蓋率高，環境無污染，對綠茶自然品質起著決定性的作用。廣元秀茗採用當地群體品種茶樹，每年於早春 3 月中旬前採摘，以單芽為原料，經攤放、殺青、做形、乾燥和提香等工藝流程精心加工而成。廣元秀茗由於產品外形條索緊細圓直，色綠湯清，並具高山茶風格，品質超群，在 2001 年參加第 4 屆「中茶杯」全國名優茶評比中，榮獲一等獎。

乾茶　緊細圓直

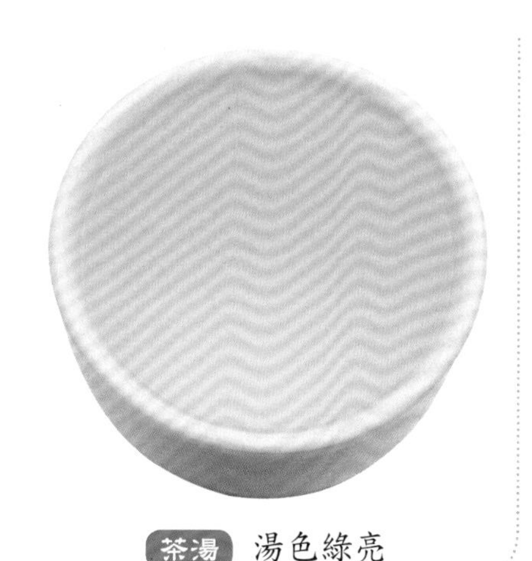

茶湯　湯色綠亮

葉底　嫩黃勻整

特徵

茶形狀 - 緊細圓直
白毫顯露

茶色澤 - 綠潤

茶湯色 - 綠亮

茶香氣 - 清香

茶滋味 - 清爽

茶葉底 - 嫩黃勻整

產　地 - 四川省旺蒼縣
白水鎮一帶

桃源毛峰

清香高長．滋味鮮醇

新創名茶，屬扁形炒青綠茶。20 世紀 90 年代由四川省廣元市旺蒼縣桃源茶業有限公司創製。旺蒼位於四川省北部，嘉陵江上游，是一個山區縣。這裡森林茂密，氣候溫和，日照短，雲霧多，晝夜溫差大，有利於茶葉中有機物的積累。茶園位於米倉山南麓的丘陵地段，一般海拔在千米左右，生態條件優越。

桃源毛峰以當地群體品種茶樹一芽二葉和一芽三葉初展鮮葉為原料，採用名茶加工機械製作。2001 年獲中國茶葉學會第 4 屆「中茶杯」全國名優茶評比一等獎。

特徵

茶形狀 - 挺直略扁
略顯白毫

茶色澤 - 翠綠

茶湯色 - 嫩綠明亮

茶香氣 - 清香高長

茶滋味 - 鮮醇

茶葉底 - 綠尚亮

產　地 - 四川省旺蒼縣
東河鎮

乾茶　挺直略扁

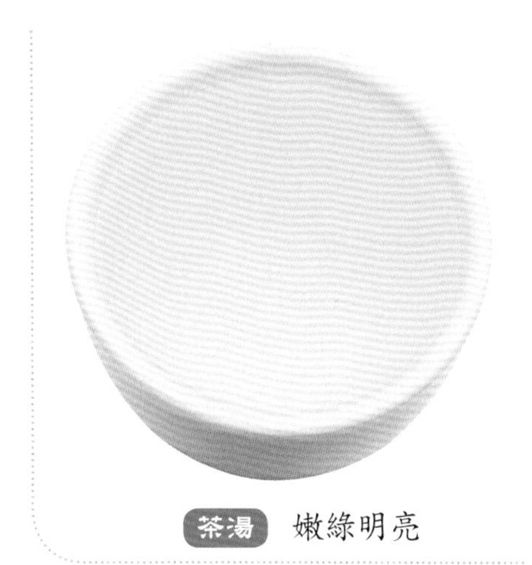

茶湯　嫩綠明亮

葉底　綠尚亮

岷山雀舌

翠綠油潤．清香高長

新創名茶，屬條形烘青綠茶。20 世紀 90 年代創製。青川位於四川省北部，嘉陵江上游，是四川省一個山區縣。當地山青水秀，氣候溫和，森林覆蓋率高，自然環境優越，適宜茶樹生長。岷山雀舌，採自當地群體品種茶樹，以一芽一葉和一芽二葉初展鮮葉為原料，經攤放、殺青、造型和乾燥等工藝精製而成。

2001 年獲四川省廣元市第 2 屆「廣茗杯」名優茶評比一等獎和中國茶葉學會第 4 屆「中茶杯」全國名優茶評比二等獎。

乾茶 條索緊細

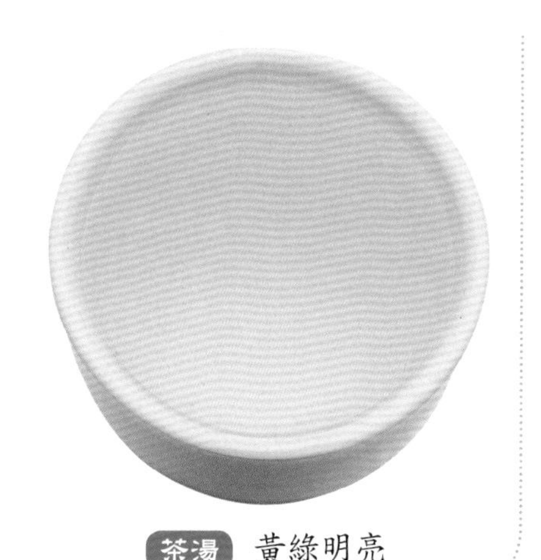

茶湯 黃綠明亮

葉底 黃綠明亮

特徵

茶形狀 - 條索緊細略捲曲
茶色澤 - 翠綠油潤
茶湯色 - 黃綠明亮
茶香氣 - 清香高長
茶滋味 - 鮮醇
茶葉底 - 黃綠明亮
產　地 - 四川省青川縣蒿溪鄉

白龍雪芽

綠潤隱毫．湯清明亮

新創名茶，屬捲曲形烘青綠茶。20 世紀 90 年代由向陽茶場研製。青川位於四川省北部，嘉陵江上游，是一個山區縣。當地山高林密，森林覆蓋率高，晝夜溫差大，有利於茶葉中有機物質的積累，自然品質優良。茶園均分布於縣北部海拔 1000 ～ 1500 米的向陽高山上，不施化肥，不使用農藥，茶葉無任何污染，是純天然飲品。

白龍雪芽採自當地群體品種茶樹之一芽一葉和一芽二葉初展鮮葉為原料，經攤放、殺青、造型和乾燥等工藝精製而成，產品外形緊細捲曲，綠潤顯毫，湯清明亮。1999 年獲四川省第 5 屆「甘露杯」金獎。

特徵

茶形狀 - 緊細捲曲
茶色澤 - 綠潤隱毫
茶湯色 - 黃綠尚亮
茶香氣 - 純正
茶滋味 - 醇正
茶葉底 - 黃綠尚亮
產　地 - 四川省青川縣境內

乾茶 緊細捲曲

茶湯 黃綠尚亮

葉底 黃綠尚亮

乾茶 勻整顯毫

都勻毛尖

茶味鮮濃．回味甘甜

歷史名茶，創製於明清年間，1968 年恢復生產，屬捲曲形烘青綠茶。選用芽葉茸毛多、芽細長、葉質肥厚柔軟的中葉種鮮葉為原料。一般在清明前後開採，谷雨前後結束。採摘標準為一芽一葉初展，芽葉長度不超過 2 厘米，形如雀舌。製作包括鮮葉攤放、殺青、揉捻、做形提毫和烘乾等工藝流程。成茶含氨基酸 2.3%，多酚類 27.8%，水浸出物 41.4%，1920 年在巴拿馬賽會曾獲優獎。1982 年在長沙全國名茶評比會上獲「全國十大名茶」稱號，1988 年在全國首屆食品博覽會上獲金獎。

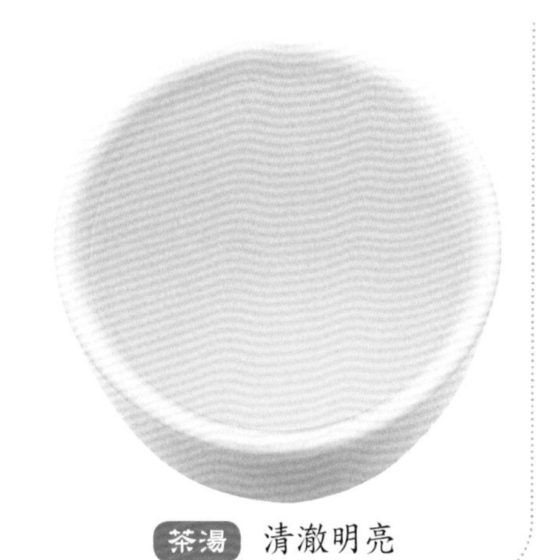

茶湯 清澈明亮

特徵

茶形狀 - 條索捲曲
勻整顯毫

茶色澤 - 綠潤

茶湯色 - 清澈明亮

茶香氣 - 清香

茶滋味 - 鮮濃，回味甘甜

茶葉底 - 肥壯明亮

產　地 - 貴州省都勻市
團山一帶

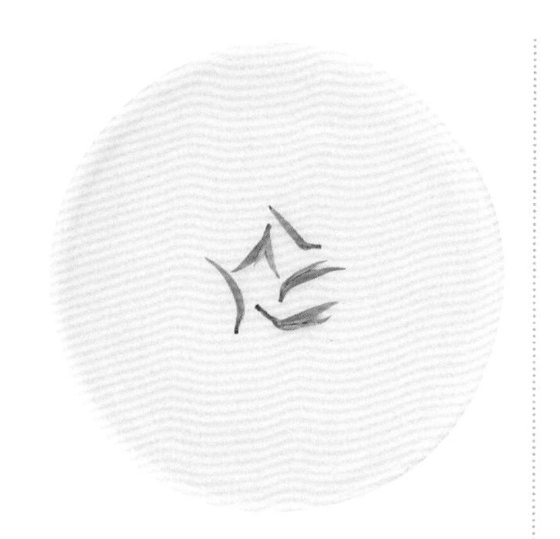

葉底 肥壯明亮

東坡毛尖

條索緊細・茶味鮮爽

新創名茶，於 1978 年試製成功，屬捲曲形炒青綠茶。產地位於國家級風景區，貴州省著名的飛雲崖附近，林多樹密，植被好；土層深厚，土壤肥沃；氣候溫和，雨量充沛，自然生態環境極其優越，有利於形成優良的茶葉品質。東坡毛尖以貴州省優良的中小葉類型品種石阡苔茶鮮葉為原料，於每年春分前後一周開採，採摘標準為一芽一葉初展，芽葉長度為 2.0 ～ 2.3 厘米，每公斤乾茶有 3.6 萬～ 4.0 萬個芽頭。製作工藝流程為攤放、殺青、揉捻、搓團提毫和文火乾燥。成茶氨基酸含量高達 3.7%，茶多酚 25.7%，酚氨比值 6.9，茶味鮮爽，品質優良。

特徵

茶形狀 - 條索緊細
捲曲成螺

茶色澤 - 綠潤

茶湯色 - 翠綠明亮

茶香氣 - 鮮爽

茶滋味 - 鮮醇爽口
回味甘甜

茶葉底 - 嫩綠、肥軟明亮

產　地 - 貴州省黃平縣
東坡茶場

乾茶 捲曲成螺

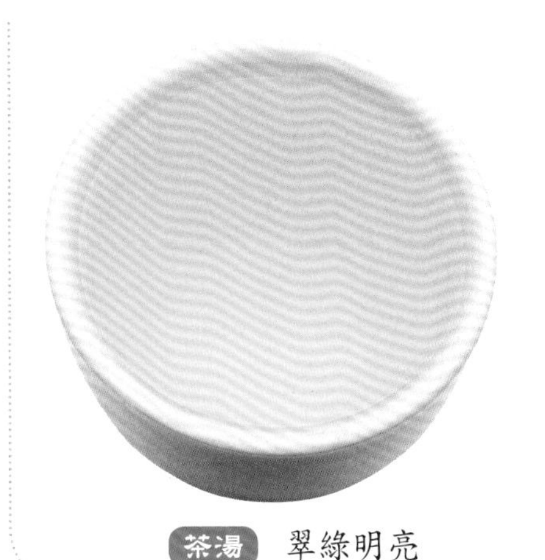

茶湯 翠綠明亮

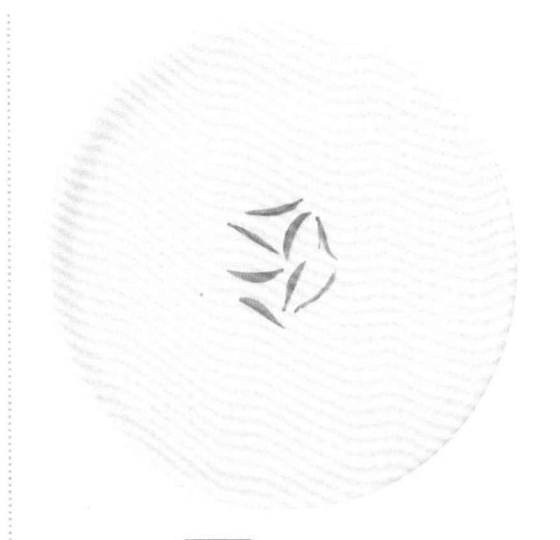

葉底 肥軟明亮

雀舌報春

醇厚鮮爽．帶板栗香

新創名茶，始於 20 世紀 90 年代初，屬扁形炒青綠茶。產地位於黔南山區蒙江河畔海拔 800 米左右的山地，茶園土壤屬黃壤，酸度適宜，土層深厚，質地疏鬆，透水性好，有機質含量豐富。茶園四周森林茂密，植被覆蓋率在 40% 以上，大氣、水質、土壤無污染，為雀舌報春的優良品質形成創造了優越的自然環境條件。雀舌報春以福鼎大白茶品種鮮葉為原料，3 月初開採，一芽一葉初展鮮葉加工極品茶，一芽一葉加工特級茶。要求原料大小勻齊，芽葉完整，芽葉長度 2.0 ～ 2.5 厘米。製作包括鮮葉攤放、殺青、攤涼和輝鍋等工序。

乾茶　扁平光滑

茶湯　碧綠清澈

葉底　嫩綠勻齊

特徵

茶形狀 - 扁平光滑勻整隱毫
茶色澤 - 翠綠油潤
茶湯色 - 碧綠清澈
茶香氣 - 板栗香高而持久
茶滋味 - 醇厚鮮爽
茶葉底 - 嫩綠勻齊
產　地 - 貴州省羅甸縣果茶場

春秋毛尖

翠綠油潤．嫩香持久

新創名茶，屬捲曲形烘青綠茶。1995年由貴陽春秋實業有限公司研製。主產地是該公司的羅甸果茶場，位於黔南山區蒙江河畔。茶園土壤為酸性黃壤，深厚而肥沃。茶園周邊森林覆蓋率在40%以上，生態環境優越，得天獨厚的自然條件，造就了春秋毛尖茶的優良品質。春秋毛尖以福鼎大白茶為原料，採摘一芽一葉之鮮葉。經攤放、殺青、揉捻、毛火、造型、提毫、烘乾等工序製成。其所有工序都用小型名茶加工機械完成。春、秋兩季採摘，不採夏茶，產品色澤翠綠油潤，滋味濃醇爽口，頗受消費者的青睞。

特徵

- 茶形狀 - 細緊捲曲勻整 白毫顯露
- 茶色澤 - 翠綠油潤
- 茶湯色 - 嫩綠清澈
- 茶香氣 - 嫩香持久
- 茶滋味 - 濃爽
- 茶葉底 - 嫩綠鮮活
- 產　地 - 貴州省貴陽市

乾茶　捲曲勻整

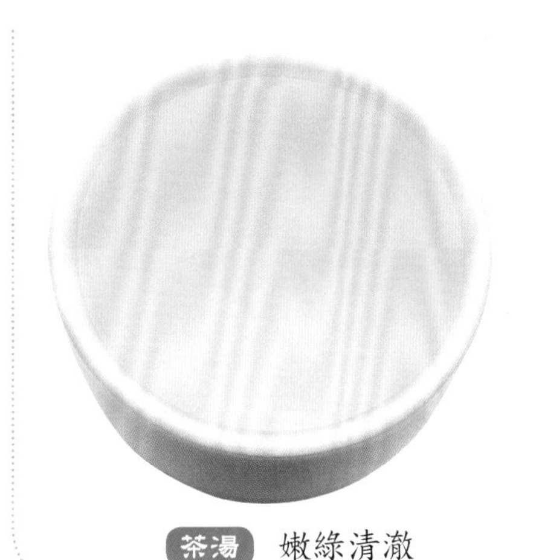

茶湯　嫩綠清澈

葉底　嫩綠鮮活

烏蒙牌烏蒙劍茶

香氣高銳．鮮爽甘醇

新創名茶，屬扁形綠茶。20 世紀 90 年代由六盤水六枝特區茶葉開發公司研製而成。六盤水市地處貴州省西郊北盤江上游，茶園均處在群山環抱之中，自然環境優越。

烏蒙劍茶採自當地福鼎白毫良種茶樹一芽一葉初展之芽葉，經青鍋、攤涼、輝鍋等工序製成。青鍋殺青以輕壓、理條為主，至五成乾左右起鍋攤涼。輝鍋採用龍井茶的搭、捺、壓等手法炒製，至條索扁、平、光直，足乾時起鍋過篩，割末收藏。

烏蒙劍茶外形扁平光滑、內質香氣高銳，滋味鮮爽甘醇，深受消費者的歡迎。

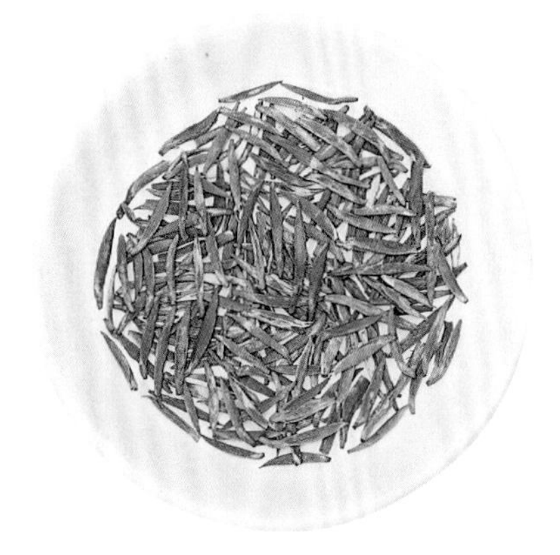

乾茶 扁平光直

茶湯 黃綠明亮

葉底 嫩綠明亮

特徵

茶形狀 - 扁平光直、顯毫
茶色澤 - 綠潤
茶湯色 - 黃綠明亮
茶香氣 - 高銳持久
茶滋味 - 鮮爽甘醇
茶葉底 - 嫩綠明亮
產　地 - 貴州省六盤水市

貴定雪芽

嫩香持久．醇爽回甘

新創名茶，屬炒青型綠茶類。1987 年由貴定縣雲霧湖茶場試製，1989 年投入批量生產。貴定雪芽茶主產於苗嶺山脈中段雲霧山麓海拔 800 ～ 1400 米的山坡、谷地。

貴定雪芽於每年清明前後開採，原料要求因級別不同而異。特級：採一芽一葉初展；一級：一芽二葉初展。芽葉長短、大小基本一致，無病蟲、紫色及殘缺芽葉。鮮葉經揀剔後薄攤於簸箕內 2 ～ 4 小時付製。經殺青、揉捻、整形、提毫、焙乾而成。每 500 克特級雪芽乾茶約 3 萬個芽頭組成。

特徵

茶形狀 - 細嫩如螺
銀毫顯露

茶色澤 - 翠綠

茶湯色 - 碧綠清澈

茶香氣 - 嫩香持久

茶滋味 - 醇爽回甘

茶葉底 - 嫩綠勻亮

產　地 - 貴州省貴定縣
雲霧湖茶場

乾茶　細嫩如螺

茶湯　碧綠清澈

葉底　嫩綠勻亮

遵義毛峰

碧綠色澤·滿披白毫

乾茶 緊細圓直

新創名茶，屬綠茶類。1974 年由貴州省茶葉研究所為紀念舉世聞名的遵義會議而創製。遵義毛峰茶以福鼎茶樹良種一芽一葉鮮葉為原料，在揀剔後經殺青、揉捻、抖撒失水、搓條造形（理直、裹緊、搓圓）、提毫、足乾等工序製成。搓條造形是形成遵義毛峰獨特外形的關鍵工藝。在鍋中做形炒乾，既要形成針狀的外部形態，又要保持碧綠色澤和密集的銀毫，炒製技術確是難能可貴。

遵義毛峰品質優良，產品在 1994 年首屆農博會上獲得金獎。遵義毛峰的創製在 1995 年榮獲貴州省科技進步三等獎。

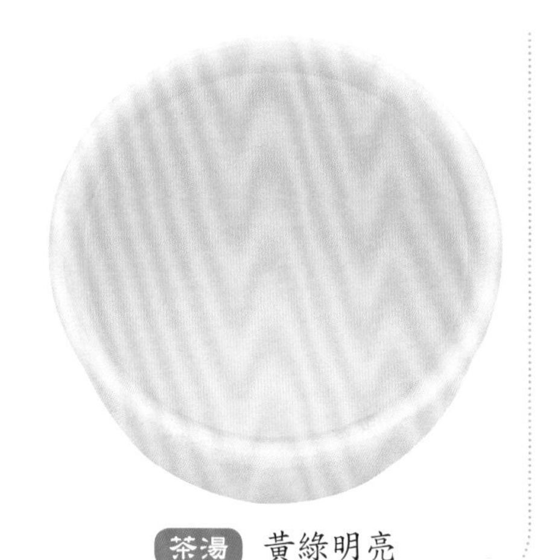

茶湯 黃綠明亮

特徵

茶形狀 - 條索緊細圓直
滿披白毫

茶色澤 - 翠綠潤亮

茶湯色 - 黃綠明亮

茶香氣 - 嫩香持久

茶滋味 - 清醇、鮮爽

茶葉底 - 嫩綠

產　地 - 貴州省湄潭一帶

葉底 葉底嫩綠

金福牌富硒銀劍茶

綠潤明亮．香氣純正

新創名茶，於 20 世紀 90 年代試製成功。屬綠茶。採用手工製作，加工工藝分鮮葉攤放、殺青、二青整形、回潮和乾燥。此茶硒含量約 2mg/kg，常飲對補充人體所需的硒元素具有一定的作用，在缺硒地區效果更為明顯。

乾茶 白毫顯露

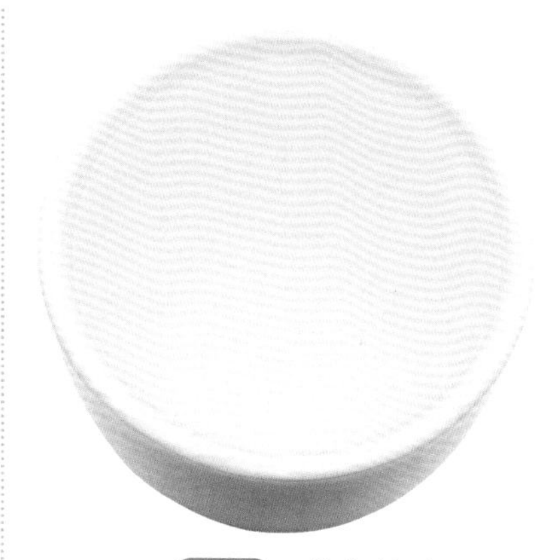

茶湯 湯色綠亮

葉底 肥嫩顯芽

特徵

茶形狀 - 扁直尚光滑 白毫顯露

茶色澤 - 綠潤

茶湯色 - 綠亮

茶香氣 - 純正

茶滋味 - 尚濃

茶葉底 - 黃綠明亮 肥嫩顯芽

產　地 - 貴州省六盤水市

水城春－鳳羽

黃綠明亮・茶味濃厚

乾茶 光滑挺直

新創名茶，屬扁形炒青綠茶。於 20 世紀 90 年代由水城縣茶葉發展公司研製開發。水城春是採摘中葉品種單芽鮮葉為原料，經攤放、青鍋、二青做形、攤涼回潮、輝鍋而成。

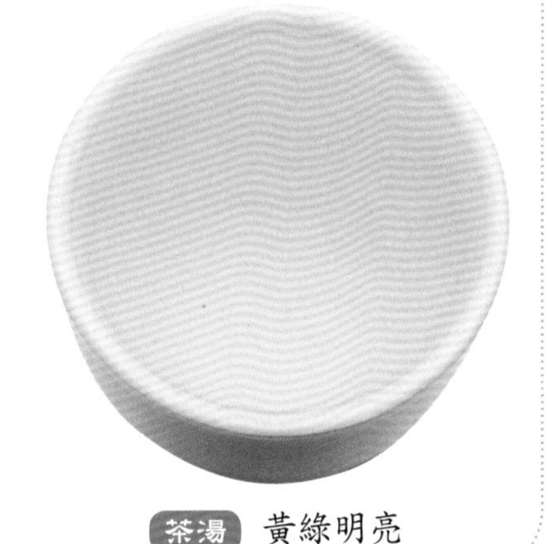

茶湯 黃綠明亮

葉底 綠亮尚勻

特徵

茶形狀 - 扁形光滑挺直
茶色澤 - 尚嫩綠
茶湯色 - 黃綠明亮
茶香氣 - 純正
茶滋味 - 濃厚
茶葉底 - 綠亮尚勻
產　地 - 貴州省水城縣境內

侗鄉春牌翠針茶

嫩綠清香 · 滋味醇正

新創名茶，屬綠茶。20 世紀 90 年代試製成功。以龍井 43 鮮葉為原料，採摘單芽和一芽一葉初展之鮮葉。經鮮葉攤放、殺青、揉捻、二青做形、輝乾而成。

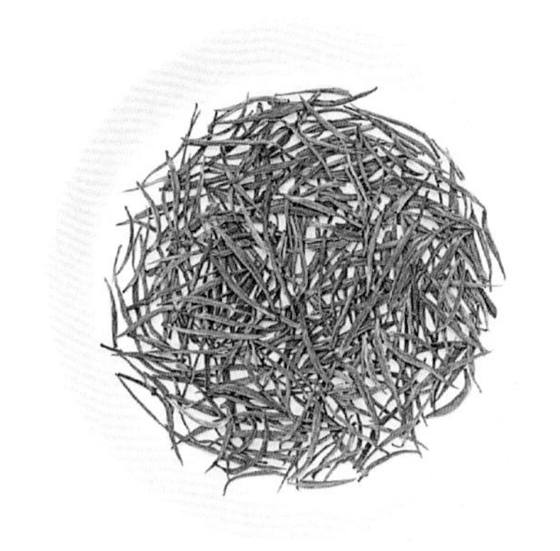

乾茶 緊結細秀

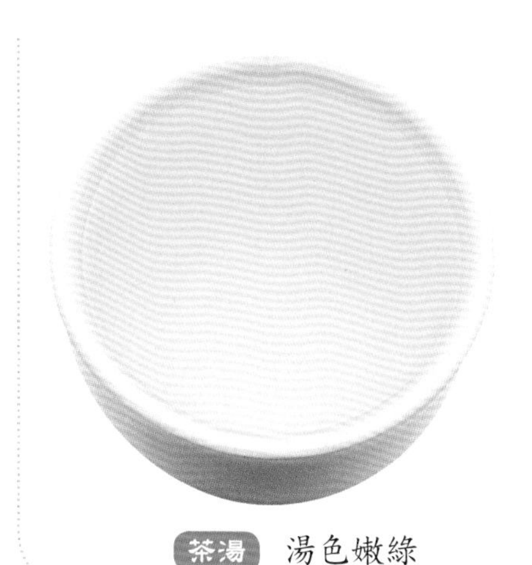

茶湯 湯色嫩綠

葉底 嫩綠明亮

特徵

茶形狀 - 緊結細秀顯鋒苗
茶色澤 - 翠綠
茶湯色 - 嫩綠
茶香氣 - 清香
茶滋味 - 醇正
茶葉底 - 嫩綠明亮
產　地 - 貴州省黎平縣境內

摩崖銀毫

捲曲顯毫．具蘭花香

新創名茶，屬烘青綠茶。於 2000 年由鹽津縣平頭山茶場研製開發。

摩崖銀毫採用當地昭通小葉群體品種茶樹，於 3 月初採一芽一葉初展之鮮葉為原料，要求芽葉完整，採回鮮葉立即揀剔，去除蟲葉、單片、魚葉、花蕾及雜物，薄攤放竹簾上，至室內通風處散發水分，待葉色轉暗變軟時付製，經殺青、初揉做形、毛火、足火揀剔、提香等工序加工而成。成品茶捲曲顯毫，色澤綠潤，並具蘭花香。2001 年在中國茶葉學會舉辦的第 4 屆「中茶杯」名優茶評比中名列綠茶第二名，獲特等獎，從而名聲大振。

乾茶 條細捲曲

茶湯 清澈綠亮

葉底 葉底嫩勻

特徵

茶形狀 - 條細捲曲披毫
茶色澤 - 綠潤
茶湯色 - 清澈綠亮
茶香氣 - 蘭花香
茶滋味 - 鮮爽回甘
茶葉底 - 嫩勻
產　地 - 雲南省鹽津縣境內

雪蘭毫峰

銀毫顯露．嫩香持久

創新名茶，屬烘青綠茶。於20世紀90年代初由昌寧縣翁堵鄉翁堵雪蘭茶廠創製。昌寧地處瀾滄江上游，當地茶樹都植於高山峽谷之中，冬無嚴寒，夏無酷暑，晴天多露水，雨天多雲霧，土壤肥沃，呈微酸性反應，是雲南大葉種茶最適宜生長地區。

雪蘭毫峰選用雲南勐庫大葉種和雲抗系列良種，採摘一芽一葉初展之鮮葉，經攤放、殺青、初揉、複揉、毛火、足火、揀剔等工序製成。成品茶條索勻整，銀毫顯露，湯色嫩綠，嫩香持久，是大葉種綠茶中珍品。

乾茶 圓直緊秀

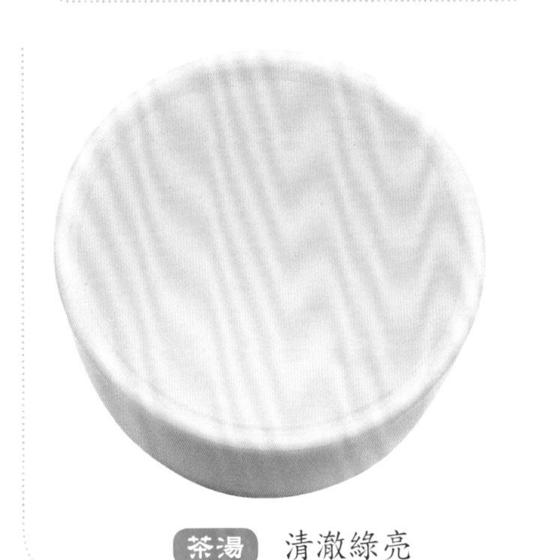

茶湯 清澈綠亮

葉底 肥嫩柔軟

特徵

茶形狀 - 條索圓直緊秀顯毫
茶色澤 - 翠綠
茶湯色 - 清澈綠亮
茶香氣 - 嫩香持久
茶滋味 - 鮮爽回甘
茶葉底 - 肥嫩柔軟
產　地 - 雲南省保山地區昌寧縣境內

龍山雲毫

香高味美．不起茶垢

乾茶 緊秀顯毫

創新名茶，屬烘青綠茶。由雲南省思茅地區（2007年更名為普洱市）景洪縣（現更名為景洪市）大渡崗茶場於20世紀80年代初創製，因成品茶特別顯毫而故名。

龍山雲毫採用大渡崗茶場大龍山茶園的雲南大葉種為原料，每年2月上旬開採，採摘一芽一二葉初展的芽葉，經攤放、殺青、初揉、初烘、複揉、整形、理條、提毫、足乾、揀剔等工序加工而成，1981年前為手工生產，以後改進工藝使用機械化生產。成品茶條索肥嫩緊實，色澤油潤翠綠，峰苗好，白毫顯露，並具板栗香氣。香高、味美、不起茶垢，堪稱龍山雲毫之「三絕」，因而深受廣大消費者的歡迎和喜愛。

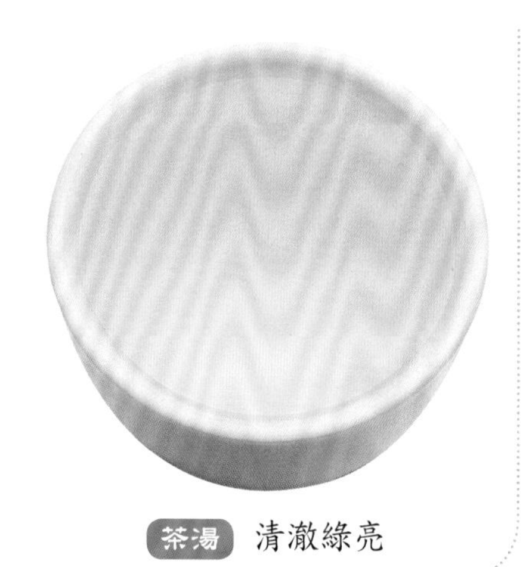

茶湯 清澈綠亮

特徵

茶形狀 - 條索圓直緊秀顯毫
茶色澤 - 深綠光潤
茶湯色 - 清澈綠亮
茶香氣 - 鮮嫩栗香
茶滋味 - 鮮爽回甘
茶葉底 - 嫩勻、綠亮
產　地 - 雲南省景洪縣（景洪市）

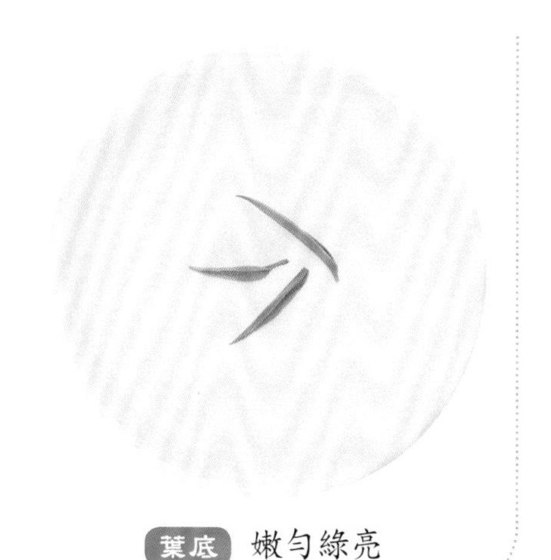

葉底 嫩勻綠亮

宜良寶洪茶

葉片似鰭·味濃爽口

歷史名茶，屬炒青綠茶，是一種扁形炒青綠茶。舊稱「宜良龍井」。創製於明清年間。寶洪茶每年春分後清明前採茶，採自中小葉種茶樹一芽一葉至二葉初展芽葉。傳統的寶洪茶的製法，分殺青、揉捻、初晒、複揉、複晒等工序製成。1946 年後仿照西湖龍井製法，製法由烘青改炒青，命名為宜良龍井茶。1976 年又復名為寶洪茶。寶洪茶具有濃郁的板栗香氣，民間流傳著「屋內炒茶院外香，院內炒茶過路香，一人泡茶滿屋香」的說法。寶洪茶沖泡在玻璃杯裡，芽頭向上微開似魚頭，兩個金黃葉片展開似魚鰭，有如金魚戲水，具有頗高的觀賞價值。

特徵

茶形狀 - 光滑壯實
白毫豐滿

茶色澤 - 綠中透黃

茶湯色 - 黃綠明亮

茶香氣 - 高銳持久
板栗香氣

茶滋味 - 味濃爽口

茶葉底 - 嫩綠成朵

產　地 - 雲南省宜良縣
寶洪山

乾茶 光滑壯實

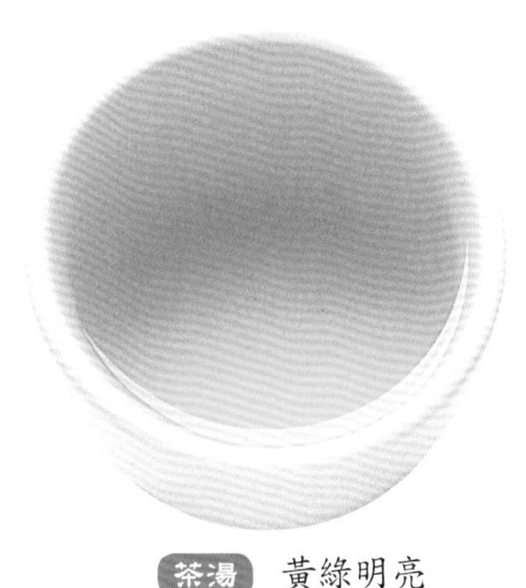

茶湯 黃綠明亮

葉底 嫩綠成朵

早春綠

銀毫顯露．滋味甘醇

乾茶 緊結壯實

茶湯 清澈明亮

葉底 嫩綠明亮

新創名茶，屬烘青綠茶。於 20 世紀 80 年代初由鳳慶茶廠研製而成。

鳳慶引入大葉種茶樹品種始於光緒末年（1908 年），至今已有 90 餘年歷史，經長期馴化培育，選育的鳳慶大葉種現已成為國家級良種之一。

早春綠，選用當地鳳慶大葉種為原料，採摘一芽一葉初展之鮮葉，經蒸汽殺青，揉捻做形後，烘乾而成。具條索肥嫩，色澤翠綠，銀毫顯露，湯色嫩綠，香高持久，滋味甘醇的品質特點。鳳慶茶廠生產的鳳牌早春綠在 1990 年曾獲商業部「部優名茶」稱號。

特徵

茶形狀 - 條索緊結壯實有峰苗

茶色澤 - 翠綠光潤

茶湯色 - 清澈明亮

茶香氣 - 鮮爽持久

茶滋味 - 醇厚回甘

茶葉底 - 嫩綠明亮

產　地 - 雲南省鳳慶縣境內茶山

太華茶

色綠油潤．形狀秀美

新創名茶，屬烘青綠茶。於21世紀初由鳳慶茶廠茶葉研究所創製。鳳慶地處雲南省西部，該區夏熱冬暖，屬南亞熱帶及中亞熱帶氣候。年平均氣溫16～20℃，最冷月平均氣溫在10℃以上，≧10℃的活動積溫5000～7000℃，年降雨量在1000～1400毫米之間，是大葉種茶樹最適宜生長地區。

太華茶採自鳳慶大葉種清水 3 號、鳳慶 3 號、鳳慶 19 號三個品種一芽一葉初展的鮮葉拼配後，經蒸汽殺青、輕揉做型，乾燥而成。產品條索挺直，形似松針，色綠油潤，形狀秀美。

特徵

茶形狀 - 緊結挺直 形似松針

茶色澤 - 翠綠

茶湯色 - 嫩綠明亮

茶香氣 - 高爽持久

茶滋味 - 濃醇

茶葉底 - 嫩勻

產　地 - 雲南省鳳慶縣境內各大茶山

乾茶 緊結挺直

茶湯 嫩綠明亮

葉底 葉底嫩勻

蒸酶茶

墨綠起霜．湯綠味醇

新創製名茶，屬炒青綠茶。20 世紀 80 年代初，鳳慶茶廠開始試製蒸青式綠茶，成功後於 1989 年正式定名為蒸酶茶。

蒸酶茶以採摘雲南大葉種一芽一葉～一芽二葉初展的芽葉為原料，採用攤放、蒸汽殺青、揉捻、輝乾等加工工序而成。由於炒製過程的蒸汽殺青濕熱作用，有利於茶多酚類化合物的降解，大大減輕了大葉種綠茶的苦澀味，從而使蒸酶茶在大葉種綠茶中脫穎而出，成品茶湯綠味醇，深受消費者的歡迎。

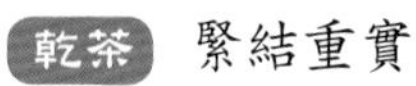
乾茶 緊結重實

茶湯 黃綠明亮

葉底 嫩綠明亮

特徵

茶形狀 - 條索緊結、重實
茶色澤 - 墨綠起霜
茶湯色 - 黃綠明亮
茶香氣 - 高銳
茶滋味 - 醇爽
茶葉底 - 嫩綠明亮
產　地 - 雲南省鳳慶、臨滄一帶

滇池銀毫

栗香濃烈．形美茶香

新創名茶，屬烘青綠茶，是一種條形的烘青綠茶，創製於 20 世紀 90 年代中期。滇池銀毫選用雲南大葉種一芽一葉至二葉初展鮮葉為原料，經殺青、揉捻、烘乾、整形、複火包裝而成。分特級、一至三級及碎茶 5 個級別。

清飲滇池銀毫茶，栗香濃烈，滋味濃純，多次沖泡、香味猶存；滇池銀毫茶更適於窨製高檔茉莉花茶，形美而茶更香。

乾茶 肥碩重實

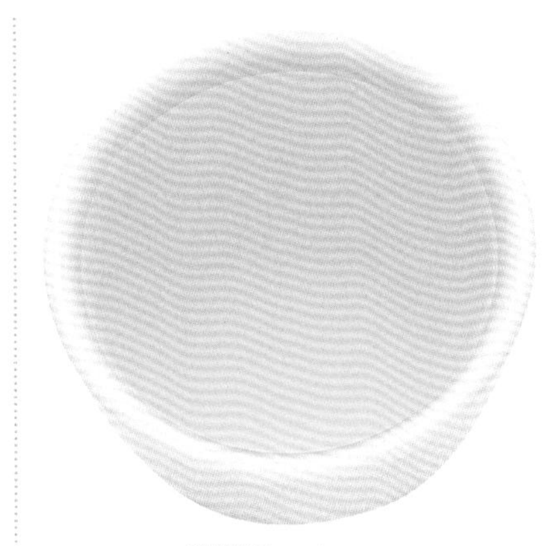

茶湯 黃綠明亮

茶形狀 - 條索微曲
肥碩重實、顯毫

茶色澤 - 綠潤

茶湯色 - 黃綠明亮

茶香氣 - 栗香持久

茶滋味 - 濃醇、鮮爽

茶葉底 - 黃綠、勻嫩明亮

產　地 - 雲南省鳳慶一帶

葉底 勻嫩明亮

磨鍋茶

香醇爽口．栗香馥郁

歷史名茶，是一種條形炒青綠茶。因加工過程是在鍋中磨炒而得名。騰沖地處雲南省西部。該區夏熱冬暖，屬南亞熱帶及中亞熱帶氣候。

磨鍋茶採摘一芽一葉和一芽二葉初展的雲南大葉種鮮葉為原料。鮮葉採回，在清潔陰涼的室內適度攤涼後付製，經殺青、揉捻、炒二青、炒三青和輝鍋等工序製成，分特、一至三級及碎茶共 5 個級別。

由於磨鍋茶栗香濃烈，滋味香醇爽口，深受消費者的歡迎。1994 年被雲南省評為省級名茶。

騰沖
昆明
雲南省

乾茶　緊捲成條

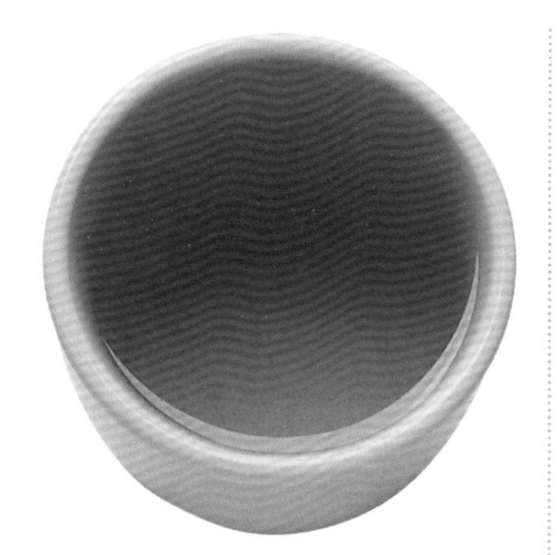

茶湯　竹葉青色

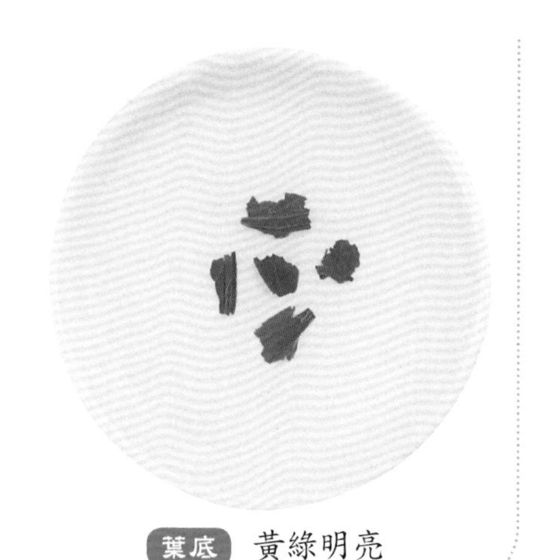

葉底　黃綠明亮

特徵

茶形狀 - 緊捲成條而重實
茶色澤 - 銀灰
茶湯色 - 竹葉青色
茶香氣 - 栗香馥郁
茶滋味 - 濃厚回甘
茶葉底 - 黃綠明亮
產　地 - 雲南省騰沖縣清涼山一帶

金鼎翠綠

清香悠長．醇和甘爽

新創名茶，屬烘青綠茶。20 世紀 90 年代末由海南省保亭縣通什茶場研製。

通什茶場是一個以生產出口紅碎茶為主的國營企業，創建於 20 世紀 60 年代。改革開放以來為適應市場發展需要，近年來也生產烏龍茶和綠茶，金鼎翠綠是開發的綠茶品種之一。金鼎翠綠的製法，採摘毛蟹良種一芽一葉初展鮮葉為原料，經殺青、攤涼、揉條、初烘、理條、足火等工序製成，全程均為機械化生產。產品條索纖細、顯毫、翠綠油潤，茶湯清澈明亮，香氣清高悠長，滋味醇和爽口，是海南島高檔名優綠茶之一。

乾茶 纖細緊直

茶湯 清澈明亮

葉底 黃綠勻齊

特徵

茶形狀 - 條索纖細緊直
毫顯有峰苗

茶色澤 - 翠綠

茶湯色 - 清澈明亮

茶香氣 - 清香悠長

茶滋味 - 醇和甘爽

茶葉底 - 黃綠勻齊

產　地 - 海南省
保亭縣毛岸鎮
通什茶場

栗香毛尖

茶形挺直・有栗香

新創名茶，創製於20世紀90年代，採一芽一葉初展鮮葉為原料，經殺青、搓條、烘炒等工序製成。產品外形緊細而挺直，茶湯清澈明亮，尚帶有栗香。

乾茶 緊細挺直

茶湯 清澈明亮

葉底 葉底勻整

特徵

茶形狀 - 緊細挺直
茶色澤 - 翠綠
茶湯色 - 清澈明亮
茶香氣 - 有栗香
茶滋味 - 醇爽
茶葉底 - 勻整
產　地 - 甘肅省武都縣

二、紅茶

紅茶，基本茶類之一，是「全發酵茶」。約在 200 多年前，福建崇安星村最早開始生產後，其他各省陸續仿效。紅茶產區主要集中於華南茶區的海南、廣東、廣西和湖南和福建南部以及台灣；西南茶區的雲南、四川等地；江南茶區的安徽、浙江、江西也有少量生產。

中國生產的紅茶，有功夫紅茶、紅碎茶和小種紅茶三個類別。紅茶的生產工藝雖大同小異，但各具特點，最早產於福建崇安的正山小種紅茶，在製造過程中有用松煙熏製，其產品帶松煙香；功夫紅茶則由小種紅茶演變而成，條索細緊，烏黑油潤，因其製工精細而得名。從成品茶的外形上看，小種紅茶和功夫紅茶都是條索狀，而紅碎茶則是 20 世紀 60 年代適應國際市場需要而研製的新產品，在加工過程中增加了切碎工序，因此產品呈顆粒狀。

各種紅茶的品質特點是紅湯紅葉，色香味的形成都有類似的化學變化過程，只是變化的條件、程度上的差別而已。

中國的紅茶生產，分初製和精製兩大部分，廣大茶區茶農一般只生產毛茶；毛茶送售精製廠後，再進行加工精製拼配，投放市場或出口。

紅茶是中國茶葉生產主要茶類之一，主要品種有：祁紅、滇紅、閩紅、川紅、宜紅、寧紅、越紅、湖紅、蘇紅，若加上台灣所產的日月潭紅茶等，約占總產量的 6%，也是重要出口茶類。19 世紀 80 年代以前，在世界茶葉市場上占有重要地位，2000 年中國紅茶出口仍有 3 萬噸左右，遠銷世界 60 多個國家和地區。

九曲紅梅

色如紅梅．故而得名

歷史名茶，又稱「九曲烏龍」，屬條形紅茶。原產福建武夷山九曲的細條形紅茶。色紅香清如紅梅，故名。太平天國期間，福建農民北遷，有的落戶杭州市郊湖埠大塢山，以生產紅茶謀生，九曲紅梅遂傳名於市，成為名品。

經多年實踐，後人將「龍井九曲」、「龍井紅」、「紅梅」等多種名稱統一為「九曲紅梅」。九曲紅梅茶的加工，每年於清明至谷雨期間，在清晨露乾後採一芽一二葉之鮮葉，經萎凋、揉捻、發酵、烘焙等工序製作而成，其關鍵在於掌握適當發酵和精心烘焙技術。

乾茶　細緊秀麗

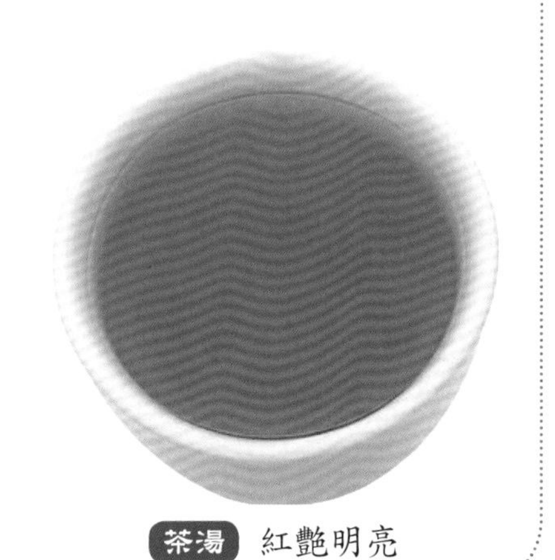

茶湯　紅艷明亮

葉底　紅明嫩軟

特徵

茶形狀 - 條索細緊而秀麗
茶色澤 - 烏潤
茶湯色 - 紅艷明亮
茶香氣 - 香高
茶滋味 - 醇厚
茶葉底 - 紅明嫩軟
產　地 - 浙江杭州市西南郊的周浦鄉

祁門紅茶

入口醇和．回味雋厚

祁門紅茶在國際市場上與印度大吉嶺紅茶、斯里蘭卡烏伐紅茶，共稱世界三大高香茶。祁紅的採製，以櫧葉良種鮮葉為原料，經萎凋、揉捻、發酵、毛火、足火等工藝加工而成。製作關鍵在於鮮葉原料的分級付製萎凋均勻，程度適中；揉捻充分，發酵適度；毛火高溫快烘，足火低溫慢烤。有人說，祁紅馥郁鮮爽的果糖香（祁門香）是慢慢烤出來的。祁紅的滋味，入口醇和，回味雋厚，味中有香；湯色紅艷透明，葉底紅亮。單獨泡飲，最能領略其獨特香味，加入牛奶與糖調飲也十分可口。英國人最喜愛喝祁紅，皇家貴族都以祁紅做為時髦飲品，用祁紅向皇后祝壽，曾獲得「群芳最」的美譽。

特徵

茶形狀 - 條索細緊勻齊、秀麗

茶色澤 - 烏潤

茶湯色 - 紅亮

茶香氣 - 鮮甜輕快、有果糖香

茶滋味 - 醇和鮮爽

茶葉底 - 嫩勻明亮

產　地 - 安徽省祁門縣

乾茶　細緊勻齊

茶湯　湯色紅亮

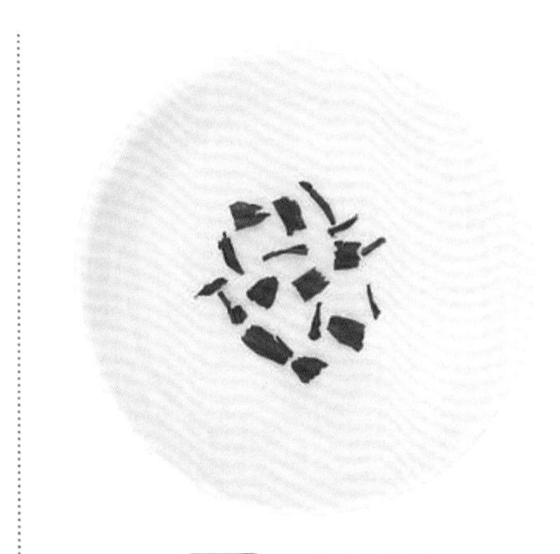

葉底　嫩勻明亮

正山小種紅茶

紅艷明亮・醇厚回甘

乾茶 緊結圓直

原稱「桐木關正山小種」。現稱正山小種。一年只採春夏兩季，春茶在立夏開採，以採摘一定成熟度的小開面葉（一芽二三葉）為最好。傳統製法是鮮葉經萎凋、揉捻、發酵、過紅鍋、複揉、薰焙、篩揀、複火、勻堆等 8 道工序。小種紅茶的製法有別於一般紅茶，發酵以後在 200℃的平鍋中進行拌炒 2 ～ 3 分鐘，稱「過紅鍋」，這是小種紅茶特殊工藝處理技術，其目的在於散去青臭味，消除澀感，增進茶香。其次是後期的乾燥過程中，要用濕松柴進行薰煙焙乾。正是由於這些獨特工藝，從而形成小種紅茶的松煙香、桂圓湯、蜜棗味等獨有品質風格，贏得海內外消費者的青睞。

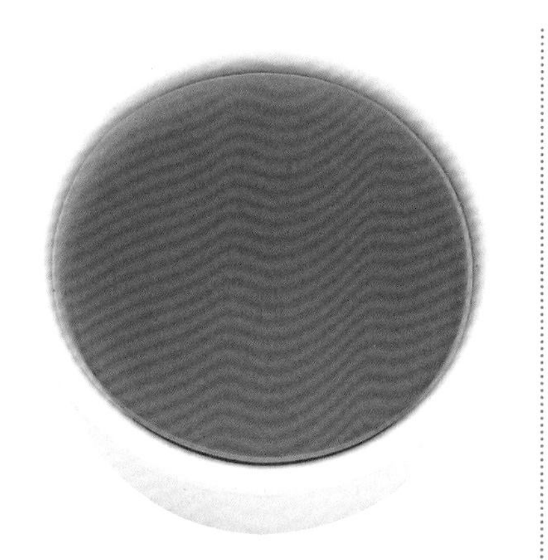

茶湯 紅艷濃厚

特徵

茶形狀 - 條索肥壯、緊結圓直、不帶芽毫

茶色澤 - 烏黑油潤

茶湯色 - 紅艷濃厚、似桂圓湯

茶香氣 - 松煙香

茶滋味 - 醇厚回甘

茶葉底 - 肥厚紅亮

產　地 - 福建武夷山區

葉底 肥厚紅亮

政和功夫紅茶

水色紅亮．濃郁芳香

歷史名茶，屬條形紅茶。政和功夫紅茶是福建紅茶中最具高山茶品質特徵的一種條形茶。生產至今已有 200 多年歷史。

政和功夫以一芽一二葉鮮葉為原料，經萎凋、揉捻、發酵、乾燥等條形紅茶製作工藝加工而成。政和功夫長期保持其優異品質特點，關鍵在於原料選自政和大白茶品種為主體，取政和大白茶品種滋味濃爽，湯色紅艷之長；又適當配以小葉種取濃郁花香之特點。因而高級政和功夫外形毫心顯露、形狀勻稱，烏黑油潤；內質水色紅亮、味濃而香郁，深受消費者的歡迎。

特徵

茶形狀 - 條索肥壯
緊實顯毫

茶色澤 - 烏黑油潤

茶湯色 - 紅艷明亮

茶香氣 - 濃郁芳香
似紫羅蘭花香

茶滋味 - 醇厚

茶葉底 - 橙紅柔軟

產　地 - 福建省政和縣

乾茶　緊實顯毫

茶湯　紅艷明亮

葉底　橙紅柔軟

坦洋功夫紅茶

條索緊結 · 烏潤醇厚

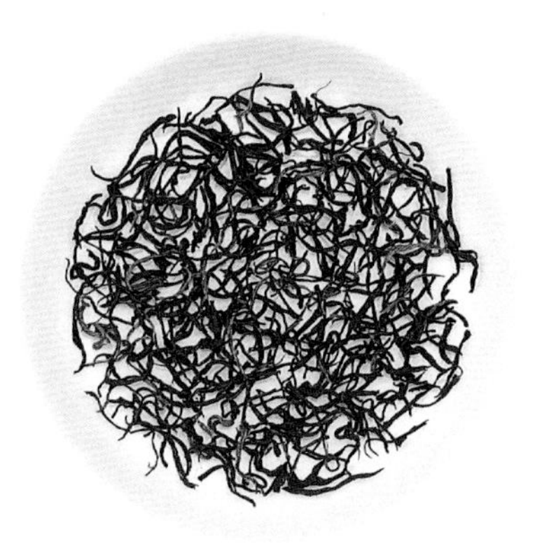

乾茶 緊結秀麗

茶湯 湯色紅明

葉底 葉底紅亮

福建三大功夫紅茶之一。採自有性群體品種菜茶鮮葉為原料，經萎凋、揉捻、發酵、乾燥而成。坦洋功夫的製作要領在於，鮮葉分級歸堆，按級付製；萎凋適度均勻；揉捻、揉透、揉緊；發酵適度；毛火高溫快焙，足火低溫慢烘。除此之外，還得掌握茶的拼配技術。坦洋功夫產區較廣，各地品質特徵差異也大，以產地福安為中心，其西北部高山茶區的壽寧、周寧所產紅茶香氣清高，滋味濃醇，耐沖泡；而東南沿海丘陵區霞浦之茶，則含毫秀麗，滋味鮮爽，葉底紅亮，科學地將其拼配，取長補短，相得益彰，是坦洋功夫長期品質穩定的關鍵。

特徵

- 茶形狀 - 條索緊結秀麗
茶毫微顯金黃
- 茶色澤 - 烏潤
- 茶湯色 - 紅明
- 茶香氣 - 高爽
- 茶滋味 - 醇厚
- 茶葉底 - 紅亮
- 產　地 - 福建省閩東的
壽寧等縣

英德紅茶

湯濃味厚・香氣濃郁

新創名茶，屬條形紅茶。於 1959 年由廣東省英德茶場創製成功，故簡稱「英紅」。自 20 世紀 50 年代中期英德大量推廣種植雲南大葉種和鳳凰水仙茶，英德紅茶之鮮葉原料，主要來自這兩大品種。要求採摘一芽二三葉及同等嫩度的對夾葉，經萎凋、揉捻、發酵、毛火、足火等傳統工藝製成。英德紅茶品質優異源於其品種搭配之優勢。雲南大葉種茶多酚含量高，成品茶味濃強，湯紅艷，而水仙群體種香氣鮮爽持久，兩者配合，使英紅具備了湯濃味厚，香氣濃郁的品質特點。

特徵

茶形狀 - 條索細緊
身骨重實
勻整優美

茶色澤 - 烏潤

茶湯色 - 紅艷明亮

茶香氣 - 濃郁純正

茶滋味 - 醇厚甜潤

茶葉底 - 紅亮

產　地 - 廣東省英德市

乾茶 勻整優美

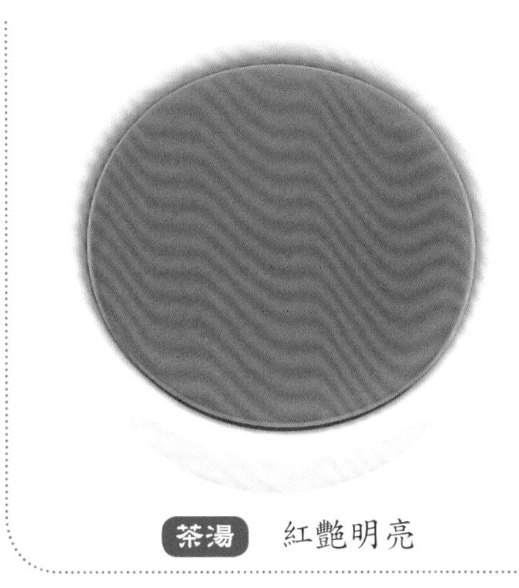

茶湯 紅艷明亮

葉底 葉底紅亮

英德金毫茶

金黃油潤．有玫瑰香

新創名茶，是 1989 年由廣東省農科院茶葉研究所研製的一種條形功夫紅茶。因其外形毫尖鋒銳，金毫鱗鱗，燦燦奪目，液色金黃艷亮，高雅名貴，故稱金毫茶。英德境內奇峰林立，山清水秀，風景秀麗，不下武夷。這裡氣候溫和；雨量充沛，四季分明；土壤肥沃，且呈微酸性反應，十分適宜於茶樹生長。金毫茶採摘英紅 9 號茶樹品種（從雲南大葉群體種中選育而成）的單芽或一芽一葉初展鮮葉為原料，經萎凋、揉捻、發酵、解塊、複揉、初烘理條、提毫、足乾等八道工序製成。成品茶毫峰顯露，金黃油潤，並具自然玫瑰花香氣，品質超群。

乾茶 金毫滿披

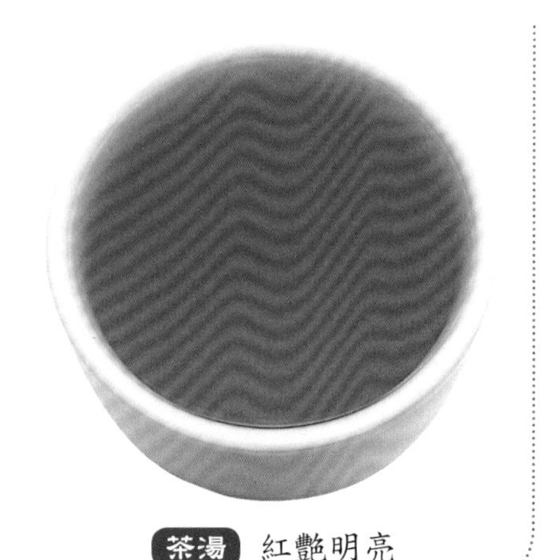

茶湯 紅艷明亮

葉底 柔軟紅亮

特徵

茶形狀 - 條索緊細
鋒苗畢露
金毫滿披

茶色澤 - 金黃潤亮

茶湯色 - 紅艷明亮

茶香氣 - 高銳持久、具玫瑰香

茶滋味 - 濃厚鮮爽

茶葉底 - 柔軟紅亮

產　地 - 廣東省英德市

廣東荔枝紅茶

紅濃烏潤・有荔枝香

新創名茶，是紅茶之香料茶。20 世紀 50 年代由廣東省茶葉進出口公司研製開發的茶葉新產品。荔枝紅茶是選用英德功夫紅條茶，加鮮荔枝果汁，採用科學的配方和特殊工藝技術，使優質紅茶充分吸收荔枝果汁液香味而成，其外形與普通上等紅條茶相似，條索緊細烏黑油潤，內質香氣芬芳，滋味鮮爽香甜，湯色紅亮，有荔枝風味，風格獨特，頗受消費者的歡迎。廣東荔枝紅茶主要產地在英德市各大茶場。經 40 多年開發，目前除廣東市場外，產品已銷往香港、澳門並逐步擴展到東南亞、西歐和日本等 10 多個國家和地區。年產量在千噸以上。

乾茶　條索細緊

茶湯　紅濃明亮

葉底　柔軟紅艷

特徵

茶形狀 - 條索細緊具鋒苗
茶色澤 - 烏黑油潤
茶湯色 - 紅濃明亮
茶香氣 - 荔枝香
茶滋味 - 濃厚香甜
茶葉底 - 柔軟紅艷
產　地 - 廣東省英德市

竹海金茗紅茶

金黃油潤．鮮爽濃厚

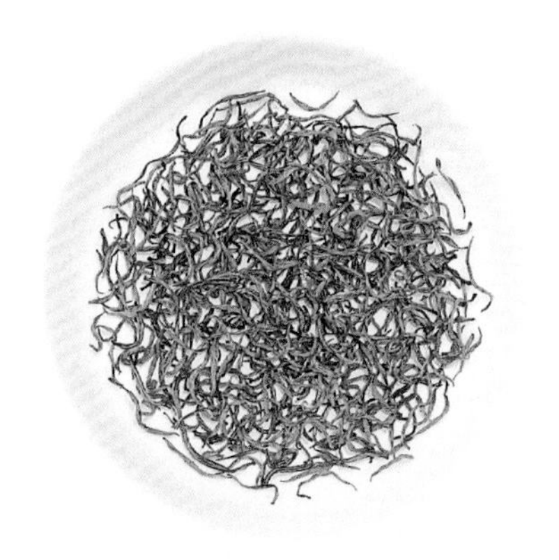

乾茶 毫色金黃

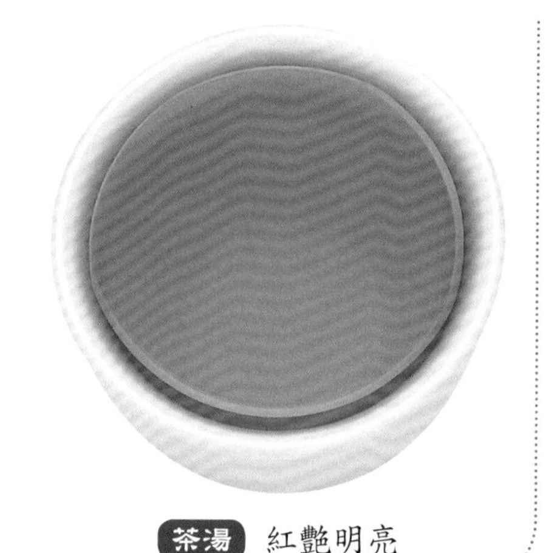

茶湯 紅艷明亮

葉底 柔軟紅亮

新創名茶，屬條形紅茶。20 世紀 90 年代中期由江蘇省宜興市茗峰鎮的嶺下茶場研製。

嶺下茶場位於宜興市南部 5 公里處。該區是天目山餘脈的延伸地段，丘陵起伏，嶺塢連綿，竹木成林，自古以來有「竹之海洋」的美稱，竹海金茗的茶名正是這一地形地勢的寫照。

竹海金茗採自大毫品種單芽為原料，採用紅條茶的傳統工藝，經萎凋、揉捻、發酵和乾燥（毛火、足火）等工序加工而成。產品具有條索細緊，金毫披露，香氣濃郁持久，茶湯紅艷，葉底嫩勻紅亮之特點。

特徵

茶形狀 - 條索細緊秀麗
毫色金黃

茶色澤 - 金黃潤亮

茶湯色 - 紅艷明亮

茶香氣 - 高銳甜爽

茶滋味 - 鮮爽濃厚

茶葉底 - 柔軟紅亮

產　地 - 江蘇省宜興市

匯珍金毫

烏褐油潤．鮮郁高長

新創名茶，屬條形紅茶。20 世紀 90 年代末由廣西匯珍農業有限公司研製而成。產地凌雲縣地處廣西西部，屬亞熱帶氣候，年平均雨量 1270 毫米，年平均氣溫 20.7℃，終年無霜雪，土壤為微酸性紅壤，土層深厚是茶樹生長最適宜地區。

匯珍金毫茶採自當地凌雲白毛茶品種茶樹一芽一葉初展之鮮葉，經萎凋、揉捻、發酵、烘乾等傳統紅條茶加工工序而成。成品茶條索肥碩，金毫特顯，香氣馥郁而高長，茶湯紅艷明亮，耐於沖泡，品質特優。

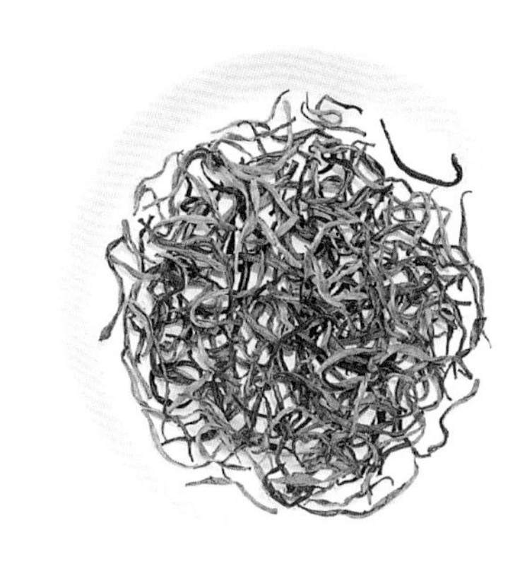

乾茶 條索肥碩

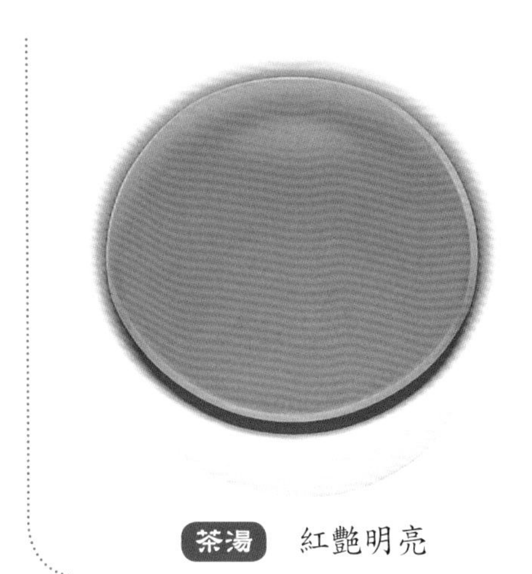

茶湯 紅艷明亮

葉底 嫩勻明亮

特徵

茶形狀 - 條索肥碩
金毫特顯

茶色澤 - 烏褐油潤

茶湯色 - 紅艷明亮

茶香氣 - 鮮郁高長

茶滋味 - 醇厚鮮爽

茶葉底 - 嫩勻明亮

產　地 - 廣西省凌雲縣
沙里瑤族鄉

金鼎紅（碎2號）

香若芝蘭．鮮濃持久

屬紅碎茶。碎2號是紅碎茶的茶號，主產於海南省的保亭縣通什茶場。

金鼎紅茶採自雲南大葉和海南大葉品種一芽二三葉鮮葉為原料，採用傳統製作工藝轉子機組合法加工，鮮葉經萎凋、揉捻、解塊、篩分、揉切、發酵、乾燥等工序製成毛茶，再精製複火而成。

被譽為當代茶聖吳覺農先生在品飲金鼎紅後，留下這樣的讚語：通什紅茶；色如琥珀；味似醇醪；香若芝蘭。

乾茶 細勻重實

茶湯 紅艷明亮

葉底 紅勻明亮

特徵

茶形狀 - 顆粒細勻重實
茶色澤 - 烏潤
茶湯色 - 紅艷明亮
茶香氣 - 鮮濃持久
茶滋味 - 鮮爽濃郁
茶葉底 - 柔軟、紅勻明亮
產　地 - 海南省保亭縣毛岸鎮

金毫滇紅功夫

形美色艷．鮮濃醇郁

新創製名茶，屬條形紅茶。於 1958 年由雲南鳳慶茶廠職工創製。

金毫滇紅功夫選用鳳慶大葉種為原料，採清明前之芽蕊，經萎凋、輕揉、發酵、毛火、足火製成毛茶，再經篩分、割末而成。乾茶條緊秀麗，毫峰金黃閃爍，形狀優美，茶香濃郁，湯色紅濃明亮，是滇紅功夫中之極品。曾以每磅 500 便士在倫敦市場創造初創時期世界茶葉最高價。以後又在此基礎上，創製特級滇紅功夫，毫芽特多，形美色艷，香高味濃。產品一直是國家外事活動和贈送外賓的禮茶。

特徵

茶形狀 - 條索緊結
鋒苗秀麗

茶色澤 - 毫峰金黃閃爍

茶湯色 - 紅艷明亮

茶香氣 - 嫩香、濃郁持久

茶滋味 - 鮮濃醇

茶葉底 - 單芽、紅艷、柔嫩

產　地 - 雲南省鳳慶、
臨滄等地

乾茶　條索緊結

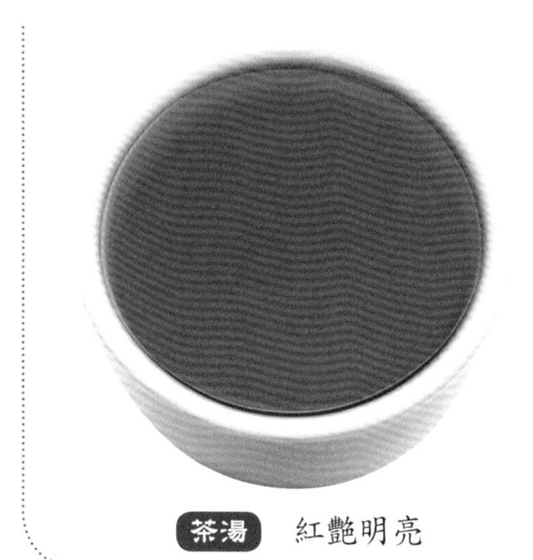

茶湯　紅艷明亮

葉底　紅艷柔嫩

大渡崗牌功夫紅茶

烏潤鮮醇・柔嫩紅亮

乾茶 肥嫩緊實

新創名茶，屬條形紅茶類。於 20 世紀 90 年代由雲南西雙版納大渡崗茶場（廠）研製。大渡崗茶場位於西雙版納地區，瀾滄江下游的景洪市大渡崗鄉。建於 20 世紀 80 年代初期，是雲南省按照現代化生產要求，既生產功夫紅茶、紅碎茶和滇綠兼製的一個現代化茶場（廠）。大渡崗牌功夫紅茶採摘雲南大葉種一芽二三葉鮮葉為原料，按傳統功夫紅茶工藝，經萎凋、揉捻、發酵、毛火、足火等工序加工而成。大渡崗牌工夫紅茶以味濃、湯艷而著稱，是紅茶中的珍品。

茶湯 紅艷明亮

葉底 柔嫩紅亮

特徵

茶形狀 - 條索肥嫩緊實
有鋒苗、多金毫

茶色澤 - 烏潤

茶湯色 - 紅艷明亮

茶香氣 - 嫩濃

茶滋味 - 鮮醇、富收斂

茶葉底 - 柔嫩紅亮

產　地 - 雲南省景洪市

CTC 紅碎茶五號

香氣甜純．鮮濃持久

新創名茶，屬紅碎茶。20 世紀 80 年代後期，根據擴大出口貿易的需要，雲南省西雙版納大渡江茶廠從國外引進 CTC 茶機，採摘雲南大葉種一芽二三葉初展和同等嫩度的單片葉及對夾葉為原料，經萎凋、洛托凡加 CTC 三連揉切、連續自動發酵、流化床烘乾、篩分，拼配勻堆、複火、撩頭、割末等工序製成 CTC 優質紅碎茶。

大渡崗牌 CTC 碎茶五號，顆粒重實，色澤勻潤，香氣甜純，湯色紅艷，滋味鮮純濃強，葉底明亮，品質優異，在 1999 年中國茶葉學會第 3 屆「中茶杯」全國名茶評比中榮獲特等獎。

乾茶　呈顆粒形

茶湯　湯色紅艷

葉底　紅勻明亮

特徵

茶形狀 - 顆粒形
重實勻齊
茶色澤 - 棕紅油潤
茶湯色 - 紅艷
茶香氣 - 鮮濃持久
茶滋味 - 鮮爽濃強
茶葉底 - 紅勻明亮、柔軟
產　地 - 雲南西雙版納
大渡崗茶場

日月潭紅茶

甜香濃郁．茶味濃醇

歷史名茶，屬條形紅茶。鑑於產地在日月潭附近而得名。已有100多年歷史，原為採摘當地中小葉種製造，1925年日本統治時期引進印度阿薩姆種才開始用大葉種製作，品質更優，與印度、斯里蘭卡的高級紅茶不相上下。據統計，早在上個世紀的30年代中期，以日月潭紅茶為代表的台灣紅茶曾有大規模發展時期，當時紅茶出口量達6400多噸，躍居烏龍、包種之上。

日月潭紅茶採用傳統製法，採摘一芽二三葉經萎凋、揉捻、發酵、乾燥（毛火、足火）而成。成品茶湯色紅艷，甜香濃郁，添加檸檬、白糖或奶精，香味更為適口。

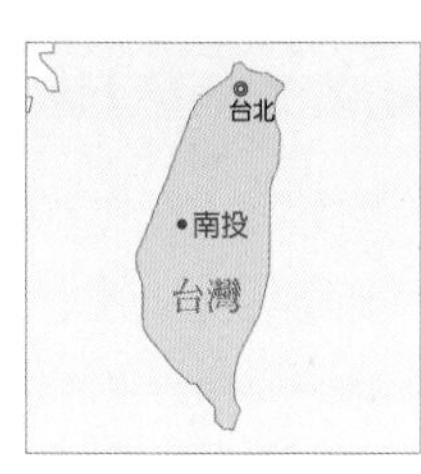

乾茶 條索緊結

茶湯 橘紅色

葉底 紅艷明亮

特徵

茶形狀 - 粗壯、條索緊結

茶色澤 - 深褐

茶湯色 - 橘紅色

茶香氣 - 甜香濃郁

茶滋味 - 濃醇

茶葉底 - 紅艷明亮

產　地 - 台灣南投縣埔里鎮及魚池鄉一帶

二、烏龍茶

烏龍茶，基本茶類之一，亦稱「青茶」，是「半發酵茶」。其起源尚有爭議，有始於北宋和始於清咸豐諸說。一般認為始於明末，盛於清初。其發源地也有閩南及閩北武夷山兩說。清初王草堂《茶說》（一七一七年）：「武夷茶……炒焙兼施，烹出之時，半青半紅，青者乃炒色，紅色乃焙色也。茶採而攤，攤而摝，香氣發越即炒，過時不及皆不可。既炒既焙……。」烏龍茶產於福建、廣東和台灣。近年來在浙江、四川、江西等地也有少量生產。

烏龍茶是介於綠茶與紅茶之間，具兩種茶特徵的一種茶葉。其品質特徵是：色澤青褐，湯色黃亮，葉底綠底紅鑲邊，並有濃郁的花香。

目前，烏龍茶有閩北烏龍、閩南烏龍、廣東烏龍和台灣烏龍之分。不同的烏龍茶按多酚類的氧化程度，從輕到重依次是：台灣包種茶（包含武高山烏龍茶和凍頂烏龍茶）、閩南烏龍茶、廣東烏龍茶、台灣白毫烏龍茶。

烏龍茶主銷香港地區以及日本和東南亞各國。

安溪鐵觀音

醇厚甘鮮・齒頰留香

歷史名茶，屬烏龍茶。創製於清乾隆年間，鐵觀音既是茶樹品種名，也是茶葉名和商品名稱。

鐵觀音一名的由來，一說是因成品茶沈重似鐵、美如觀音，故名。另說則是清乾隆皇飲後賜名「南岩鐵觀音」。鐵觀音採摘小開面鮮葉，經涼青、晒青、搖青、炒青、揉捻、包揉、烘乾等十幾道工序加工而成。鐵觀音是烏龍茶之極品，成茶外形緊結肥壯，品質兼有紅茶之甘醇、綠茶之清香，沖泡後的茶葉具「青蒂、綠腹、紅鑲邊」的特徵。茶湯滋味醇厚甘鮮，飲後齒頰留香，喉底回甘悠長，深受消費者的喜愛。

乾茶 肥狀圓結

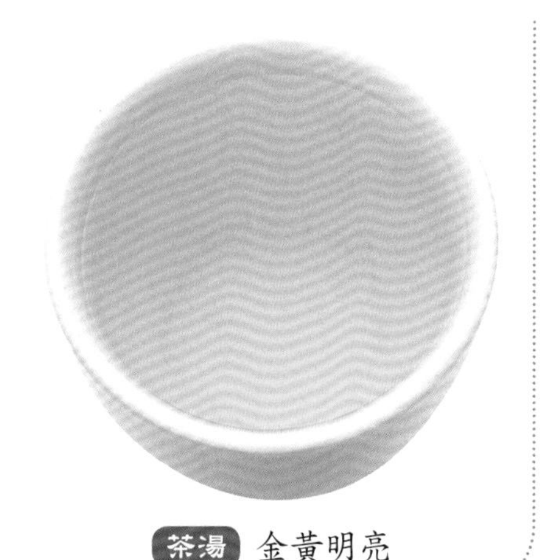

茶湯 金黃明亮

葉底 肥厚紅邊

特徵

茶形狀 - 肥狀圓結
沈重勻整

茶色澤 - 砂綠油潤、紅點鮮豔

茶湯色 - 金黃明亮

茶香氣 - 濃馥持久、富蘭花香

茶滋味 - 醇厚甘鮮、回甘悠長

茶葉底 - 軟亮、肥厚紅邊

產　地 - 福建安溪縣

安溪黃金桂

清醇鮮爽．混合花香

歷史名茶，屬烏龍茶。創製於清光緒年間。黃金桂，是以黃棪品種鮮葉製成一種烏龍茶茶名。

傳說安溪青年林梓琴之妻王棓棪栽種野生茶苗，經精心培育後，單獨採製泡飲，未揭杯蓋即香高撲鼻，故稱「透天香」。由於茶種由王棓棪帶來，葉色黃綠，閩南方言中「王」與「黃」發音相似，故稱「黃」以示紀念。

黃金桂的加工方法，由鮮葉經涼青、晒青、搖青、炒青、揉捻、初烘、包揉、複烘、複包揉、烘乾而成。在安溪茶區，一年可採春、夏、暑、秋、冬五季茶。其成品茶之香氣高強清長，似梔子花、桂花、梨花等混合香氣。

特徵

茶形狀 - 緊細卷曲、勻整
茶色澤 - 金黃油潤
茶湯色 - 金黃明亮
茶香氣 - 高強清長
茶滋味 - 清醇鮮爽
茶葉底 - 黃綠色、紅邊明顯、尚柔軟明亮
產　地 - 福建安溪縣

乾茶　緊細卷曲

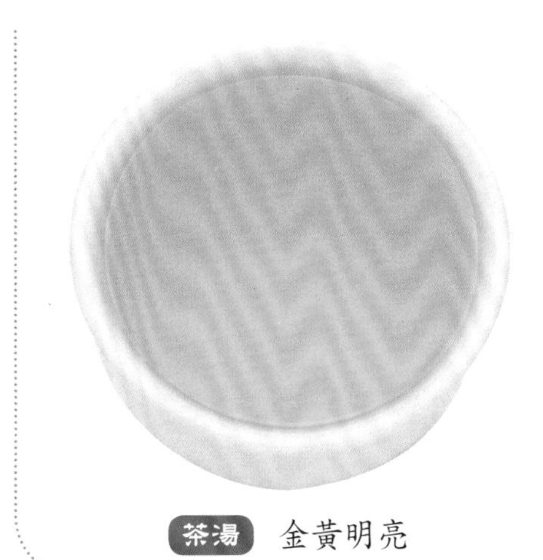

茶湯　金黃明亮

葉底　紅邊明顯

大坪毛蟹

砂綠油潤．醇厚甘鮮

乾茶 肥壯緊結

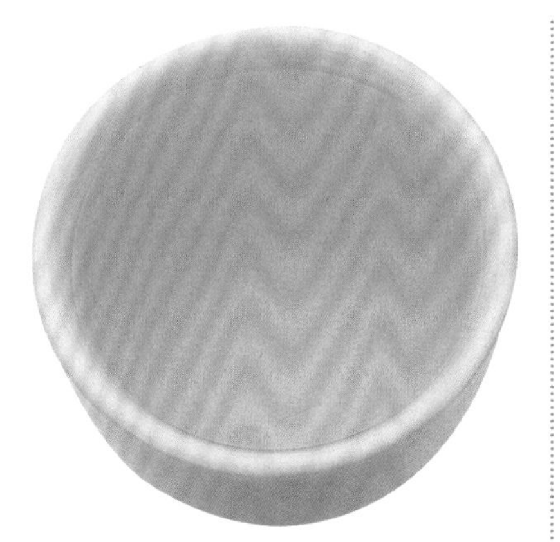

茶湯 金黃明亮

葉底 黃綠柔軟

大坪毛蟹是以品種命名的一種烏龍茶。採用毛蟹良種鮮葉製成。因其葉片葉緣鋸齒明顯，深而整齊，如毛蟹外殼而得名。灌木型茶樹，樹姿半開展，分枝密集，葉片橢圓近水平著生，色黃綠，稍具光澤，葉面平展，肉厚而硬脆為中芽種。

毛蟹烏龍茶按閩南烏龍茶加工方法，鮮葉經涼青、晒青、搖青、炒青、揉捻、初烘、包揉、複烘、複包揉、烘乾而成。成品茶香氣濃郁、葉軟肥厚，由於毛蟹品種產量較高，適製性廣（除烏龍茶外，製紅、綠茶品質也好），品質上乘，故茶農喜歡，消費者認可，現已成安溪烏龍茶主要品類之一。

特徵

茶形狀 - 肥壯緊結、重實、砂綠油潤

茶色澤 - 紅點鮮艷

茶湯色 - 金黃明亮

茶香氣 - 濃郁鮮銳

茶滋味 - 醇厚甘鮮

茶葉底 - 黃綠、柔軟

產　地 - 福建安溪縣

武夷鐵羅漢

武夷名叢．濃郁鮮銳

歷史名茶，屬烏龍茶。鐵羅漢是武夷歷史最早的名叢，並以品種命名其茶名。不同生長地的鐵羅漢，有葉形狹長如柳，枝幹直立明顯，著生角 40° 左右，花期較遲的特點。

鐵羅漢的加工方法與岩茶相似，其初、精製工序異常細緻。加工程序分晒青、涼青、做青、初揉、複炒、複揉、走水焙、簸揀、攤涼、揀剔、複焙、燉火、毛茶、再簸揀，補火而成。鐵羅漢品質上乘，香氣特殊，略帶花香。目前，鐵羅漢已有少量繁育，種植於武夷山不同山岩，生長良好。

乾茶 緊結粗壯

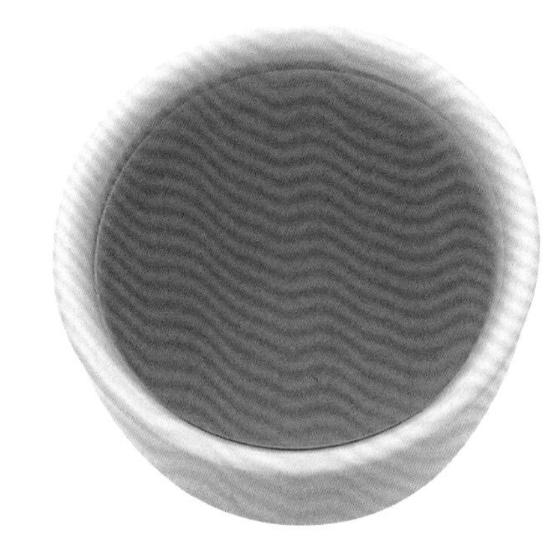

茶湯 橙紅明亮

葉底 軟亮微紅

特徵

茶形狀 - 條索勻整
緊結粗壯

茶色澤 - 烏褐、紅斑明顯

茶湯色 - 橙紅明亮

茶香氣 - 濃郁鮮銳

茶滋味 - 濃醇

茶葉底 - 軟亮微紅

產　地 - 福建省武夷山

大紅袍

甘澤清醇 · 有蘭花香

歷史名茶，屬烏龍茶。大紅袍長於九龍窠石壁之中部，山谷兩旁岩壁高聳，日照較短，氣溫變化不大，尤其巧妙者，在岩壁上有一條狹長的石罅，匯秀潤的甘泉與苔蘚石鏽於茶地，因而土壤肥沃。生存於這一環境條件下的大紅袍茶樹，得天獨厚的雨露滋潤，芽壯葉厚，鮮葉原料之優良，當成自然。

大紅袍採用武夷岩茶加工，精工細作而成。九龍窠的大紅袍茶樹原為 3 叢，20 世紀 60 年代經扦插擴大繁育，試種於武夷山不同山岩，現已批量生產。1999 年獲中國茶葉學會第 3 屆「中茶杯」全國名優茶評比二等獎。

乾茶 匀整壯實

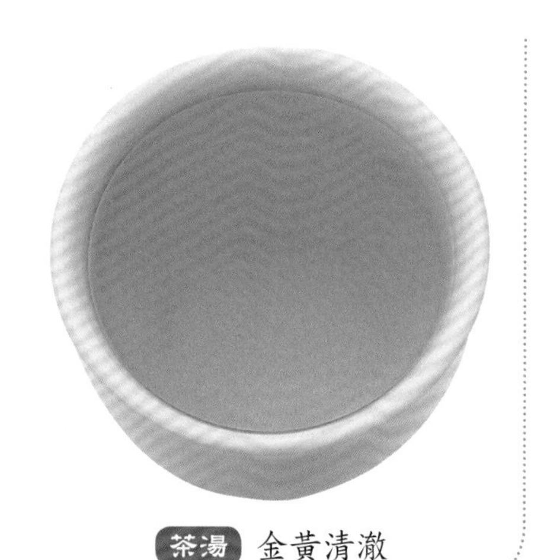

茶湯 金黃清澈

葉底 邊紅中綠

特徵

茶形狀 - 條索匀整、壯實
茶色澤 - 綠褐鮮潤
茶湯色 - 金黃清澈
茶香氣 - 蘭花香
茶滋味 - 甘澤清醇
茶葉底 - 軟亮、邊紅中綠
產　地 - 福建省武夷山天心岩九龍窠

武夷水仙

滋味醇濃．鮮滑甘爽

歷史名茶，屬烏龍茶。水仙是武夷山一茶樹品種名稱，武夷水仙是以品種命名的茶名。

武夷水仙採自水仙品種茶樹之鮮葉加工而成。當樹上新梢伸育至完熟形成駐芽後，留下一葉，採下三至四葉，俗稱「開面採」。鮮葉經晒青、涼青、做青、炒青、初揉、複炒、複揉、走水焙、簸揀、攤涼、揀剔、複焙、燉火、毛茶、再簸揀、補火等工序後，即製成成品茶。武夷水仙外形肥壯；色澤烏褐，部分葉背沙粒顯明；香氣濃銳，帶蘭花香；味濃醇而厚，口甘清爽；湯色橙黃明亮，耐沖泡；葉底軟亮，紅邊明顯。

特徵

茶形狀 - 條索勻整
緊結粗壯

茶色澤 - 烏褐油潤

茶湯色 - 橙黃清澈

茶香氣 - 濃郁鮮銳
具蘭花香

茶滋味 - 醇濃、鮮滑甘爽

茶葉底 - 軟亮、葉緣微紅

產　地 - 福建省武夷山

乾茶　勻整緊結

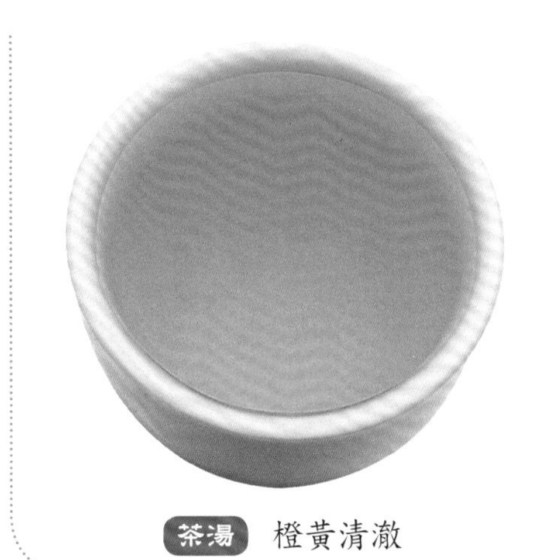

茶湯　橙黃清澈

葉底　葉緣微紅

武夷肉桂

鮮滑甘潤．帶桂皮香

歷史名茶，屬烏龍茶。肉桂是武夷山一茶樹品種名稱，武夷肉桂即是以品種命名的茶名。

武夷肉桂採用肉桂品種茶樹，當新梢伸育至完熟形成駐芽時，留下一葉，採下三至四葉，俗稱「開面採」。傳統製法是採回鮮葉經晒青、涼青、做青、炒青、初揉、複炒、複揉、走水焙、簸揀、攤涼、揀剔、複焙、燉火、毛茶、再簸揀、補火等工序製作而成。

武夷肉桂外形緊結而色青褐；香氣辛銳刺鼻，早採者帶乳香，晚採者桂皮香明顯；味鮮滑甘潤。武夷肉桂品質上乘，香型獨特，是烏龍茶中不可多得的高香品種，近年來發展很快，現已成武夷茶的當家品種。

乾茶 緊結壯實

茶湯 金黃清澈

葉底 黃亮有紅邊

特徵

茶形狀 - 條索勻整
緊結壯實

茶色澤 - 青褐鮮潤

茶湯色 - 金黃清澈

茶香氣 - 桂皮香

茶滋味 - 鮮滑甘潤

茶葉底 - 黃亮、紅邊顯

產　地 - 福建省武夷山

金佛茶

香幽而奇．醇濃回甘

金佛茶的採摘要求嚴格，加工技術細緻。以武夷岩茶奇種為原料，採小開面（三葉包心）之茶青，在採摘技術上要求做到雨天不採、露水葉不採，烈日下不採、前一天下大雨不採（久雨不晴例外）。採回的茶青，不同品種、不同的產地（不同岩，陰山和陽山），不同批次均需嚴格分開，由專職師傅負責處理，分別付製，不可混淆。金佛茶的製作基本參照岩茶製法，採小開面（三葉包心）鮮葉，茶青經萎凋、涼青、做青、揉捻、烘乾後製成毛茶，再經揀梗、勻堆、風選、複揀、焙火而製成成品茶。金佛茶加工精良，香幽而奇，是武夷岩茶中又一珍貴名種。

特徵

茶形狀 - 條索壯實
勻整緊結

茶色澤 - 烏褐油潤

茶湯色 - 橙黃清澈

茶香氣 - 濃郁鮮銳

茶滋味 - 醇濃回甘

茶葉底 - 軟亮微紅邊

產　地 - 福建省武夷山

乾茶 壯實緊結

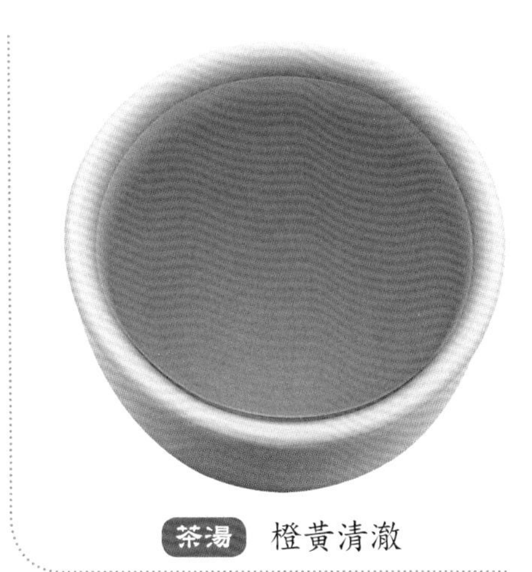

茶湯 橙黃清澈

葉底 軟亮微紅邊

清香烏龍茶

高雅鮮爽．天然花香

乾茶 緊結重實

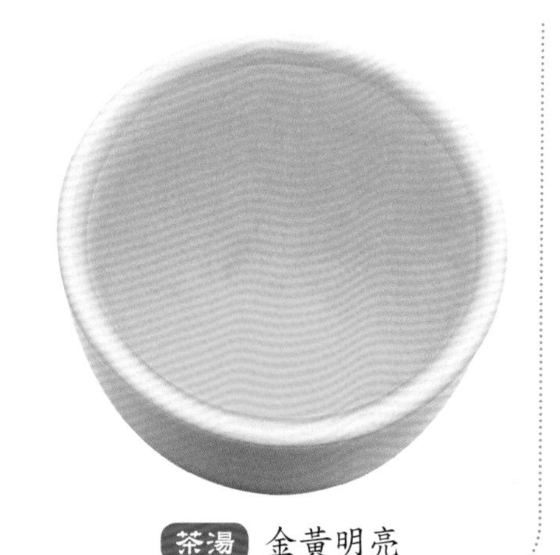

茶湯 金黃明亮

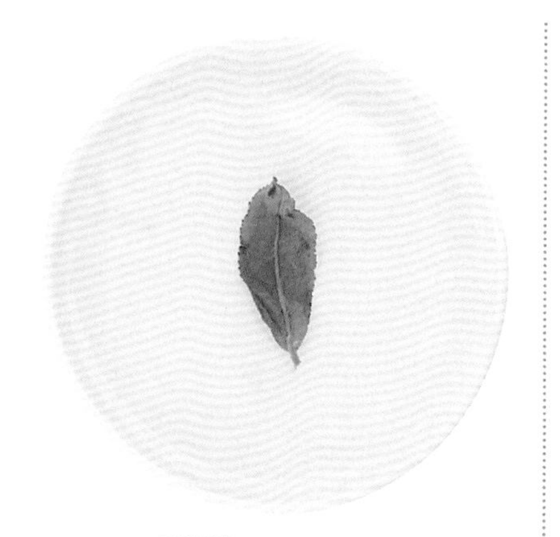

葉底 紅邊明顯

新創名茶，屬烏龍茶。20 世紀 90 年代末期上海華龍茶業有限公司開發的新型烏龍茶。生產於福建省泉州市德化縣的赤水山、福全山、高陽山和雷峰山等地。

清香烏龍茶採用閩南烏龍茶加工工藝，鮮葉經涼青、晒青、搖青、炒青、揉捻、初烘、包揉、複烘、複包揉、烘乾等工序製成。該茶在製作過程中，發酵程度較輕，而包揉充足，因而顆粒緊結，茶湯金黃明亮，香氣高雅，並有蘭花香，品質上乘，適宜於江、浙、滬地區人群消費。清香烏龍茶在 2000 年第 2 屆國際茶博會上獲金獎。

特徵

茶形狀 - 緊結重實
砂綠油潤

茶色澤 - 紅點明顯

茶湯色 - 金黃明亮

茶香氣 - 高雅鮮爽
具天然花香

茶滋味 - 醇厚甘滑

茶葉底 - 柔軟黃亮、紅邊明顯

產　地 - 福建省泉州市
德化縣

白奇蘭

細長花香．醇厚甘爽

歷史名茶，屬烏龍茶。創製於清代，至今已有百餘年歷史。白奇蘭為品種茶名，早年由安溪引進，屬灌木型中葉類中葉種。白奇蘭樹枝半開張，分枝尚密。葉片呈水平狀著生。葉形長橢圓，色黃綠富光澤，葉緣平或波狀。花瓣6～9瓣。

白奇蘭的採摘標準為駐芽小開面至中開面3、4葉，保持鮮葉的新鮮、勻淨與完整，採用閩北烏龍加工工藝，經萎凋、涼青、做青（搖青）、初揉、複炒、複揉、走水培、攤涼、烘乾而成。

白奇蘭茶具蘭花香，品種香型明顯，現已發展成為武夷岩茶主要品種之一。

特徵

茶形狀 - 條索緊結
勻整美觀

茶色澤 - 褐黃油潤

茶湯色 - 橙黃

茶香氣 - 高強細長、似花香

茶滋味 - 醇厚甘爽

茶葉底 - 軟亮

產　地 - 福建省武夷山區

乾茶　條索緊結

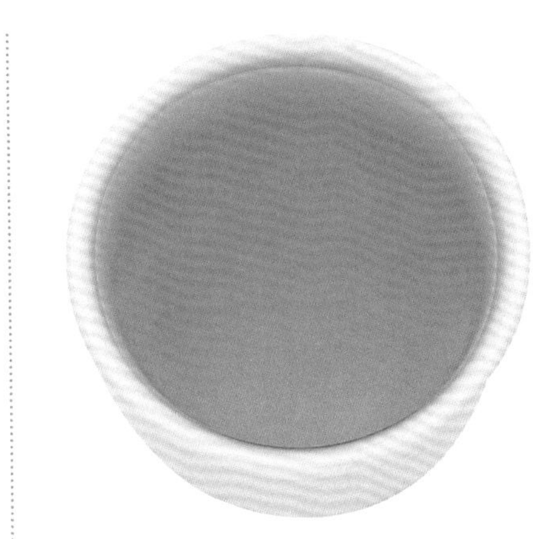

茶湯　湯色橙黃

葉底　葉底軟亮

平和白芽奇蘭

清高爽悅．具蘭花香

乾茶 緊結半球型

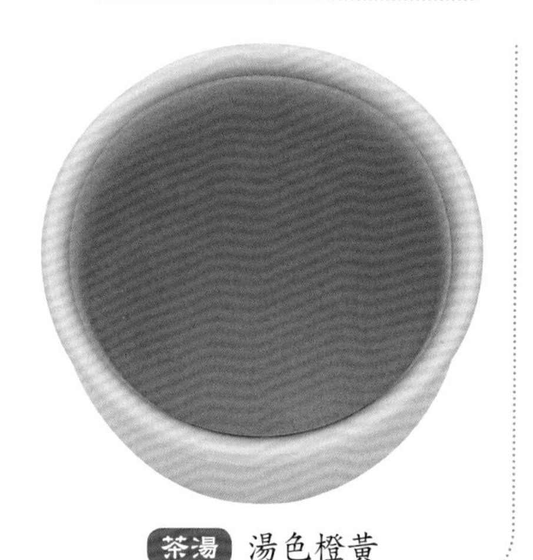
茶湯 湯色橙黃

葉底 葉底軟亮

歷史名茶，屬烏龍茶。創製於清乾隆年間。平和縣位於福建省南部。境內多低山丘陵，茶樹生長條件優越。白芽奇蘭茶是一品種茶名。相傳在250多年前的清乾隆年間平和縣崎嶺鄉的彭溪村水井邊長出一株奇特的茶樹，因茶芽呈白綠色，製成乾茶富有「蘭花香」，故取名白芽奇蘭。後經人們採用無性繁殖方法廣為栽培，才流傳至今。白芽奇蘭的採摘標準為駐芽小開面至中開面三、四葉，保持鮮葉的新鮮、勻淨與完整。採用晾青、晒青、搖青、殺青、初烘、初包揉、複烘、複包揉、足乾等多道工藝製成。

特徵

茶形狀 - 緊結重實半球型

茶色澤 - 青褐油潤

茶湯色 - 橙黃

茶香氣 - 清高爽悅、蘭花香

茶滋味 - 醇爽

茶葉底 - 軟亮

產　地 - 福建省平和縣大芹山、彭溪村一帶

永春佛手

馥郁幽長．似香櫞香

歷史名茶，屬烏龍茶。永春佛手是以品種命名的一種烏龍茶。佛手本是柑橘屬中一種清香誘人、供人觀賞和藥用的名貴佳果。茶葉以佛手命名，是因為其葉子與佛手柑葉子相似，葉面凹凸不平，芽葉肥大，質地特別柔軟，色澤黃綠而油潤，製出乾毛茶沖泡後具佛手柑所特有的奇香。

永春佛手的採製與閩南烏龍加工基本相同，每年於4月中旬開採，採駐芽以下二、三葉為標準，採回鮮葉經涼青、晒青、晾青、搖青、殺青、揉捻、初烘、包揉、複烘、複包揉、足火，攤涼後收藏。

乾茶 呈半球狀

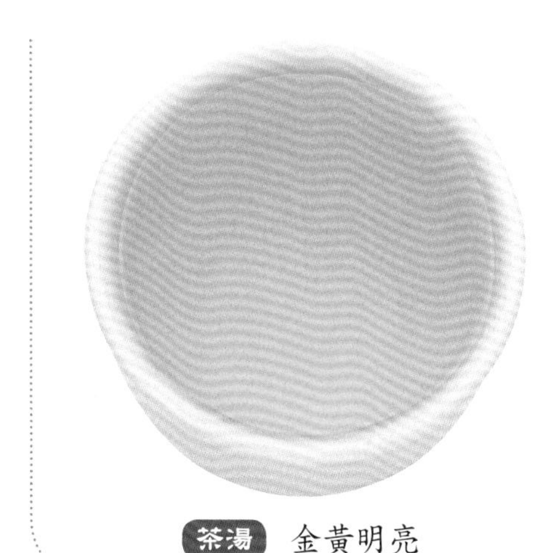

茶湯 金黃明亮

葉底 紅邊明顯

特徵

茶形狀 - 肥壯重實
呈半球狀

茶色澤 - 砂綠油潤

茶湯色 - 金黃明亮

茶香氣 - 馥郁幽長
近似香櫞香

茶滋味 - 甘醇

茶葉底 - 柔軟黃亮
紅邊明顯

產　地 - 福建省永春縣

嶺頭單叢茶

濃郁持久．具蜂蜜香

乾茶 條索緊直

新創名茶，屬烏龍茶。20 世紀 70 年代創製的一種品種茶。嶺頭單叢茶採製講究而細膩，茶青要求具有一定的成熟度，過老過嫩都不適宜。為便於操作，採摘時間一般掌握在下午 2 ～ 4 時，採後晒青，連夜趕製，經涼青、碰青、殺青、揉捻和乾燥等工序，製成毛茶。目前已基本實現機械化或半機械化生產。嶺頭單叢茶比較容易製作，只要遵循製作流程，一般均能製出具嶺頭單叢品質風格的茶葉。嶺頭單叢茶以其獨有的花香蜜韻，備受消費者的讚譽。1986 年被商業部評為全國名茶；1988 年獲廣東省名茶稱號；1991 年榮獲國際文化名茶稱號；1995 年在北京舉辦的第 2 屆中國農業博覽會上獲金獎。

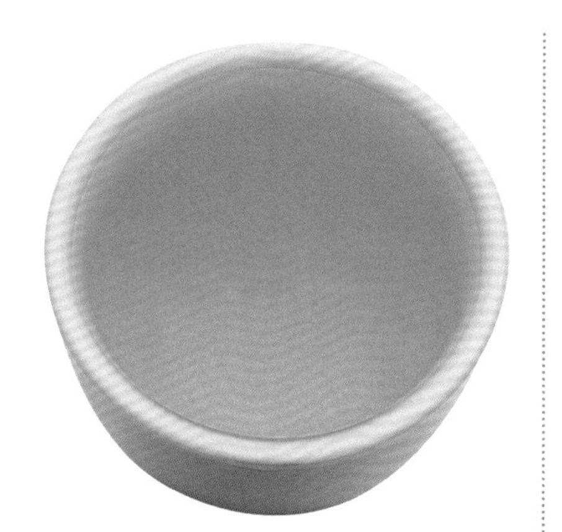

茶湯 金黃明亮

特徵

茶形狀 - 條索緊直

茶色澤 - 黃褐油潤

茶湯色 - 金黃明亮

茶香氣 - 高銳濃郁持久
具蜂蜜香

茶滋味 - 醇爽回甘、蜜味久長

茶葉底 - 綠腹紅鑲邊

產　地 - 廣東省饒平、
梅州、潮安
等地

葉底 綠腹紅鑲邊

蜜蘭香單叢茶

鮮爽醇厚．濃郁持久

新創名茶，屬烏龍茶。20世紀70年代創製的一種品種茶。原產饒平縣的鳳凰水仙群體種，經茶農選育成白葉單叢優良品種，80年代初引種至潮安縣鐵鋪鎮，並建立大片基地，自成一體，稱「鋪埔白葉單叢」。

蜜蘭香單叢茶採自鋪埔白葉單叢之鮮葉，應用嶺頭單叢茶製作工藝，經晒青、做青、殺青、揉捻、初焙、包揉、二焙、足乾等工序而成。成品茶條索緊直，黃褐似鱔皮色，富花蜜香，有時還帶蘭花香氣，味醇爽回甘，湯色橙黃明亮，葉底綠腹赤邊柔亮。

乾茶　緊直重實

茶湯　橙黃明亮

特徵

茶形狀 - 條索緊直、重實
茶色澤 - 黃褐油潤
茶湯色 - 橙黃明亮
茶香氣 - 濃郁持久
花蜜香和蘭花香
茶滋味 - 鮮爽醇厚
茶葉底 - 綠腹紅邊
產　地 - 廣東省潮安縣
鐵鋪鎮一帶

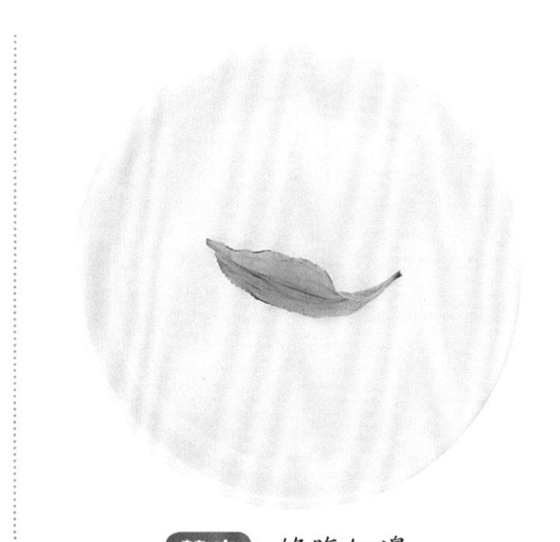

葉底　綠腹紅邊

鳳凰單叢茶

濃郁花香．甘醇爽口

歷史名茶，屬烏龍茶。潮安縣鳳凰鄉烏崠山，原盛產鳳凰水仙茶，古時的鳳凰水仙茶稱為「烏嘴茶」，至1956年才被定名為鳳凰水仙。鳳凰單叢茶實際上是鳳凰水仙群體中的優異單株的總稱，因其單株採取、單株製作，故稱單叢。

鳳凰單叢茶是介於紅茶和綠茶之間的半發酵烏龍茶。其採製十分講究。選晴天進行採摘，茶青不可太嫩也不可太老，一般為一芽二至三葉。加工分晒青、做青（碰青）、殺青、揉捻、乾燥等工序製成。鳳凰單叢茶由於其形美、色褐、香郁、味甘，具天然優雅的花香，因而倍受消費者的青睞，並在歷次全國名優茶評比中名列前茅。

乾茶 挺直肥碩

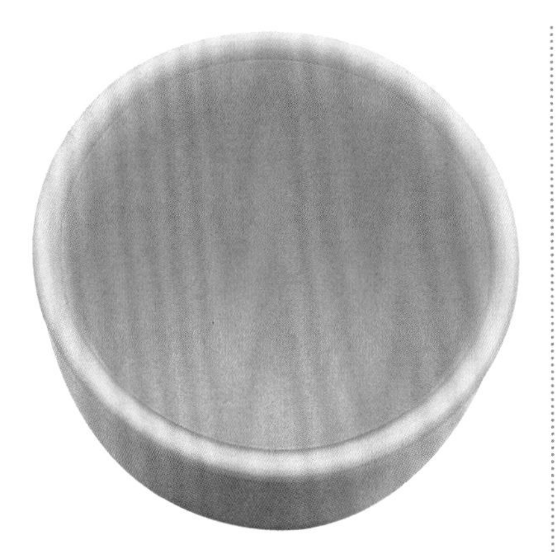

茶湯 深黃明亮

葉底 綠腹紅邊

特徵

茶形狀 - 挺直肥碩
茶色澤 - 鱔褐油潤
茶湯色 - 深黃明亮
茶香氣 - 濃郁花香
茶滋味 - 甘醇爽口
茶葉底 - 綠腹紅邊
產　地 - 廣東省潮安縣鳳凰山

宋種黃枝香單叢茶

梔子花香．甘醇爽口

歷史名茶，屬烏龍茶。黃枝香單叢茶是鳳凰單叢茶之一種。潮安縣產茶歷史悠久，遠自宋代，鳳凰山烏崠一帶已有茶的分布，俗稱「宋種」茶。現鳳凰山尚存4000多棵百年古茶樹，其品質、形態各異，分成80多個株系，按其成品茶香型可分黃枝香、桂花香等十大類型。因按單株株系採摘，單獨製作，稱之單叢茶，宋種黃枝香單叢茶是其中之一。

黃枝香單叢茶的製作按鳳凰單叢茶的傳統工藝，分晒青、涼青、碰青、殺青、揉捻和乾燥等六道工序製成。由於黃枝香單叢茶，具天然花香，品質超群，歷次名茶評比中連續得獎。

特徵

茶形狀 - 條索緊細、勻稱

茶色澤 - 鱔褐油潤

茶湯色 - 橙黃明亮

茶香氣 - 濃郁持久
具梔子花香

茶滋味 - 甘醇爽口

茶葉底 - 筍黃色、紅邊明顯

產　地 - 廣東省潮安縣
鳳凰（鎮）山

乾茶　緊細勻稱

茶湯　橙黃明亮

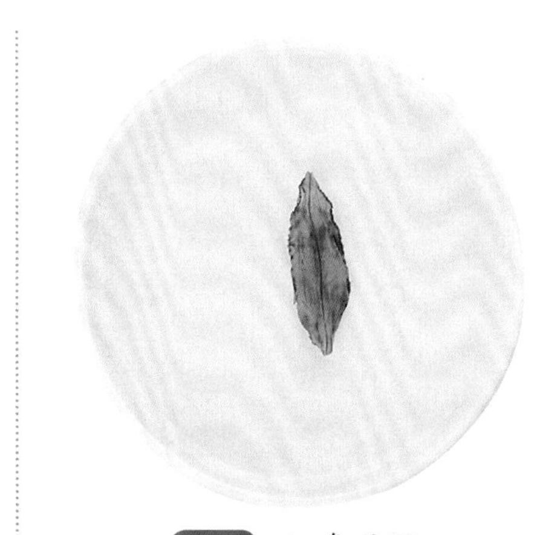

葉底　紅邊明顯

宋種桂花香單叢茶

富桂花香．甘醇持久

乾茶 緊直勻稱

歷史名茶，屬烏龍茶。桂花香單叢茶是鳳凰單叢茶之一種。

桂花香單叢茶的製作工藝細緻而講究。分晒青、涼青、碰青、殺青、揉捻、乾燥等工序。每一工序視茶青質地，氣候變化等因素靈活應用。當天採摘的茶青當天加工完畢，從夕陽殘照至紅日初升，才製成毛茶，再經人工精挑細揀才製成精茶，製茶之精巧，在茶中少見，同時也可知製茶人的艱辛。

由於宋種桂花單叢茶具有自然桂花香氣，因而近年在多次名茶評比中獨占鰲頭。2001 年中國茶葉學會第 4 屆「中茶杯」全國名優茶評比中獲一等獎。

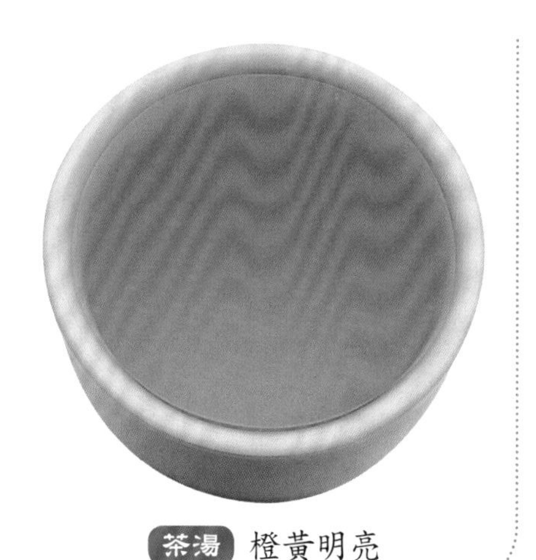

茶湯 橙黃明亮

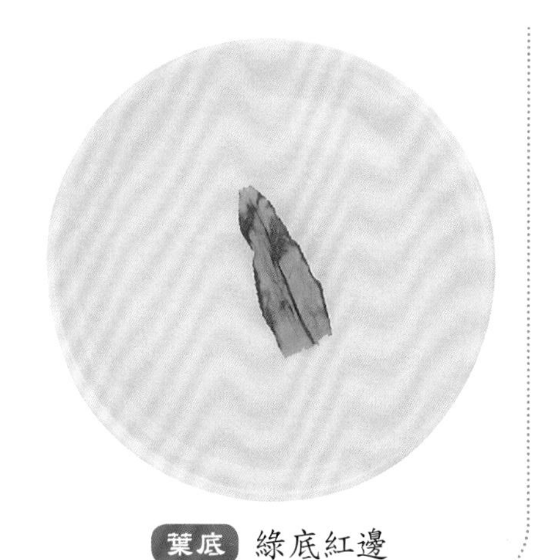

葉底 綠底紅邊

特徵

茶形狀 - 條索緊直、勻稱

茶色澤 - 鱔褐油潤

茶湯色 - 橙黃明亮

茶香氣 - 濃郁持久
富桂花香

茶滋味 - 甘醇爽口

茶葉底 - 綠底紅邊

產　地 - 廣東省潮安縣
鳳凰（鎮）山

宋種透天香單叢茶

甘醇爽口．花香持久

歷史名茶，屬烏龍茶。透天香單叢茶是鳳凰單叢茶之一種。潮安產茶歷史悠久，遠在宋代鳳凰鎮烏崠山已有茶的分布，俗稱「宋種茶」。

透天香單叢茶的製作分晒青、涼青、碰青、殺青、揉捻、乾燥等六道工序。當天採摘之茶青當天製作，不留葉過夜。透天香單叢茶用沸水沖泡，花香濃烈，揮發較快，具有沖天之香氣，故稱透天香。

透天香單叢茶由於條索肥碩，葉片壯實，較耐於沖泡，一般沖泡 4、5 次仍有花香與茶味。

特徵

茶形狀 - 條索肥碩、勻稱

茶色澤 - 鱔褐油潤

茶湯色 - 橙黃明亮

茶香氣 - 花果香

茶滋味 - 甘醇爽口

茶葉底 - 綠腹紅邊

產　地 - 廣東省潮安縣鳳凰鎮烏崠山一帶

乾茶　肥碩勻稱

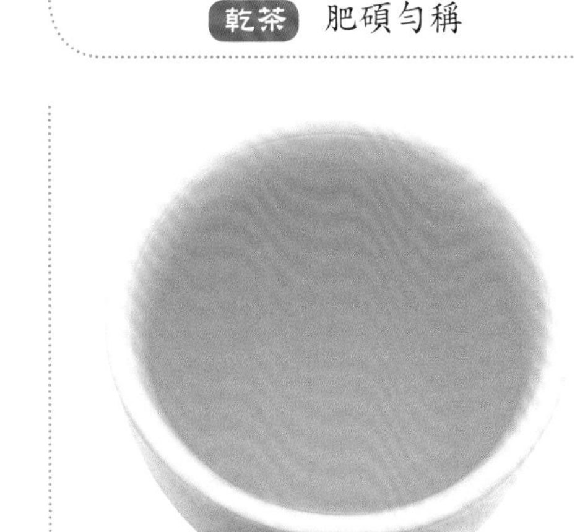

茶湯　橙黃明亮

葉底　綠腹紅邊

宋種芝蘭香單叢茶

芝蘭香濃．單叢珍品

乾茶 細緊勻稱

潮安產茶歷史悠久，現在鳳凰山的 4,000 多顆宋種茶樹依其品質和形態，經篩選出 80 多個優良株系，按其成茶香型有黃枝香、桂花香、芝蘭香、肉桂香、杏仁香、透天香等十幾種。這些株系一般都單獨採摘，單獨製作，稱之為單叢茶。宋種芝蘭香單叢茶是其中之一。

芝蘭香單叢茶的製作按鳳凰單叢茶的傳統工藝分晒青、涼青、碰青、殺青、揉捻、乾燥等六道工序。當天採摘的茶青當天加工完畢，從不過夜，從夕陽殘照開始晒青，到紅日初升，才完成毛茶初製，再經人工篩選，製成精茶，製工精良，品質超群。

茶湯 橙黃明亮

特徵

茶形狀 - 條索細緊勻稱有峰苗

茶色澤 - 鱔褐油潤

茶湯色 - 橙黃明亮

茶香氣 - 芝蘭香

茶滋味 - 甘醇爽口

茶葉底 - 綠腹紅邊

產　地 - 廣東省潮安縣鳳凰鎮烏崠山一帶

葉底 綠腹紅邊

單叢牌龍珠茶

粒如龍珠・花香濃烈

新創名茶，屬烏龍茶。20 世紀 90 年代中期由廣東宏偉集團公司研製開發。

單叢牌龍珠茶以鳳凰單叢茶鮮葉為原料，採用潮州烏龍茶製法，結合包揉整形工藝。龍珠茶的加工對鮮葉採摘要求嚴格，要求在新梢形成對夾葉後 2 ～ 3 天內開採，做到清晨不採、雨天不採、太陽過強烈不採，一般在晴天下午 2 ～ 5 時採收，採摘茶青不壓不捏。鮮葉採回後經晒青、涼青、碰青、殺青、初焙、攤涼、包揉整形、烘焙等工藝而成。成品茶花香濃烈，粒如龍珠，圓緊重實，花香濃烈，湯色橙黃，滋味濃爽，在歷次名茶評比中脫穎而出。

特徵

茶形狀 - 圓結重實
茶色澤 - 綠褐油潤
茶湯色 - 橙黃明亮
茶香氣 - 花蜜香持久
茶滋味 - 濃醇爽口
茶葉底 - 綠腹紅邊
產　地 - 廣東省潮州市鳳凰山

乾茶　圓結重實

茶湯　橙黃明亮

葉底　綠腹紅邊

英德高級烏龍茶

濃郁甘醇・具清果香

乾茶 肥碩稍彎曲

新創名茶，屬烏龍茶。20 世紀 90 年代中期由英德市茶樹良種場研製開發。

英德高級烏龍茶以鳳凰水仙群體品種，在新梢長到小開面後 2 ～ 3 天內，採收頂端二三葉鮮葉為原料，採用潮州烏龍加工工藝，經晒青、做青（碰青）、殺青、揉捻、乾燥等工序而成。由於其製作過程中，發酵程度較輕，因此，產品具清香或果香味，頗受消費者的青睞。2001 年獲中國茶葉學會第 4 屆「中茶杯」優質名茶稱號。

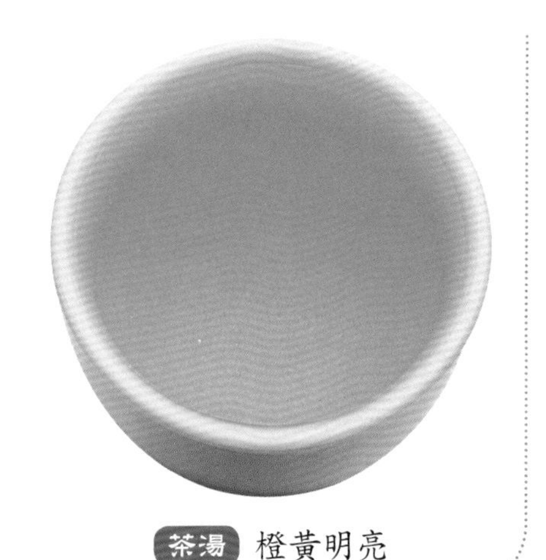

茶湯 橙黃明亮

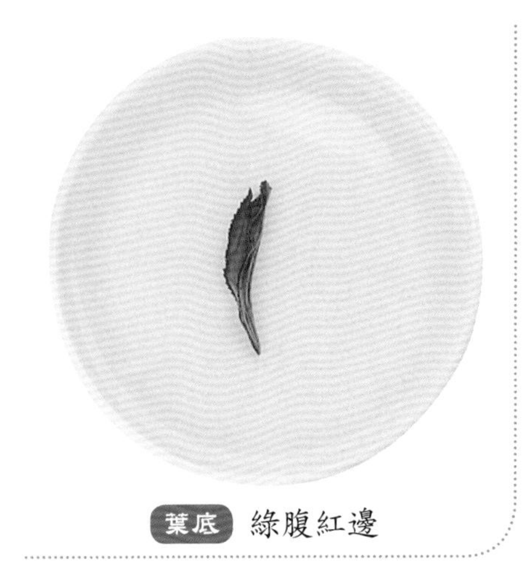

葉底 綠腹紅邊

特徵

茶形狀 - 條索細緊
肥碩、稍彎曲

茶色澤 - 鱔褐油潤

茶湯色 - 橙黃明亮

茶香氣 - 具果香味

茶滋味 - 濃郁甘醇

茶葉底 - 綠腹紅邊

產　地 - 廣東省英德市

京明鐵蘭

茶味清香 · 甘醇爽口

新創名茶，屬烏龍茶。20世紀90年代中期，由揭西縣京明茶葉綜合開發公司研製。揭西位於廣東省東部，屬潮州市管轄，是廣東省重要茶區之一。

揭西的茶樹品種來源於鳳凰山宋種茶之後代。京明鐵蘭採用潮州烏龍與台式烏龍相結合的製法，分晒青、涼青、搖青、炒青、包揉和乾燥等工序加工而成。

由於掌握的發酵程度較輕，因此成品茶清香甘爽，頗受綠茶產區廣大消費者的歡迎。京明鐵蘭於1997年在中國（國際）名茶博覽會上獲金獎。

特徵

茶形狀 - 顆粒緊結、勻稱
茶色澤 - 砂綠油潤
茶湯色 - 金黃明亮
茶香氣 - 清香
茶滋味 - 甘醇爽口
茶葉底 - 綠腹微紅邊
產　地 - 廣東省揭西縣京溪園一帶

乾茶 顆粒緊結

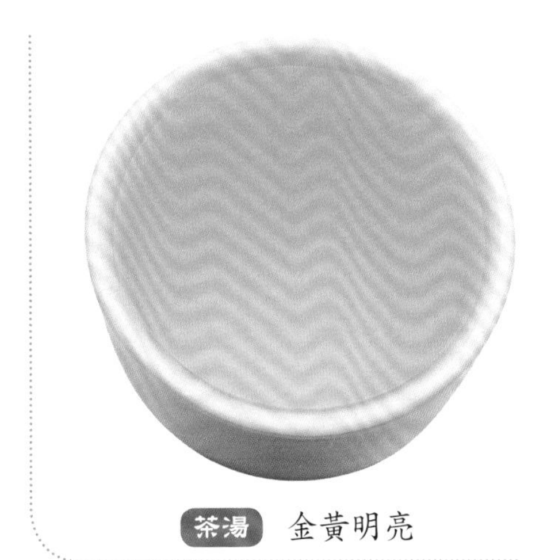

茶湯 金黃明亮

葉底 綠腹微紅邊

凍頂烏龍茶

花香突出．濃醇甘爽

乾茶 捲曲成球

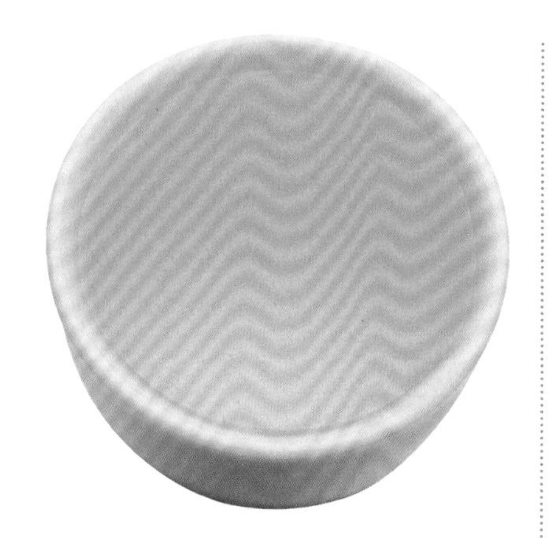

茶湯 蜜黃透亮

葉底 綠葉紅鑲邊

歷史名茶，屬烏龍茶，是一種半球形包種茶。凍頂是山名，為鳳凰山支脈，海拔 700 米，山上種茶，因雨多山高路滑，上山茶農必須蹦緊腳尖（凍腳尖）才能上山頂，故而得名。

凍頂茶一般以青心烏龍等良種為原料，採小開面後一心二三葉或二葉對夾，經晒青、晾青、浪青、炒青、揉捻、初烘、多次團揉、複烘、再焙等多道工序而製成。

凍頂茶的發酵程度較輕，約在 20 ～ 25% 之間，由於呈半球形，花香突出，成為台灣烏龍茶的代表，素有「北文山（條形），南凍頂（半球形）」之美譽。

特徵

茶形狀 - 條索緊結、勻整捲曲成球

茶色澤 - 墨綠油潤

茶湯色 - 蜜黃透亮

茶香氣 - 清香持久

茶滋味 - 濃醇甘爽

茶葉底 - 綠葉紅鑲邊

產　地 - 台灣南投縣鹿谷鄉凍頂山

文山包種茶

滋味醇爽・有花果味

歷史名茶，屬條形烏龍茶。因產地在文山而得名。

文山包種一般以青心烏龍或大葉烏龍等優良品種，在頂芽小開面後的2～3日內，採其心下二～三葉尚未硬化的葉片最為適宜。需經晒青、晾青、搖青、殺青、輕揉、烘乾，製成毛茶，再經揀剔精製而成。文山包種茶的發酵程度一般掌握在15～20%之間，是烏龍茶中最輕的一種。文山包種茶，其成茶的外形是條形，這是與台灣其他烏龍茶最大不同之處；呈蛙皮色，以其天然花香而著稱，是台灣北部茶類之代表，有「北文山、南凍頂」之說。

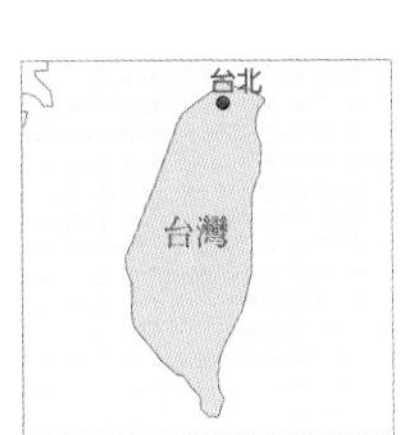

特徵

茶形狀 - 條索緊結
葉尖呈自然彎曲

茶色澤 - 深綠、蛙皮色

茶湯色 - 竹黃色、明亮

茶香氣 - 蘭花香

茶滋味 - 醇爽有花果味

茶葉底 - 青綠微紅邊

產　地 - 台灣新北市
坪林、石碇
等地

乾茶　緊結尖彎

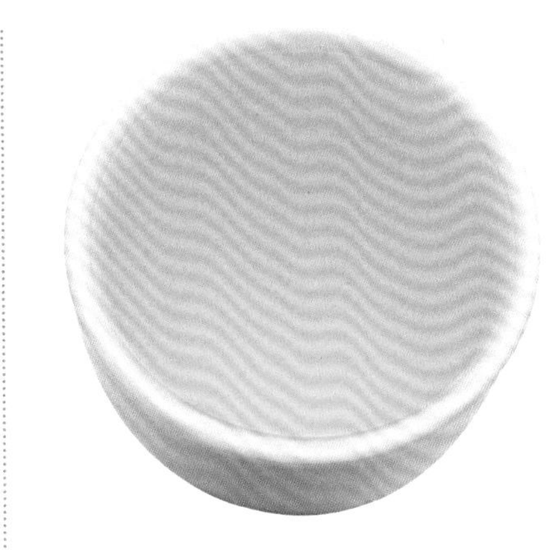

茶湯　竹黃色、明亮

葉底　青綠微紅邊

白毫烏龍茶

五彩相間・有果蜜香

乾茶 色澤鮮艷

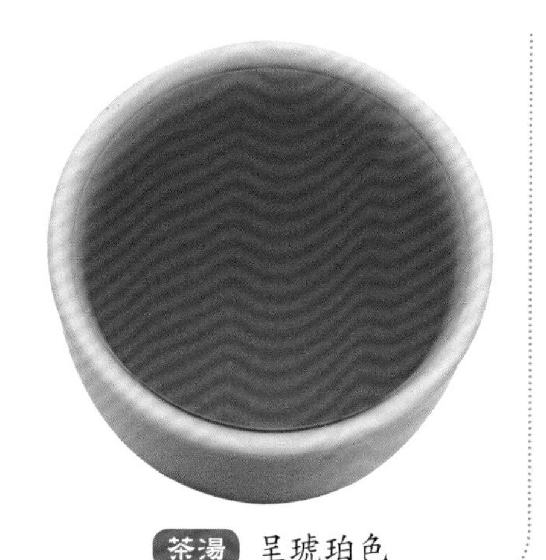

茶湯 呈琥珀色

葉底 紅亮透明

歷史名茶，屬烏龍茶。白毫烏龍又名東方美人茶、膨風茶、香檳烏龍茶，始於清末。

主產於新竹縣北埔鄉、峨嵋鄉和苗栗縣的頭尾、頭份、三灣一帶。白毫烏龍在1900～1940年曾大量銷往歐美，成為英王室貢品，經英國女王命名為「東方美人茶」。

白毫烏龍一般應用青心大冇品種，採摘一芽一二葉之茶青，經晒青、晾青、搖青、炒青、揉捻、，乾燥而成。其製作工藝與其他烏龍茶相仿，唯獨發酵程度最重達70%左右，接近於紅茶，但仍然屬烏龍茶類。

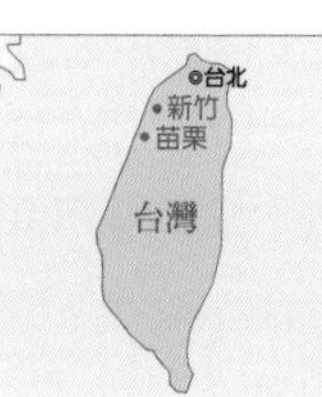

特徵

- 茶形狀 - 茶芽肥大　白毫顯露
- 茶色澤 - 紅、黃、白、綠、褐　五彩相間、色澤鮮艷
- 茶湯色 - 橙紅明亮、呈琥珀色
- 茶香氣 - 熟果香或蜂蜜香
- 茶滋味 - 甜醇
- 茶葉底 - 紅亮透明
- 產　地 - 台灣新竹縣、苗栗縣

金萱烏龍茶

濃醇爽口 · 具奶香味

新創名茶，屬烏龍茶。始於 20 世紀 80 年代後期，是烏龍茶的品種茶名。金萱是 1981 年由台灣茶葉改良場育成的一個新品種。該種樹勢開張，生長勢強，葉色綠，葉形橢圓，葉尖鈍，茸毛多，花果極少。適應性廣，產量高。適製烏龍茶，在台灣中部地區推廣種植較多。金萱烏龍茶的製作，採用金萱品種，於新梢長至小開面後，採一心二三葉或對夾葉，按照輕發酵烏龍茶的製作工藝，經晒青、晾青、搖青、殺青、揉捻、初烘、包揉、複烘而成。用金萱品種製成的烏龍茶，因具奶香味而著稱。

乾茶 緊結半球形

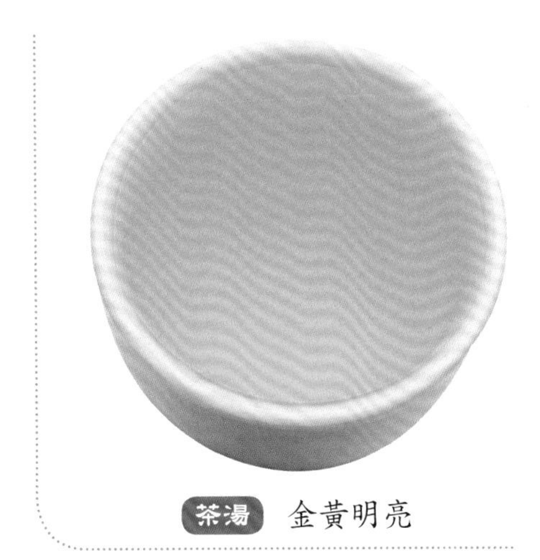

茶湯 金黃明亮

特徵

茶形狀 - 緊結、半球形
茶色澤 - 砂綠色
茶湯色 - 金黃明亮
茶香氣 - 淡奶香
茶滋味 - 濃醇爽口
茶葉底 - 綠底微紅邊
產　地 - 台灣南投縣竹山鎮

葉底 綠底微紅邊

大禹嶺高山烏龍茶

濃厚甘爽．香氣持久

新創名茶，屬烏龍茶。20 世紀 80 年代以後開發的高山烏龍茶之一。得天獨厚自然環境，形成了大禹嶺高山烏龍茶的特有品質。

大禹嶺高山烏龍茶採用青心烏龍茶品種之鮮葉為原料，按輕發酵烏龍茶製作工藝，經晒青、晾青、搖青、殺青、揉捻、初烘、包揉、複烘而成。由於大禹嶺茶園地勢很高，氣溫較低，因而採摘期很晚，遲至 5 月間才有茶可採，具有高山烏龍茶的基本特徵，其外形緊結，身骨重實，茶湯濃厚甘爽，無論冷熱都具香氣，且特別耐沖泡，4 至 5 泡仍有茶香。

乾茶 緊結重實

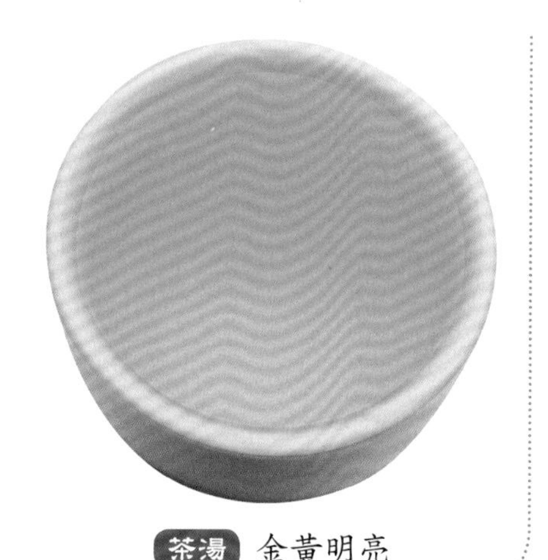

茶湯 金黃明亮

葉底 綠底微紅邊

特徵

茶形狀 - 緊結重實、半球狀
茶色澤 - 砂綠
茶湯色 - 金黃明亮
茶香氣 - 清香（帶梨花香味）
茶滋味 - 濃醇爽口
茶葉底 - 綠底微紅邊
產　地 - 台灣花蓮縣大禹嶺及周邊的高山地區

玉臨春烏龍茶

湯色金黃．醇厚怡人

新創名茶，屬輕發酵烏龍茶。20 世紀 90 年代由台灣雲山茶葉研製有限公司開發。

南投縣鹿谷鄉是台灣凍頂烏龍的主要產地。玉臨春烏龍茶產地海拔在 500 米以上，基本製法與凍頂烏龍茶相似，以青心烏龍品種鮮葉為原料，在芽梢生長至小開面後，摘心下二三葉之芽葉，採用輕發酵烏龍茶加工工藝，經晒青、晾青、搖青、殺青、輕揉、初烘、多次團揉、複烘，再焙火等多道工序製成。

玉臨春烏龍茶的發酵程度約為 30% 左右。成茶外形緊結，重實，呈砂綠色；湯色金黃，清香怡人。

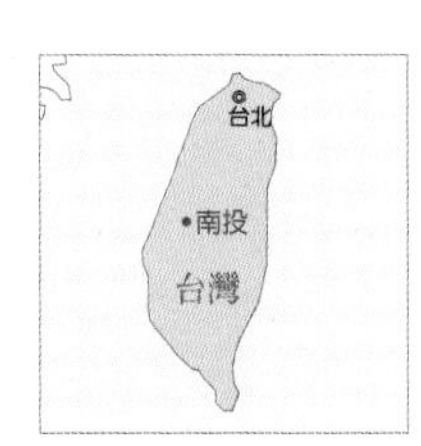

特徵

茶形狀 - 緊結、半球形
茶色澤 - 砂綠
茶湯色 - 金黃明亮
茶香氣 - 清香持久
茶滋味 - 醇厚甘爽
茶葉底 - 綠底、紅邊明顯
產　地 - 台灣南投縣鹿谷鄉

乾茶　緊結半球形

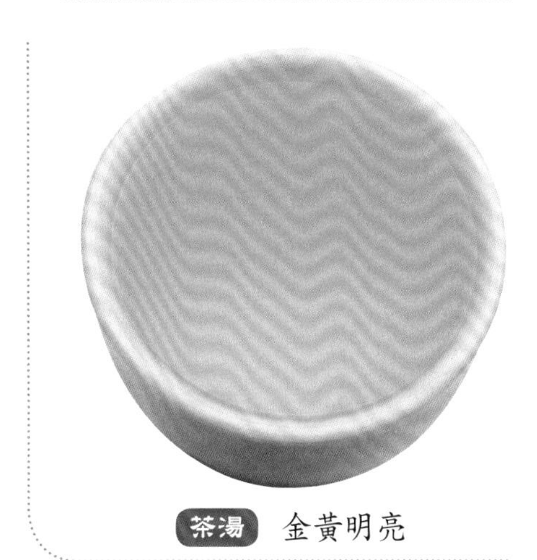

茶湯　金黃明亮

葉底　綠底有紅邊

阿里山烏龍茶

花香明顯．滋味醇厚

乾茶 緊結半球形

屬半球形烏龍茶，台灣的中部、南部，特別是一些山區，建房機會少，地價低廉，同時高山區茶葉品質相對較好，阿里山等山區茶園就應運而生了。

阿里山烏龍茶產地海拔 1200 至 1400 米的高山。青心烏龍品種鮮葉為原料，採用半球形包種茶加工工藝，經晒青、晾青、搖青、殺青、揉捻、初烘、包揉、複烘而成。

阿里山茶具台灣高山烏龍茶的基本特徵，較耐沖泡，花香明顯，外形重實，滋味醇厚，品質優異，普遍受到飲茶人士的喜愛。

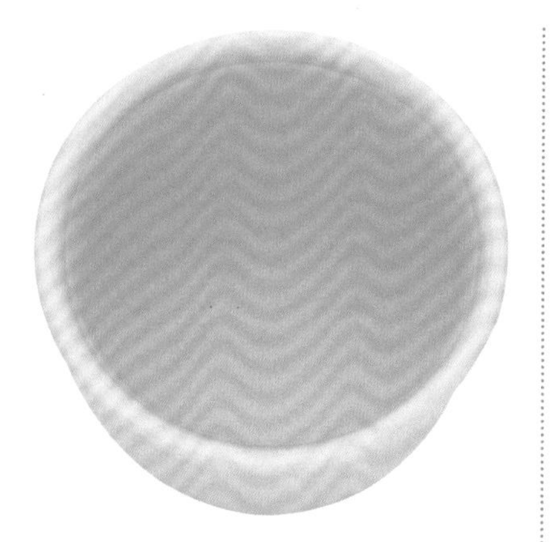

茶湯 蜜黃明亮

特徵

茶形狀 - 緊結、半球形
茶色澤 - 砂綠
茶湯色 - 蜜黃明亮
茶香氣 - 濃郁
茶滋味 - 濃醇爽口
茶葉底 - 綠底、微紅邊
產　地 - 台灣嘉義縣
阿里山鄉等地

葉底 綠底微紅邊

木柵鐵觀音

甘醇回韻．有果實香

歷史名茶，屬烏龍茶。木柵鐵觀音在台灣已有一百多年的歷史。雖在南投的名間鄉等地也有種植，但以木柵所產為地道。

木柵鐵觀音選用鐵觀音正統品種，一年採收四次，其製法與半球形包種茶類似。特點是茶葉經初烘未達足乾時，用方形布塊包裹，揉成球形，並輕輕用手在布包外轉動揉捻，再將布揉茶包放入「文火」的焙籠上慢慢烘焙，使茶葉形狀彎曲緊結，如此反複焙揉多次，茶中成分借焙火溫度轉化其香和味，經多次沖泡，仍芳香甘醇而回韻。

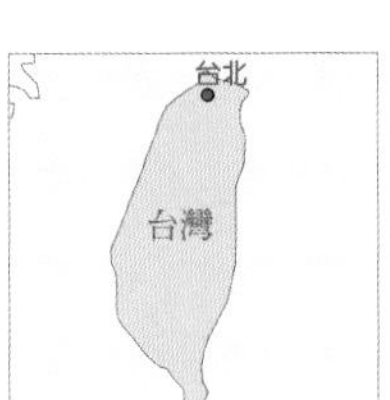

乾茶　捲曲成球

茶湯　深黃明亮

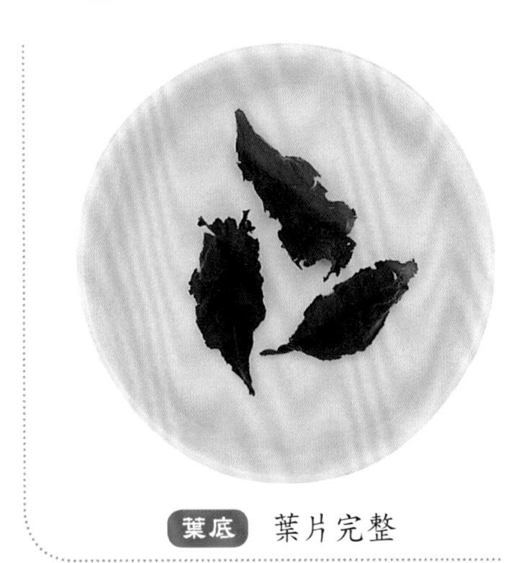

葉底　葉片完整

特徵

茶形狀 - 條索緊結
捲曲成球

茶色澤 - 綠褐起霜

茶湯色 - 深黃明亮

茶香氣 - 果實香

茶滋味 - 醇厚甘滑、弱果酸味

茶葉底 - 暗褐，葉片完整

產　地 - 台灣台北市
文山區木柵

四、黃茶

黃茶，基本茶類之一，屬輕發酵茶。起始於西漢，距今已有二千多年歷史。主產於浙江、四川、安徽、湖南、廣東、湖北等省。

黃茶的基本工藝近似綠茶，但在製造過程中，揉捻前或揉捻後，或在初乾前或初乾後加以燜黃，因此成品茶具黃湯黃葉的特點。

根據黃茶所用鮮葉原料的嫩度和大小分為黃芽茶、黃小茶和黃大茶三類。黃芽茶，以單芽或一芽一葉初展鮮葉為原料製成的黃茶，其品質特點是單芽挺直，沖泡後每顆芽尖朝上，直立懸浮於杯中，很有欣賞價值。主要品種有君山銀針、蒙頂黃芽、莫干黃芽等。黃小茶，是以一芽二葉的細嫩芽葉為原料製成的黃茶，其品質特點是條索細緊顯毫，湯色杏黃明淨，滋味醇厚回爽，葉底嫩黃明亮。主要品種有鹿苑茶、平陽黃湯、溈山毛尖、北港毛尖等。黃大茶，是用一芽二三葉至一芽四五葉的鮮葉為原料製成的黃茶。這類茶的品質特點是葉肥梗壯，梗葉相連成條，色金黃，有鍋巴香，味濃耐泡。主要品種有霍山黃大茶、廣東大葉青茶等。

黃茶主銷國內各大中城市及農村；君山銀針等高檔黃茶也有少量銷往港澳和日本。

泰順黃湯

香高深遠．甜醇爽口

歷史名茶，屬黃茶，始於清乾隆、嘉慶年間，已有兩百餘年歷史，清嘉慶十五年列為貢茶。抗日戰爭期間工藝失傳。一九七八年恢復。

泰順黃湯茶鮮葉原料在清明前一周選用彭溪早茶，五里牌果茶，東溪早茶等地方良種的一芽一二葉芽梢，攤放後經殺青、揉捻、燜堆、初烘、複燜、複烘、足火等工序加工而成，其炒製技術考究，燜堆是形成黃湯的重要工序，時間約十至十五分鐘，攤涼後進行初烘，補烘至七、八成乾，進行複燜，最後進行複烘和足火烘乾。成品茶的品質特點有「三黃一高」之說，即乾茶、茶湯、葉底均呈金黃、橙黃色，香氣清高。

特徵

茶形狀 - 條索勻整
白毫顯露

茶色澤 - 金黃油潤

茶湯色 - 橙黃明亮

茶香氣 - 清高深遠

茶滋味 - 甜醇爽口

茶葉底 - 嫩黃完整

產　地 - 浙江省泰順縣五里牌一帶

乾茶　條索勻整

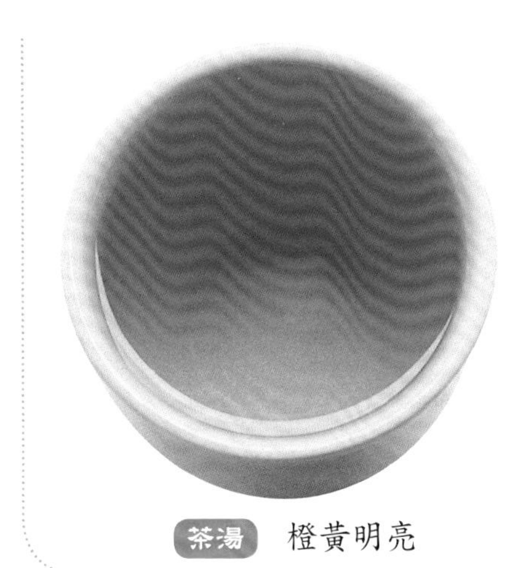

茶湯　橙黃明亮

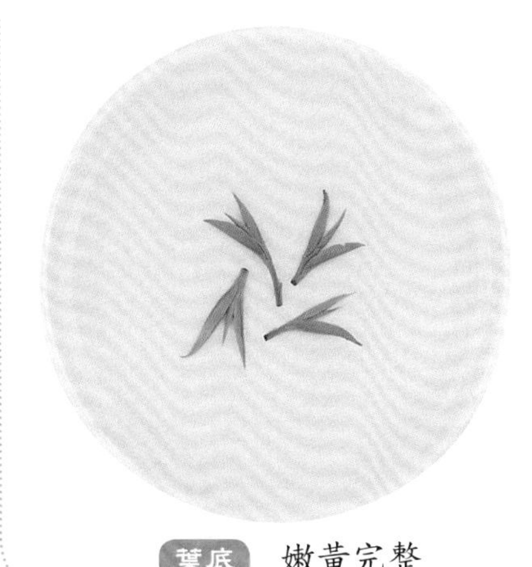

葉底　嫩黃完整

莫干黃芽

清香幽雅．鮮爽醇和

歷史名茶，古稱莫干山芽茶。屬黃茶。自宋以來均有莫干山盛產茶葉的記載。清末尚見於市場，後漸湮沒。1979 年恢復生產。

莫干黃芽的製作，採摘一芽一葉展開至一芽二葉初展之鮮葉，經攤放、殺青、揉捻、燜黃、初烤、鍋炒、足烘等工序制成。揉捻後的濕坯燜黃過程，這是區別於綠茶的不同之點。莫干黃芽的品質特點是黃湯黃葉。由於其香氣清高幽雅，味鮮爽而醇和，自然品質優秀，因而在 1980 ～ 1982 年連續三年被浙江省農業廳評為一類名茶，成為浙江省第一批省級名茶。

乾茶 細如雀舌

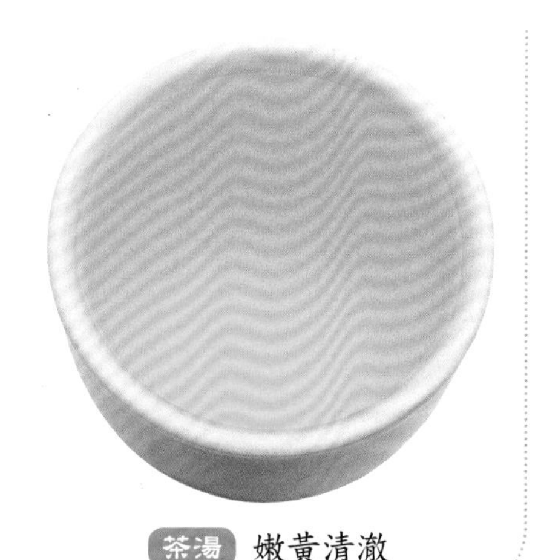
茶湯 嫩黃清澈

葉底 嫩黃成朵

特徵

茶形狀 - 細如雀舌
芽壯顯毫

茶色澤 - 綠潤微黃

茶湯色 - 嫩黃清澈

茶香氣 - 清香幽雅

茶滋味 - 鮮爽醇和

茶葉底 - 嫩黃成朵

產　地 - 浙江省德清縣
莫干山區

霍山黃芽

香氣清幽．鮮醇回甜

始於唐，興於明清。霍山黃芽長期只聞其名不見其茶，技術早已失傳。1971 年經研製恢復了黃芽茶的生產。傳統的霍山黃芽屬黃茶類，而恢復後的霍山黃芽，其生產工藝和品質更接近於綠茶。霍山黃芽每年在谷雨前後採摘一芽一葉或二葉初展之鮮葉，採用殺青、初烘、攤涼、複烘、攤放、足烘等工序製成。

霍山黃芽外觀色澤潤綠泛黃，過去一直歸於加工工藝，據今研究與品種有關，適製黃芽茶的大化坪金雞種，葉色淺綠，特級黃芽一芽一葉初展外觀油潤顯金黃色，因此，成茶自然呈黃綠色。

特徵

茶形狀 - 似雀舌
茶色澤 - 潤綠泛黃
細嫩多毫
茶湯色 - 稍綠黃而明亮
茶香氣 - 清幽高雅
茶滋味 - 鮮醇回甜
茶葉底 - 黃綠嫩勻
產　地 - 安徽省霍山縣東淠河上游的金雞山等地

乾茶　形似雀舌

茶湯　綠黃而明亮

葉底　黃綠嫩勻

君山銀針

清香濃郁 · 甘甜醇和

乾茶 芽壯挺直

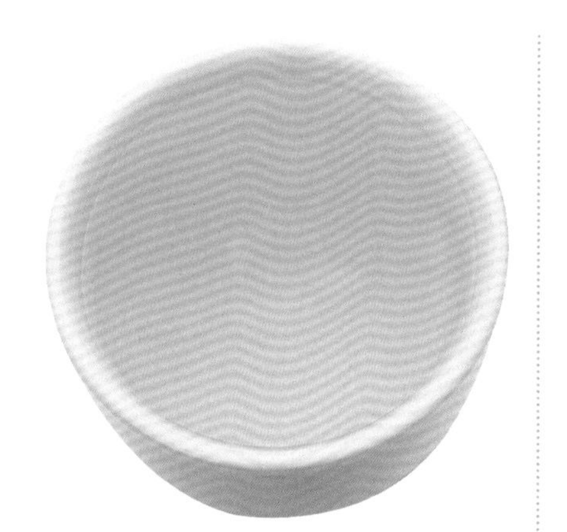

茶湯 杏黃明淨

葉底 黃亮勻齊

歷史名茶，屬黃茶。始於唐代，唐代稱為「黃翎毛」，宋代稱為「白鶴茶」，清代有「尖茶」和「茸茶」之分，稱為「貢尖」和「貢」。君山銀針以銀針 1 號品種的單芽為原料，製作包括：攤青、殺青、攤涼、初烘、攤涼、初包（烱黃）、複烘、攤涼、複包（烱黃）、足火和揀選等工序流程。因色、香、味、形俱佳，芽頭金黃，有「金鑲玉」的美稱。用玻璃杯沖泡，茶水杏黃明淨，開始芽頭懸空掛立，如萬筆書天；隨著茶芽吸水而徐徐下降，豎於杯底，似春筍出土，三起三落，水光茶影，渾為一體，令人賞心悅目，嘆為觀止。

特徵

茶形狀 - 芽壯挺直
勻整露毫

茶色澤 - 黃綠

茶湯色 - 杏黃明淨

茶香氣 - 清香濃郁

茶滋味 - 甘甜醇和

茶葉底 - 黃亮勻齊

產　地 - 湖南省洞庭湖
君山周圍

蒙頂黃芽

甜香濃郁·滋味甘醇

於 1959 年恢復生產的歷史名茶，屬黃茶。蒙頂黃芽是蒙頂茶系列產品中的一種，起源於西漢年間，歷史上曾列為貢茶。有關蒙山茶葉的傳說不少，如相傳在西漢末年，名山邑人吳理真種茶樹七株於上清峰，茶樹「高不盈天，不生不滅」，能治百病，人稱「仙茶」。

蒙頂黃芽於春分前後採摘單芽和一芽一葉初展之鮮葉，要求芽頭肥壯，大小勻齊，製作包括殺青、初包（燜黃）、二炒、複包、三炒、攤放、整形、提毫、烘焙等工序流程。初包與複包工藝是形成蒙頂黃芽、黃湯、黃葉主要特徵的關鍵工藝。

乾茶 扁平挺直

茶湯 湯色黃亮

葉底 嫩黃勻齊

特徵

茶形狀 - 扁平挺直
滿披白毫

茶色澤 - 嫩黃油潤

茶湯色 - 黃亮

茶香氣 - 甜香濃郁

茶滋味 - 甘醇

茶葉底 - 嫩黃勻齊

產　地 - 四川省
名山縣蒙山

五、白茶

白茶，基本茶類之一，是一種表面滿披白色茸毛的輕微發酵茶。由宋代綠茶三色細芽、銀絲水芽演變而來。產於福建省的福鼎、政和、松溪、建陽等地。

白茶的主要製品有白毫銀針、白牡丹、貢眉和壽眉等。白茶對鮮葉原料要求嚴格，適製白茶的品種多為中葉種或大葉種，芽頭肥大而壯實，芽葉上的茸毛密集而不易脫落。製造白毫銀針的鮮葉一般只採肥壯的單芽，或採一芽一二葉後，再進行「剝針」，將芽與葉分離，單芽用於製作白毫銀針，而葉片用於製作貢眉與壽眉。製作白牡丹的鮮葉原料是初展的一芽二葉。

白茶的加工方法特殊而簡單，既不殺青，也不揉捻與發酵，只有萎凋、乾燥兩個過程。萎凋是一個失水過程，同時芽葉內進行一系列物質轉化，散發青草氣，形成花香。白茶萎凋方法有日光萎凋、自然萎凋和加溫萎凋等三種。三種萎凋方法以室內自然萎凋為最好，日光萎凋必須選擇太陽不很猛烈且有微風的天氣進行，日光過於強烈，溫度過高，易引起紅變發暗。加溫萎凋控製室溫在 28 ～ 30℃之間，不宜超過 32℃，也不宜低於 20℃，相對濕度 65 ～ 70%，適當通風。乾燥有直接陰乾、晒乾和烘乾幾種方法，直接陰乾者，當萎凋初乾達八成時，進行併篩，進一步陰乾達九成時收藏。晒乾者，當天晒不乾，第二天可續晒。如遇陰雨天，需及時烘乾，不可久攤不乾。烘乾者，一般要求萎凋初乾達七、八成乾後，再行焙乾。

白茶主要銷售東南亞各國，近年來美國也有一定銷量。

黑龍江
吉林
遼寧
新疆
內蒙
北京
天津
河北
寧夏
山西
山東
青海
甘肅
陝西
河南
江蘇
安徽
上海
西藏
四川
湖北
重慶
浙江
江西
湖南
貴州
福建
台灣
雲南
廣西
廣東
海南

政和白毫銀針

毫香新鮮．醇厚爽口

歷史名茶，屬白茶。創製於清嘉慶初年，初以群體品種菜茶的壯芽為原料製成。1880 年前後，政和縣選育出政和大白茶良種茶樹，芽壯而多茸毛，適製白茶。此後，漸漸以政和品種代替菜茶。

政和白毫銀針採自政和大白茶樹良種的春芽為原料，一般在 3 月下旬至清明節前，採摘一芽一葉初展之鮮葉，剝離出茶芽，俗稱「剝針」。僅以肥芽供製銀針，而葉片則另製他茶。白茶製作工序簡易，分萎凋、乾燥二道工序。政和白毫銀針從 1891 年起就有外銷。目前主銷港、澳地區。

特徵

茶形狀 -	芽肥壯碩 挺直似針
茶色澤 -	毫多毫白如銀、 銀綠有光澤
茶湯色 -	淺黃
茶香氣 -	毫香新鮮
茶滋味 -	醇厚爽口
茶葉底 -	嫩勻完整、色綠
產　地 -	福建省政和縣

乾茶　芽壯肥碩

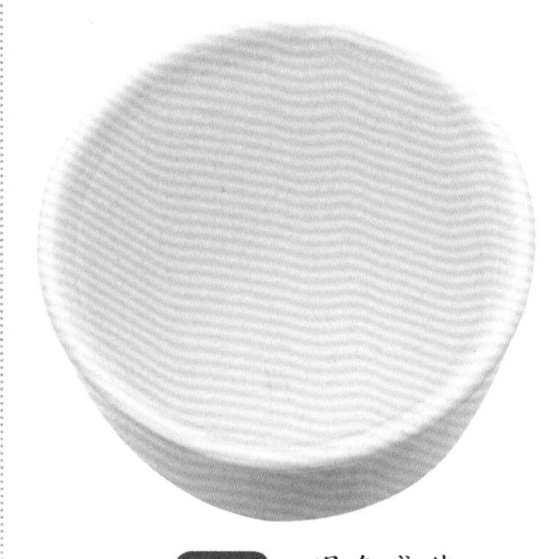

茶湯　湯色淺黃

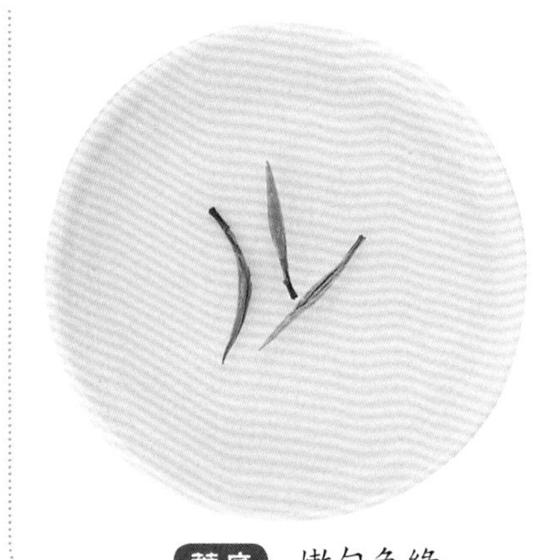

葉底　嫩勻色綠

白牡丹

毫香明顯．茶性清涼

乾茶 形似花朵

白牡丹採自政和大白茶、福鼎大白茶和水仙品種茶樹的鮮葉原料，要求芽白毫顯，芽葉肥嫩。傳統採摘大白茶品種的一芽二葉，並要求「三白」，即芽及第一、第二葉帶有白色茸毛。一般只採春茶一季，分萎凋與乾燥二大工序製成。

白牡丹的加工不經炒揉，葉態自然，成品色澤深灰綠，外觀色澤似綠茶，而實質上已經過一定程度的發酵。因此香味醇和，比紅茶耐泡又無綠茶的澀感。 白牡丹茶性清涼，有退熱降火之功效，是暑天佳飲，也是東南亞國家和地區夏天的主要飲料。

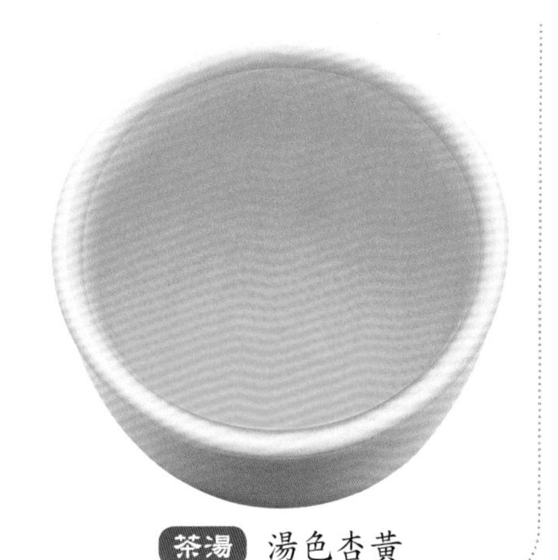
茶湯 湯色杏黃

葉底 葉脈微紅

特徵

茶形狀 - 綠葉夾銀白毫心

茶色澤 - 深灰綠

茶湯色 - 杏黃

茶香氣 - 毫香明顯

茶滋味 - 鮮醇

茶葉底 - 葉張肥嫩 、芽葉連枝、葉底淺綠

產　地 - 福建省建陽、政和、松溪、福鼎

福安白玉芽

毫香鮮爽．鮮醇爽口

白玉芽以色白如玉，形狀似劍而得名。其製法與福丁白毫銀針製法相似，採下的茶芽置於陽光下，暴晒 1 天可達八九成乾，剔除展開的青色芽葉，再用文火烘焙至足乾，即可儲藏。烘焙時，烘心盤上墊襯一層白紙，以防火溫灼傷茶芽，使成茶毫色銀白透亮。

白玉芽外形芽肥毫壯，白毫密披，色銀潔白，葉底嫩綠，是介於白毫銀針與白牡丹之間一種白茶，而內質已接近於烘青綠茶。香氣鮮爽，顯毫香，滋味鮮醇，湯色淺黃明亮，葉底嫩綠肥軟，沖泡時朵朵茶芽豎立飛舞，上下沉浮，有起有落，奇景萬千，給人一種美好享受。

乾茶 茶芽肥壯

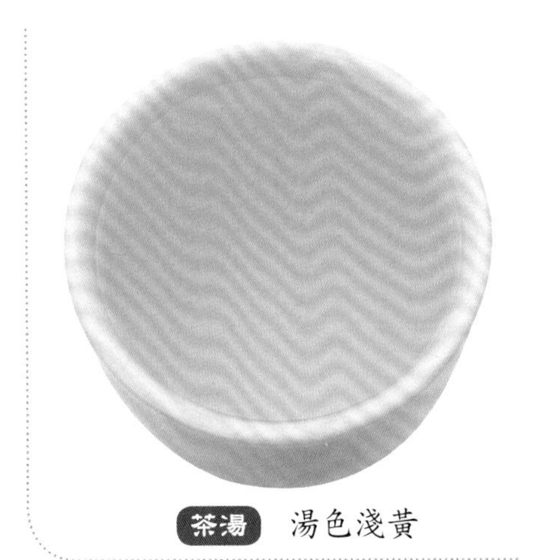

茶湯 湯色淺黃

葉底 嫩綠柔軟

特徵

茶形狀 - 茶芽肥壯
挺直似劍

茶色澤 - 銀灰毫多、清白如銀

茶湯色 - 淺黃

茶香氣 - 毫香顯、清鮮純爽

茶滋味 - 鮮醇爽口

茶葉底 - 嫩綠柔軟
單芽完整

產　地 - 福建省福安市
社口茶區

銀針白毫

毫白如銀・滋味鮮醇

乾茶 條秀如針

銀針白毫以福丁大白茶鮮葉為原料，閩東銀針製法與政和不同，是直接採自福鼎大白茶樹壯芽進行加工。方法是將採回的茶芽直接薄攤於水篩或萎凋簾內（不經抽針），置陽光下曝晒1天，達八、九成乾，剔除展開的青色芽葉，再用文火烘焙至足乾，即成毛茶。毛茶的精加工比較簡單，經篩分、複火，成品茶趁熱裝箱，即可上市出售。

銀針白毫形狀如針、毫白如銀，滋味鮮醇，如泡入透明的玻璃杯中，枚枚銀芽，懸空交錯，亭亭玉立，蔚為奇觀，銀針白毫為中國白茶之精品，深得海內外消費者青睞。

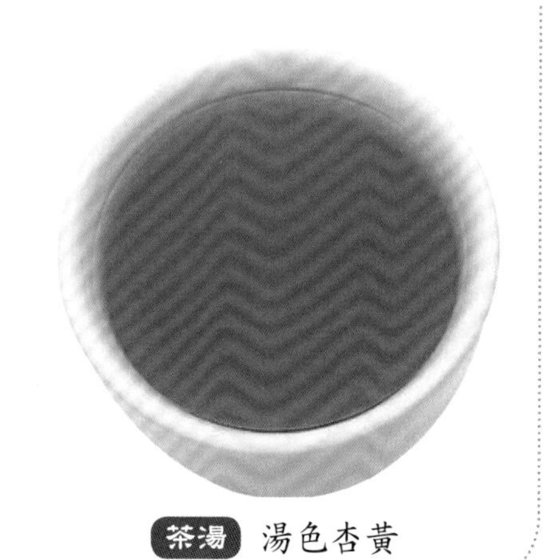

茶湯 湯色杏黃

特徵

茶形狀 - 單芽勻整
條秀如針

茶色澤 - 潔白如銀、色澤銀灰

茶湯色 - 杏黃

茶香氣 - 毫香顯

茶滋味 - 鮮醇回甘

茶葉底 - 肥嫩柔軟

產　地 - 福建省
閩東各縣

葉底 肥嫩柔軟

六、黑茶

黑茶屬後發酵茶，是中國特有的茶類，生產歷史悠久，產於雲南、湖南、湖北、四川、廣西等地。主要品種有雲南的普洱茶、湖南的黑毛茶、湖北的老青茶、四川的南路邊茶與西路邊茶、廣西的六堡茶等。其中雲南的普洱茶古今中外久負盛名。

大多數黑茶採用較粗老的原料，經過殺青、揉捻、渥堆和乾燥等工序加工而成。渥堆是決定黑茶品質的關鍵工序。渥堆時間長短，程度輕重，會使成品茶的品質風格有明顯的差別。

黑茶外形粗大，色澤黑褐，粗老，氣味較重，常做緊壓茶的原料。如黑毛茶是壓製黑磚茶、花磚茶、茯磚茶和湘尖茶的原料；老青茶常做壓製青磚茶；六堡茶則是壓製簍裝緊壓六堡茶；南路邊茶壓製康磚和金尖，西路邊茶做壓製方包茶和圓包茶的原料；普洱茶除散裝茶外，還壓製沱茶、方磚和七子餅茶等。

黑茶壓製成的各種磚茶、沱茶、餅茶等緊壓茶是中國許多少數民族不可缺少的飲料，而普洱茶、六堡茶除內銷、邊銷外，還遠銷港澳地區和日本、東南亞各國，深受各地人民的青睞。

黑毛茶

滋味醇厚．帶松煙香

乾茶 條索粗卷

屬黑茶類，通常做為緊壓茶的原料。生產於湖南省安化、桃江、沅江、漢壽、寧鄉、益陽和臨湘等地。

黑毛茶的採摘比較粗老，一般都要新梢長到一芽四五葉或對夾葉時才開採，一年四季均可採摘，其採摘時間較長。在谷雨前採摘者為春茶；芒種前後採摘者為仔茶；稻谷開花時採摘者為禾花茶；白露前後採製者為白露茶。黑毛茶的加工，分殺青、揉捻、渥堆、複揉、乾燥等五道工序製成。黑毛茶經再加工，可壓製成黑磚茶、花磚茶、茯磚茶和湘尖等不同產品。主銷新疆、青海、甘肅和寧夏等地。

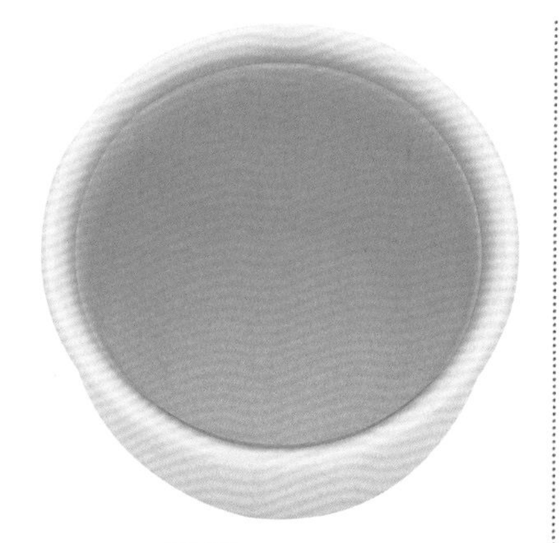

茶湯 橙黃微暗

特徵

茶形狀 - 條索粗捲、欠緊結
茶色澤 - 黃褐
茶湯色 - 橙黃微暗
茶香氣 - 醇厚、略帶松煙香
茶滋味 - 醇厚
茶葉底 - 黃褐
產　地 - 湖南省安化
桃江、沅江等地

葉底 葉底黃褐

宮庭普洱禮茶

陳香濃烈・滋味濃厚

新創名茶，黑茶類，普洱散茶。1992年由廣東省順德市雲峰土產茶葉公司研製開發。宮庭普洱禮茶是一種高級普洱茶，以雲南臨滄、西雙版納地區雲南大葉種晒青毛茶為原料，經潑水渥堆（後發酵）乾燥篩製後，取芽尖茶製成。製成後在乾燥蔭涼處貯存一定時間，待陳香濃烈時再上市出售。

由於其原料細嫩，陳香濃烈，滋味濃醇，湯色紅濃，自1992年聞世以來，在廣州市等地試銷，深受消費者的歡迎，並在特種名茶評比中獨占鰲頭，2001年中國茶葉學會舉辦的第4屆中茶杯名優茶評比中榮獲「特等獎」。

乾茶 細緊勻稱

茶湯 湯色紅濃

葉底 呈豬肝色

特徵

茶形狀 - 條索細緊勻稱顯毫
茶色澤 - 烏褐油潤
茶湯色 - 紅濃
茶香氣 - 陳香
茶滋味 - 濃厚醇和
茶葉底 - 細嫩呈豬肝色
產　地 - 廣東省順德市

重慶沱茶

陳香馥郁．醇厚甘和

乾茶 呈碗臼狀

創製於 1953 年，屬黑茶緊壓茶，為再加工茶。據《茶譜》記載，重慶所產茶葉早在公元 935 年前就已列為貢品。但到清末，重慶茶業衰落，產量很少，當地主要飲用雲南下關沱茶。直到下關沱茶已供不應求，1953 年重慶茶廠開始生產重慶沱茶。重慶沱茶以四川、重慶所產的雲南大葉種晒青、烘青、炒青為原料，製作包括原料選配整理、稱料、蒸茶、加壓成型、定型乾燥等工藝流程。目前有 50 克、100 克、250 克三種重量規格。重慶生產的以青沱茶為主，經過精心選料科學配方，嚴格操作，基本保持「下關沱茶」的品質風格。

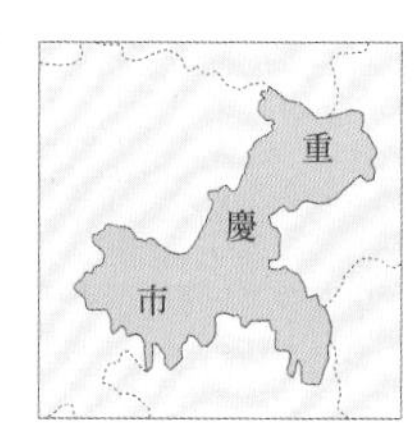

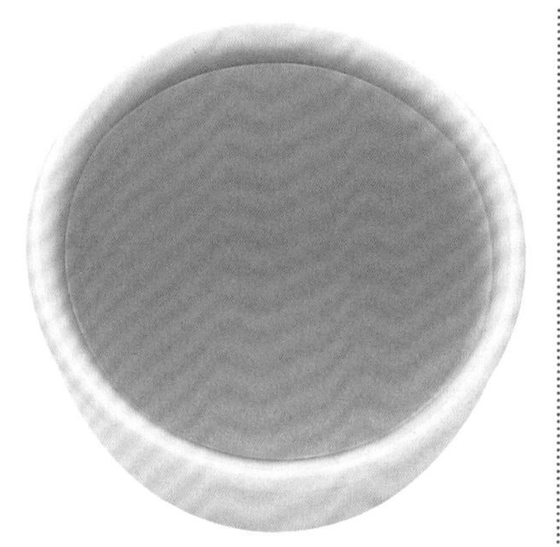

茶湯 橙黃明亮

特徵

茶形狀 - 半球形呈碗臼狀 鬆緊適度

茶色澤 - 青褐油潤

茶湯色 - 橙黃明亮

茶香氣 - 陳香馥郁

茶滋味 - 醇厚甘和

茶葉底 - 較嫩勻

產　地 - 重慶市

葉底 較嫩勻

普洱散茶

醇厚回甘．越陳越香

雲南省南部瀾滄江流域是普洱茶的主產區，因集散於普洱（府）縣，故稱「普洱茶」。通常分為普洱散茶和普洱緊茶兩大類。普洱散茶是用雲南大葉種之鮮葉，經殺青、揉捻、晒乾的晒青毛茶，再經渥堆篩製分級的商品茶，外形條索肥碩，色澤褐紅。普洱緊茶是由普洱散茶經蒸壓塑型而成，外形端正、勻整，鬆緊適度。雲南普洱茶性溫味和，耐貯藏，有越陳越香品質越好的特點，適於烹用或泡飲，男女老少皆宜，不僅可解渴、提神，還具有醒酒清熱，消食化疾、清胃生津、抑菌降脂、減肥降壓等藥理作用。

特徵

茶形狀 - 條索粗壯、肥大

茶色澤 - 褐紅、葉表起霜

茶湯色 - 紅濃明亮

茶香氣 - 陳香

茶滋味 - 醇厚回甘

茶葉底 - 褐紅、呈深豬肝色

產　地 - 雲南省西南部
及下關一帶

乾茶　粗壯肥大

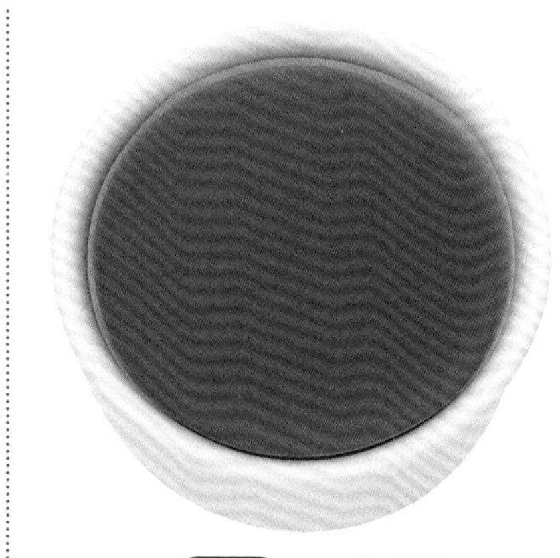

茶湯　紅濃明亮

葉底　深豬肝色

陳香普洱茶

濃厚醇和・陳香濃郁

新創名茶，黑茶類，普洱散茶。於 1995 年由雲南省百茶堂茶莊與臨滄女兒綠茶廠聯合研製開發。鳳慶和臨滄所生長的鳳慶大葉種於 1984 年經茶樹品種審定委員會認定為國家級茶樹品種。

陳香普洱茶採自雲南鳳慶大葉種之一芽一二葉鮮葉，經殺青、揉捻、晒乾的晒青毛茶為原料，再經潑水渥堆乾燥後直接篩製分級而成。依據其原料細嫩程度有陳香芽茶和葉茶之分。芽茶原料優於葉茶。無論陳香芽茶或葉茶，一般製成後不直接銷售，而在蔭涼乾燥的環境中貯存 3 ～ 5 年，待陳香濃郁時上市，以保證其品質特徵。

乾茶 細緊勻稱

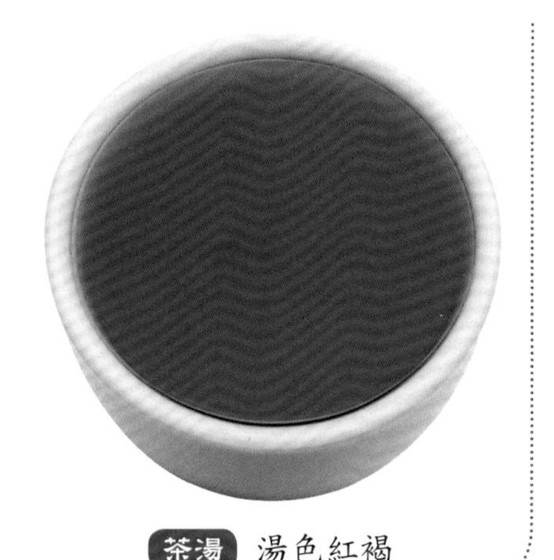

茶湯 湯色紅褐

葉底 豬肝色

特徵

茶形狀 - 條索細緊、勻稱
茶色澤 - 紅褐
茶湯色 - 紅褐
茶香氣 - 陳香
茶滋味 - 濃厚醇和
茶葉底 - 細嫩、豬肝色
產　地 - 雲南省鳳慶、臨滄一帶

雲南普洱沱茶

褐紅濃厚．香高味醇

雲南普洱沱茶原產於景谷縣，又名「姑娘茶」，形如月餅，1902 年被試製成碗臼狀。沱茶以雲南大葉種晒青毛茶為原料，經後發酵、攤涼、篩分、揀剔、拼配、蒸壓成型、乾燥、成品包裝等工序加工而成。形狀似碗臼狀，像一個壓縮的燕窩，直徑 8.3 厘米，高 4.3 厘米，每個重約 100 克左右。沱茶以其原料分綠茶型、紅茶型、花茶型和普洱型等四類，原料均來自滇西南地區。下關生產的以普洱型為主。沱茶在飲前先需將其掰成碎塊（或用蒸汽蒸熱後一次性解散後再晾乾），每次取 3 克，開水沖泡 5 分鐘後飲用，也有用碎塊沱茶 3 克放入小瓦罐中在火膛上烤香後沖沸水燒漲後飲用的。

乾茶　似碗臼狀

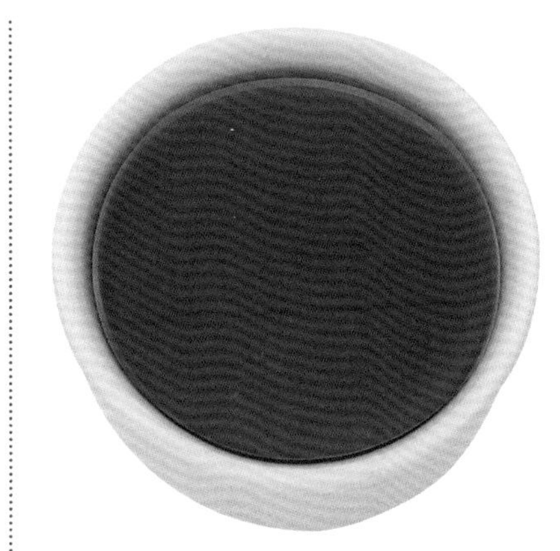

茶湯　湯色紅濃

葉底　深豬肝色

特徵

茶形狀 - 似碗臼狀
緊結光滑
白毫顯露

茶色澤 - 褐紅

茶湯色 - 紅濃

茶香氣 - 陳香

茶滋味 - 醇厚回甘

茶葉底 - 稍粗、深豬肝色

產　地 - 雲南省
下關茶廠

青沱茶

清香馥郁・滋味回甘

乾茶 緊結光滑

新創名茶，屬緊壓茶。青沱茶是 20 世紀 80 年代試製的一個新品種。產於勐海和下關等地。

勐海地處雲南省最南端，土壤肥沃而深厚，且呈微酸性反應，是雲南大葉種最適宜的生長地區。青沱茶原料來源於滇西鳳慶等地，青沱茶採用雲南大葉種晒青毛茶為原料，經篩揀後拼堆，不經過渥堆直接蒸壓成型、乾燥而成，實質上是一種晒青綠茶型的沱茶。

青沱茶，其外形緊結，形狀如碗，清香馥郁，滋味回甘，既可解渴提神，又能幫助消化，並有一定療效，有益健康。

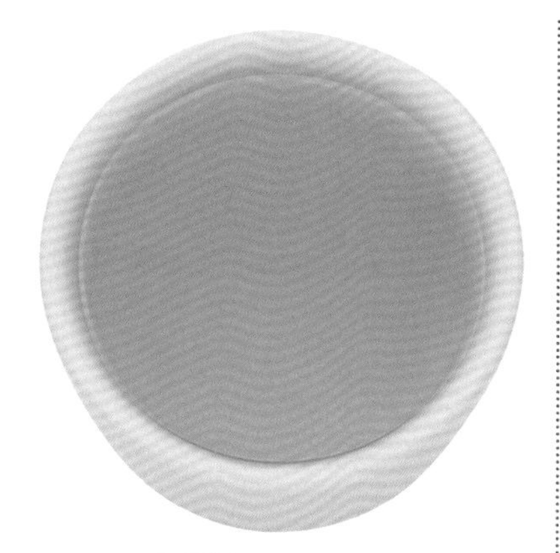

茶湯 橙黃明亮

特徵

茶形狀 - 緊結端正光滑
形似碗臼狀

茶色澤 - 綠潤

茶湯色 - 橙黃明亮

茶香氣 - 馥郁清香

茶滋味 - 醇爽回甘

茶葉底 - 嫩勻明亮

產　地 - 雲南省勐海
和下關等地

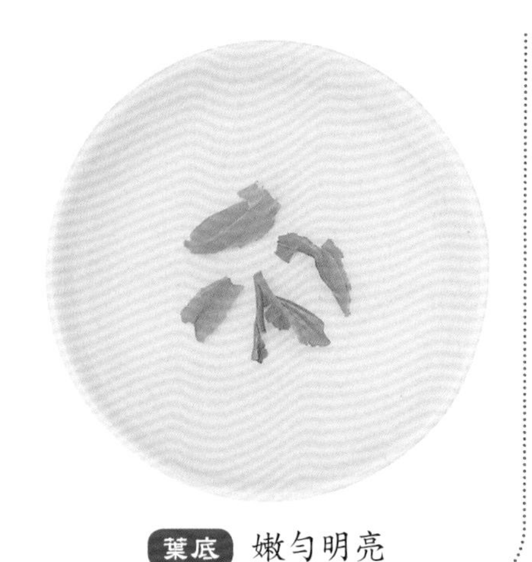

葉底 嫩勻明亮

普洱茶磚

陳香誘人・滋味醇濃

歷史名茶，屬黑茶緊壓茶。普洱茶磚是普洱茶的一個品種，由蒸團茶演變而來，原為帶柄的心臟形緊茶，1957 年為施行機械加工和方便運輸，改為磚形。

普洱茶磚以雲南大葉種晒青毛茶為原料，經篩分、風選、揀剔，製成篩號茶半成品，再拼配成蓋茶和裡茶，在壓製前分別潑水渥堆。

渥堆後，按蓋茶和理茶比例，折算水分分別稱重、上蒸、模壓，成型並趁熱脫模進行乾燥。成茶用牛皮紙包裝，每塊重 250 克。

特徵

茶形狀 - 長方形、稜角整齊、壓橫清晰光滑、緊厚結實

茶色澤 - 褐紅

茶湯色 - 深紅褐色

茶香氣 - 陳香

茶滋味 - 醇和

茶葉底 - 深豬肝色

產　地 - 雲南省勐海、德宏自治州

乾茶 緊厚結實

茶湯 深紅褐色

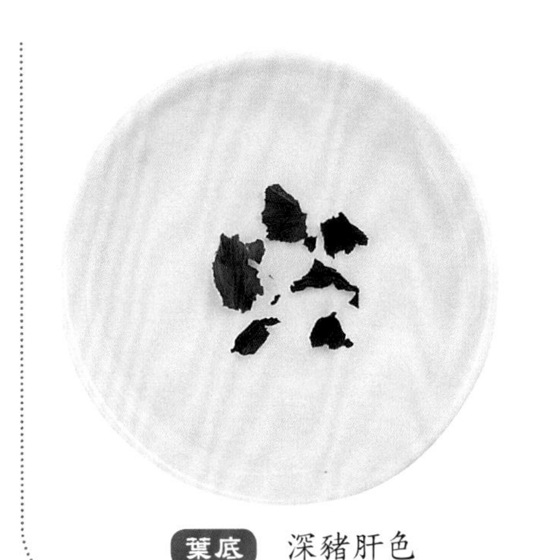

葉底 深豬肝色

雲南貢茶

色澤褐紅·陳香純正

乾茶 緊厚結實

歷史名茶，屬黑茶緊壓茶。貢茶是雲南普洱茶的一個品種，由滇南部勐海縣境內的勐海茶廠和德宏傣族、景頗族自治州的特種茶廠生產。由明代普洱團茶和清代的女兒茶演變而來，原為帶柄的心臟形緊茶，1957 年為施行機械化加工和方便包裝運輸，改心臟形為方塊形，普洱貢茶以雲南大葉種晒青毛茶為原料，經風、篩、揀製成篩號茶後，再拼配成蓋茶和理茶，在壓製前分別潑水渥堆進行後發酵。與其他黑茶相比較，方形貢茶渥堆潑水量少，時間短，變化程度也較輕。渥堆後按蓋茶和理茶比例，稱重、上蒸、模壓成型、乾燥而成。

茶湯 深紅褐色

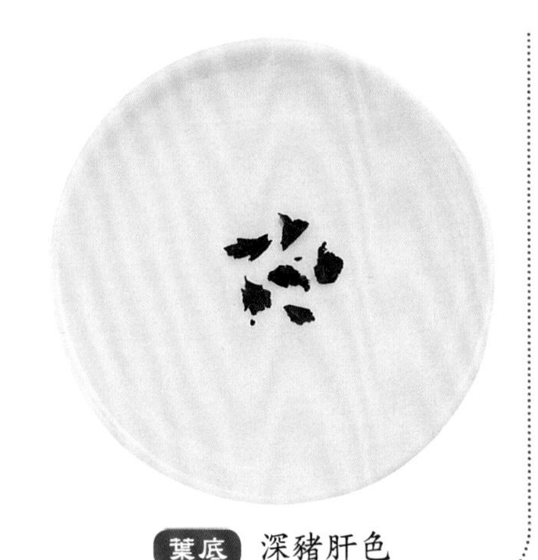

葉底 深豬肝色

特徵

茶形狀 - 稜角整齊
壓痕清晰
緊厚結實、呈正方形

茶色澤 - 褐紅

茶湯色 - 深紅褐色

茶香氣 - 陳香純正

茶滋味 - 醇濃

茶葉底 - 深豬肝色

產　地 - 雲南省勐海、
德宏自治州

七子餅茶

純正陳香．寓意吉祥

歷史名茶，屬黑茶緊壓茶。七子餅茶是雲南普洱茶的一個品種。以雲南大葉種晒青毛茶為原料，經篩分、拼配、渥堆、蒸壓而成，其渥堆程度較重。目前雲南的七子餅茶有熟餅和青餅兩個系列，熟餅為普洱茶類成型茶，青餅為大葉青茶類成型茶。

七子餅茶過去是民族地區，多作嫁娶用的彩禮和逢年過節贈送親友之禮物使用，七子為多子多孫多富貴之意，寓意喜慶團圓和吉祥。在香港和旅居東西亞一帶的僑胞，也都盛行這一習俗。

特徵

茶形狀 - 緊結、圓整、顯毫

茶色澤 - 褐紅

茶湯色 - 深紅褐色

茶香氣 - 純正、陳香

茶滋味 - 醇濃

茶葉底 - 深豬肝色

產　地 - 雲南省易武、勐海、景東及下關等

乾茶　緊結圓整

茶湯　深紅褐色

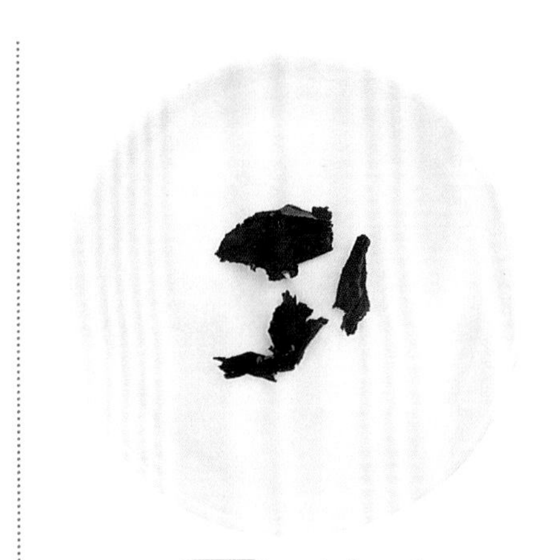

葉底　深豬肝色

雲南龍餅貢茶

醇厚濃郁．紅濃明亮

乾茶 端正光滑

茶湯 深紅褐色

葉底 深豬肝色

龍餅貢茶是雲南普洱餅茶的一個品種。由宋代「龍鳳團茶」演變而來。龍餅貢茶為圓餅型，規格為：直徑 11.6 厘米，邊厚 1.3 厘米，每塊重 125 克，4 塊為一筒，75 筒為一件，淨重 37.5 千克，用 63 厘米 ×30 厘米 ×60 厘米內襯筍葉的竹籃包裝。餅茶以大葉晒青毛茶為原料，加工方法與普洱茶磚、雲南貢茶等基本相同。

龍餅貢茶的內質特點是：湯色紅濃明亮，香氣獨特陳香，葉底褐紅色，滋味醇厚濃郁，飲後令人心曠神怡。宋代王禹偁有詩讚曰：「香於九畹芳蘭氣，圓如三秋皓月輪，愛惜不嘗唯恐盡，除將供養白頭親」。

特徵

茶形狀 - 圓餅型、緊結端正光滑

茶色澤 - 褐紅

茶湯色 - 深紅褐色

茶香氣 - 陳香

茶滋味 - 醇濃

茶葉底 - 深豬肝色

產　地 - 雲南省下關、勐海、德宏自治州等地

梅花餅茶

陳香醇濃・可為藥用

歷史名茶，屬黑茶緊壓茶。梅花餅茶是雲南普洱餅茶的一個品種。目前主要生產廠家是大理的下關茶廠、勐海茶廠及德宏自治州的特種茶茶廠。由宋代「龍鳳團茶」演變而來。梅花餅茶為圓餅型，其標準規格為：直徑 10 厘米，邊厚 4 厘米，每塊重 100 克。

餅茶以大葉晒青毛茶為原料，加工方法與普洱茶磚。普洱貢茶基本相同。梅花餅茶性溫和，耐貯藏，不僅可解渴、提神，還可作藥用。近年來，經醫學界研究，並通過臨床實驗，証明普洱茶有抑菌作用，特別是將茶葉分量加重煎濃，飲後對治療細菌性痢疾有良好作用。

乾茶 緊結光滑

茶湯 深紅褐色

葉底 豬肝色

特徵

茶形狀 - 緊結、圓餅型 端正光滑

茶色澤 - 褐紅

茶湯色 - 深紅褐色

茶香氣 - 陳香

茶滋味 - 醇濃

茶葉底 - 豬肝色

產　地 - 雲南省下關、勐海及德宏自治州等地

玫瑰小沱茶

玫瑰花香．醇厚回甘

乾茶 似碗臼狀

茶湯 湯色紅濃

葉底 深豬肝色

新創名茶，屬黑茶緊壓茶。雲南沱茶原產景谷縣，後流入下關，並擴大到臨滄、鳳慶、南澗、昆明等地。沱茶一般每沱淨重 100 克、125 克和 250 克等幾種不同規格但使用不便。近年來，為便於消費者沖泡，昆明、下關和鳳慶等地茶廠又創製了幾種小型沱茶。

玫瑰小沱茶是花茶型沱茶之一種，採用優質普洱茶為原料，在蒸壓過程中添加玫瑰花而成。有 3 克與 5 克兩種規格，分別適合杯泡或壺泡，其形體小巧，便於攜帶，口味純正，具花香等特點，同時玫瑰花具理氣解鬱和活血散瘀的藥理功能，故投放市場，頗受消費者的歡迎。

特徵

茶形狀 - 似碗臼狀
緊結端正光滑

茶色澤 - 褐紅

茶湯色 - 紅濃

茶香氣 - 玫瑰花香

茶滋味 - 醇厚回甘

茶葉底 - 深豬肝色

產　地 - 雲南省昆明及
下關、鳳慶
等地

菊花小沱茶

口味純正．具菊花香

新創名茶，屬黑茶緊壓茶。一直以來雲南沱茶的規格是淨重 100 克、125 克和 250 克，個形大，使用不便。菊花小沱茶是近年來下關、昆明及鳳慶等地茶廠開發的一個新品種。有 3 克和 5 克兩種規格，分別適應杯泡或壺泡。

採用優質普洱茶為原料，在壓製過程添加菊花窨製而成。其形體小巧，便於攜帶，口味純正，具菊花香等特點，同時菊花具清熱明目的藥理功能，因此投放市場，頗受消費者的歡迎。

乾茶　似碗臼狀

茶湯　湯色褐紅

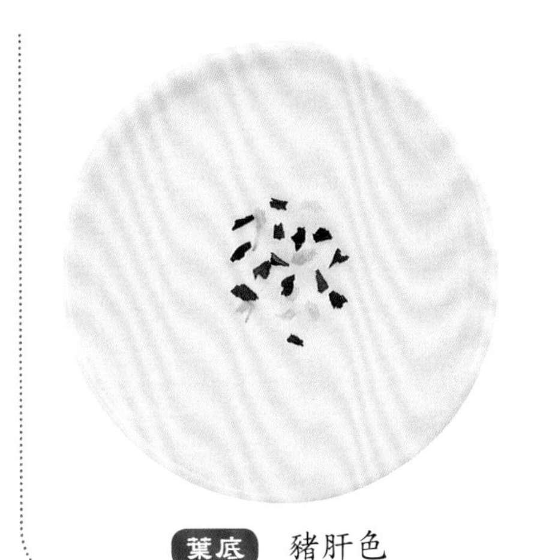

葉底　豬肝色

特徵

茶形狀 - 似碗臼狀
緊結端正光滑

茶色澤 - 青褐

茶湯色 - 褐紅

茶香氣 - 菊花香

茶滋味 - 醇厚回甘

茶葉底 - 豬肝色

產　地 - 雲南省下關、昆明、鳳慶、勐海等地

潞西竹筒香茶

甜竹清香．鮮爽甘醇

乾茶 圓柱狀

歷史名茶，是雲南省潞西南寶茶廠生產的一種緊壓綠茶或緊壓普洱茶。竹筒香茶是雲南省特產，拉祜語叫「瓦結那」，是拉祜族和傣族別具風格的一種飲料。潞西生產的竹筒香茶，分別用雲南大葉種的晒青毛茶或普洱茶為原料，經蒸軟後立即裝入事先準備好的新鮮嫩甜竹筒內以文火烘燒。

用青毛茶製成的為「香竹筒青茶」，用普洱茶製的稱「香竹筒普洱茶」。前者清香味鮮，湯色橙紅，葉底嫩勻；後者清香味濃，湯色褐紅。這種竹筒香茶，既有茶葉的醇厚茶香，又有濃郁的甜竹清香，飲後令人渾身舒服，既解渴，又解乏。

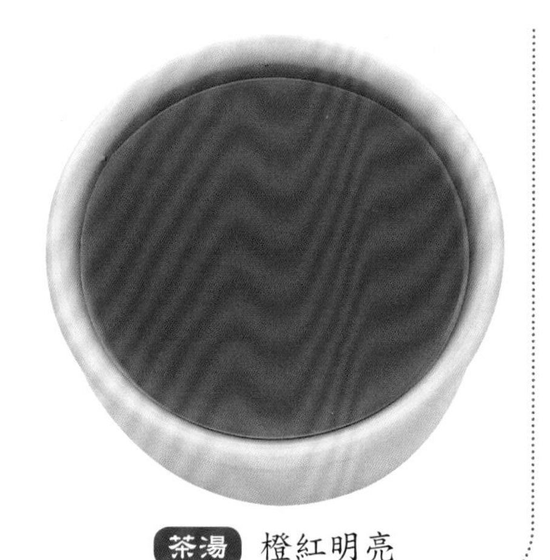

茶湯 橙紅明亮

葉底 嫩黃明亮

特徵

茶形狀 - 圓柱狀
茶色澤 - 青褐色
茶湯色 - 橙紅明亮
茶香氣 - 有竹葉清香
茶滋味 - 鮮爽甘醇
茶葉底 - 嫩黃明亮
產　地 - 雲南省潞西縣及西雙版納州的勐海、文山州廣南縣等地

柚子果茶

酸果甜香．酸甜醇厚

柚子果茶，屬黑茶緊壓茶，是以普洱茶混合柑橘類果肉及中藥材相混合，經壓製乾燥而成的一種果茶。

其製法是選用熟度適中的柑或柚子，以鹽水清洗，切開頂部果帽，擠出果肉，留下完整果殼，將取出的果肉混入普洱散茶以及少量中藥材，如甘草、杜仲、佛手等，經充分拌和後，再回填入原來的果殼中，蓋上果帽，用麻索捆綁。經蒸煮殺菌、初乾、擠壓、靜置、再蒸、再壓、再乾至約減重 50% 後，即已製成，前後過程約需 20 天左右。

據傳柚子果茶具有止咳化痰，預防感冒及增強食慾之療效。

特徵

茶形狀 - 扁平均匀
具稜角呈球形

茶色澤 - 紅褐光潤

茶湯色 - 深褐色

茶香氣 - 酸果甜香

茶滋味 - 酸甜醇厚

茶葉底 - 黑褐均匀

產　地 - 雲南省勐海、
鳳慶等地

乾茶　扁平均匀

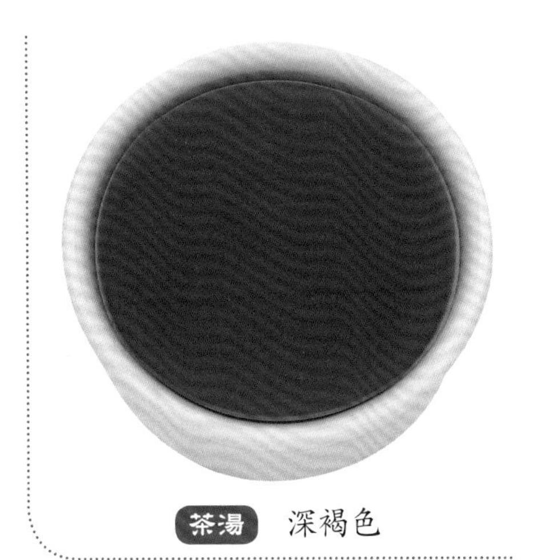

茶湯　深褐色

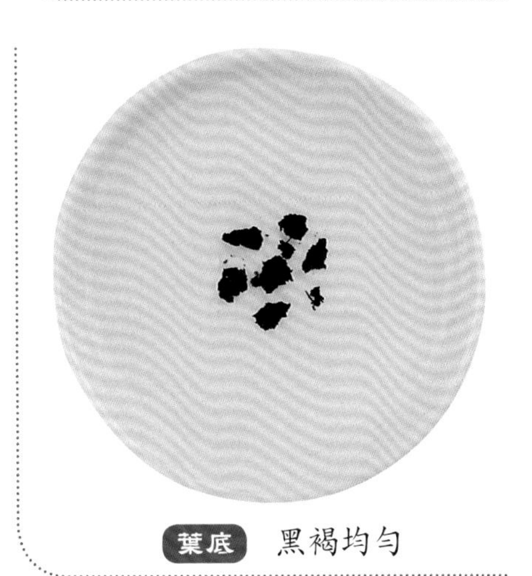

葉底　黑褐均匀

酸柑果茶

酸甘爽口．提神清氣

酸柑果茶，是以茶葉混合柑桔類果肉及中藥材，加工乾燥的地區性特色緊壓茶。

酸柑果以熟度適中，果粒較大的為好，先用鹽水清洗，於果頂切小口取下果帽，挖出果汁肉留下完整皮殼，並將取出之果肉與烏龍茶充分混合，經初乾後再回填入原來之果皮殼，蓋上果帽，再以白色股繩捆綁。經蒸煮殺菌、初乾、擠壓、靜置、再蒸、再壓、再乾至減重 50% 後充分乾燥完成，前後需時 20 天。

飲用時以沸騰熱水 250 cc加 5 ～ 8 克冰糖為最佳。避免使用鐵製茶具，飲之酸甘爽口，提神清氣，十分特殊。

乾茶 具稜角球形

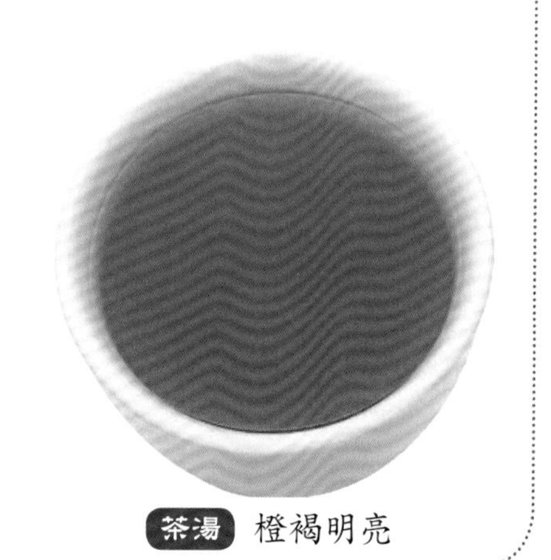

茶湯 橙褐明亮

葉底 呈黑褐色

特徵

茶形狀 - 扁平均勻
具稜角球形

茶色澤 - 外表漆黑光潤

茶湯色 - 橙褐明亮

茶香氣 - 酸果蜜糖香

茶滋味 - 酸甜醇厚

茶葉底 - 黑褐

產　地 - 台灣桃園、新竹、
苗栗、台東、
花蓮等山區

七、花茶

花茶，又名薰花茶、窨花茶、香片茶等，是一種茶葉和香花進行拼和窨製，使茶葉吸收花香而製成的再加工茶類。產於福建、江蘇、浙江、重慶、四川、廣西、湖南、雲南等地。

薰花用的原料茶稱茶胚或素胚，一般以綠茶為最多，少數也用紅茶和烏龍茶。依據吸收香氣能力強弱，素胚原料茶，烘青茶優於半烘炒茶，半烘炒茶優於炒青茶。

花茶因窨製所用的香花不同而分茉莉花茶、玫瑰花茶、白蘭花茶、珠蘭花茶、玳玳花茶、金銀花茶、柚子花茶、桂花茶等。每種花茶，各具特色，它們中的上品茶都具有香氣鮮靈、濃郁、純正，滋味濃醇鮮爽，湯色清亮而艷麗的特點。

花茶窨製的基本工藝是：茶胚複火、玉蘭花打底、窨製拼和、通花散熱、起花、複火、提花、勻堆裝箱等工序。

花茶主銷華北和東北地區，以濟南、天津、石家莊、北京、成都等城市銷量最大，部分花茶外銷日本、東南亞和西歐各國。

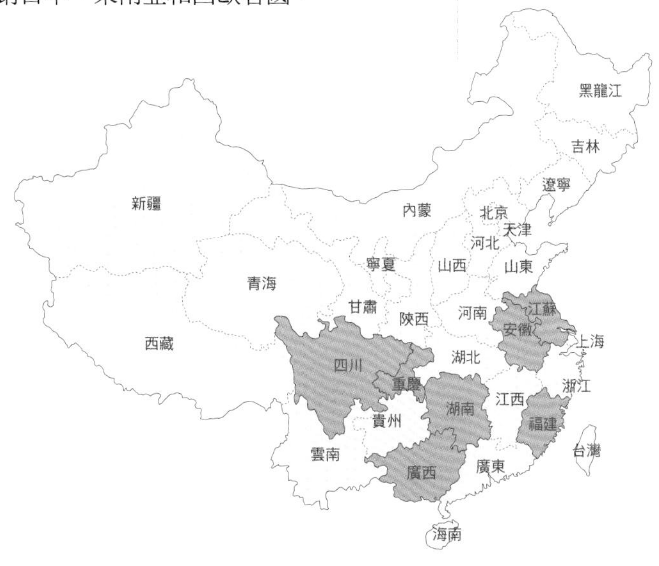

珠蘭花茶

茶香雋久・沁人心脾

乾茶 花乾整枝成串

歷史名茶，屬花茶。始於清代。珠蘭屬金粟蘭科，花朵小，似栗粒，色金黃。每年5、6月花香成熟。一般每天上午採摘，經揀剔，攤於竹匾上，散發水分，促其吐香；中午前後及時將茶與鮮花拼和窨製。配花量約5～6%。窨製前控制茶胚水分，以保持茶與鮮花水分平衡。窨製後不複火，也不起花，及時勻堆裝箱。由於珠蘭花茶香雋持久，在窨製後，花香分子的揮發與茶葉對香氣完全吸附，需要一段時間，這個過程需持續100天左右。據試驗，在茶箱內密封貯存3個月的高級珠蘭花茶，比剛窨製完畢時香氣更加沁人心脾。

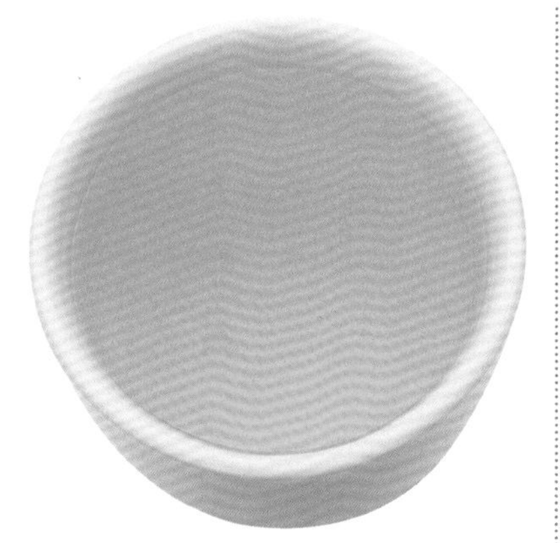

茶湯 金黃明亮

特徵

茶形狀 - 條索緊細
鋒苗挺秀
花乾整枝成串

茶色澤 - 深綠油潤

茶湯色 - 金黃明亮

茶香氣 - 清香幽雅、鮮爽持久

茶滋味 - 醇厚鮮爽

茶葉底 - 嫩綠

產　地 - 安徽省歙縣
琳村一帶

葉底 葉底嫩綠

歙縣茉莉花茶

窨製工藝．味濃香純

歷史名茶，屬花茶。歙縣氣溫冷暖適宜，雨量充沛，茉莉花生長良好。優質的茶葉原料和適於茉莉生長的氣候，造就了茉莉花茶發展的環境條件。

歙縣的花茶廠在1987年時，發展到159家，花茶產量達到332.5萬千克，除部分是珠蘭花茶外，主要是茉莉花茶。歙縣茉莉花茶以歙縣烘青茶為原料，應用本地栽培的茉莉花，採用茶坯處理、鮮花養護、花茶拌和、靜置窨花、通花續窨、起花、烘焙、提花、勻堆裝箱等十餘道工序製成。

歙縣茉莉花茶，味濃，香純和耐沖泡而著稱，現已成為花茶主產地之一。

特徵

茶形狀 - 條索細緊勻整

茶色澤 - 褐綠

茶湯色 - 黃綠明亮

茶香氣 - 濃郁、純正

茶滋味 - 醇濃

茶葉底 - 黃綠軟亮

產　地 - 安徽省歙縣

乾茶　細緊勻整

茶湯　黃綠明亮

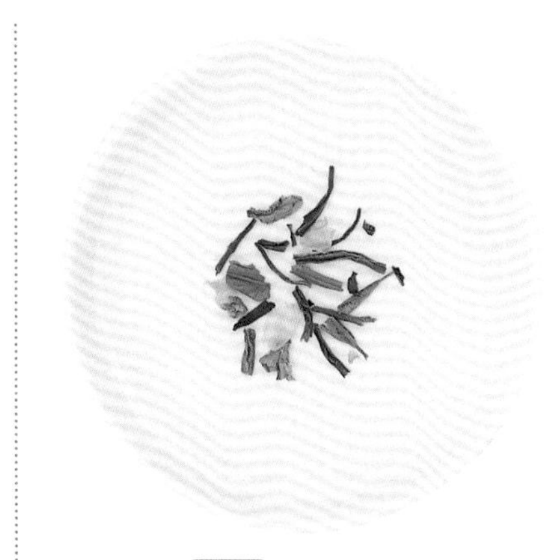

葉底　黃綠軟亮

福州茉莉花茶

歷史名茶．香氣純正

乾茶 細緊勻整

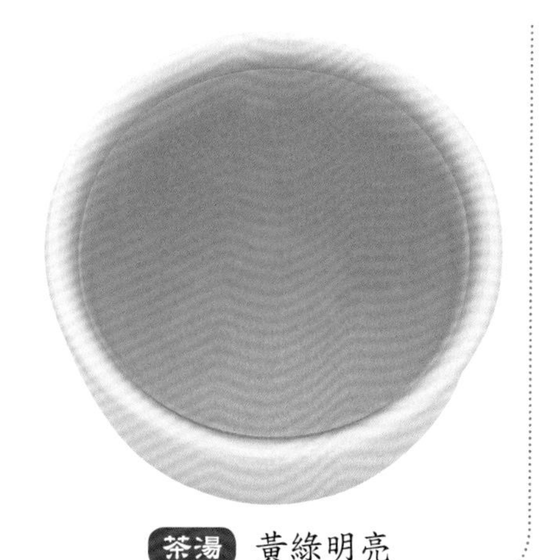

茶湯 黃綠明亮

葉底 黃綠柔軟

歷史名茶，屬花茶。創製於明清年間，福州茉莉花茶除福建所產綠茶加工窨花外，還從安徽、浙江調運烘青、毛峰、大方等綠茶，在福州薰花。福州茉莉花茶的窨製程序為：茶坯處理、鮮花養護、茶花拌和、靜置窨花、通花續窨、起花、烘焙、提花、勻堆裝箱等十幾道工序，關鍵在於茶坯原料要好；窨花之前需經烘焙含水量降至3～4%，以增強吸香性能；要選朵大、飽滿、潔白，當天成熟之花蕾；窨後的茶葉需經烘乾，去除多餘水分；提花後篩去花渣，不再烘乾，以提高產品香氣的鮮靈度。

特徵

茶形狀 - 條索細緊勻整顯毫
茶色澤 - 深綠
茶湯色 - 黃綠明亮
茶香氣 - 純正濃郁
茶滋味 - 醇厚
茶葉底 - 黃綠柔軟
產　地 - 福建省福州市

茉莉龍團珠

純正濃郁．滋味醇厚

採用福丁大白茶等顯毫品種茶芽（一芽一葉和二葉初展），經殺青、揉捻、烘焙、攤涼回潤、反複包揉整形、烘乾等工序製成龍團珠茶坯；再配以茉莉鮮花窨製而成。茉莉龍團珠的加工關鍵要掌握：(1) 窨花之前茶坯需烘焙；(2) 茉莉花要選朵大、飽滿、潔白，當天成熟之花蕾，以午後採摘為宜，採後進行養護；(3) 當茉莉花有 90% 以上達半開時進行窨製；(4) 窨製次數和用花量，根據產品級別，每窨一次配花量在 25 ～ 36 千克（每 100 千克茶坯）之間；(5) 每次窨後必須烘乾，去除多餘水分；(6) 窨製結束前，還需 6 ～ 8 千克優質鮮花提花，以提高龍團珠花茶的鮮靈度。

特徵

茶形狀 - 緊結顯毫 呈圓珠形

茶色澤 - 綠潤

茶湯色 - 黃綠明亮

茶香氣 - 純正濃郁

茶滋味 - 醇厚

茶葉底 - 黃綠柔軟

產　地 - 福建省福鼎、福安及寧德等閩東各縣

乾茶　呈圓珠形

茶湯　黃綠明亮

葉底　黃綠柔軟

橫縣茉莉花茶

茉莉烘青．花香濃郁

乾茶 勻整顯毫

茶湯 褐綠油潤

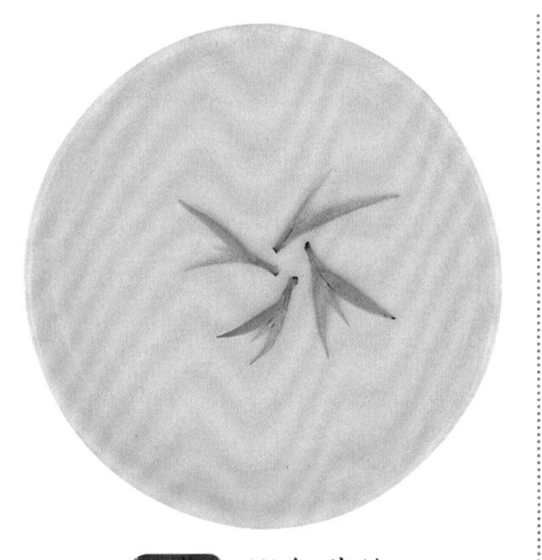
葉底 嫩勻黃綠

新創名茶，屬茉莉烘青花茶。橫縣屬南亞熱帶氣候，年降雨 1427 毫米，年平均溫度 21.5℃；土壤肥沃疏鬆，透氣性好。近年來已開發為新的茉莉花生產基地。

橫縣茉莉花茶窨製工序為：茶坯處理、鮮花維護、茶花拼和、堆置窨花、通花續窨、起花、烘焙提花、過篩、勻堆裝箱等。橫縣茉莉花茶，在提花後一般進行過篩，目的是將茶與花乾分離，棄花留茶，以免影響茶味（花蒂味苦澀）。

橫縣茉莉花茶條索細緊，勻整顯毫，香氣濃郁，上市較早，每年 4 月就有新茉莉花茶供應，因此頗受茶商和消費者的歡迎。

特徵

茶形狀 - 條索緊細
勻整顯毫

茶色澤 - 褐綠油潤

茶湯色 - 黃綠明亮

茶香氣 - 花香濃郁

茶滋味 - 濃醇

茶葉底 - 嫩勻黃綠

產　地 - 廣西省橫縣

山城香茗

香氣鮮靈．味純而濃

新創名茶，屬茉莉烘青花茶，20 世紀 90 年代由重慶茶廠研製而成。鮮葉採自生長在巴山雲霧之中的四川中小葉種和福鼎大白茶品種，採摘一芽二葉初展之鮮葉。

按烘青綠茶加工方法經殺青、攤涼、初揉、解塊、初烘、攤涼、複揉、解塊、足火製成茶坯，與重慶當地栽培的優質茉莉鮮花窨製成山城香茗。山城香茗一般為「三窨一提」花茶。產品香氣鮮靈度好，茶味純正而濃厚，優異的產品質量贏得消費者的好評。

特徵

茶形狀 - 緊細勻整、有鋒苗

茶色澤 - 綠黃尚潤

茶湯色 - 綠黃明亮

茶香氣 - 鮮濃持久

茶滋味 - 鮮醇爽口

茶葉底 - 綠黃勻亮
細嫩有芽

產　地 - 重慶市
重慶茶廠

乾茶　緊細勻整

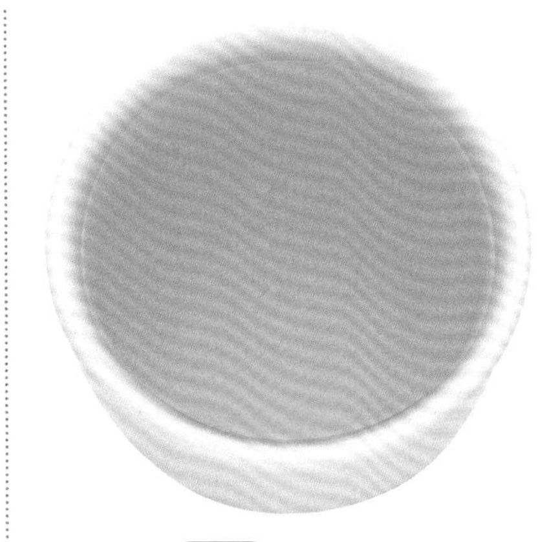

茶湯　綠黃明亮

葉底　細嫩有芽

特殊花形工藝茶

新創名茶，是一類由多個茶芽紮成形的花形茶，屬烘青綠茶類。產於福建閩東福鼎和安徽黃山市等地。

花形茶大都為手工製作，於谷雨前採摘一芽一葉尚未完全展開之鮮葉，經殺青、輕揉、初烘理條、選芽裝筒、造型美化、定型烘焙、足乾貯藏等製造工序而成，製作難度很高。

根據花源實際情況，在製作時常選用茉莉花、百合花、山茶花、金蓮花、千日紅、貢菊花、金盞菊等與茶芽一起捆紮。大都是利用花的美感和藥用價值，以提高茶的品味。如百合花含有人體必需的多種維生素、糖、礦物質及鐵、鈣等微量元素，具極高的醫療價值和食用價值。茉莉花，味辛、甘、溫，理氣開郁，避穢和中，對下痢腹痛、結膜炎等有較好療效；金蓮花有潤肺去風、消炎解暑作用，對治療咽喉炎有特效；金盞菊能涼血止血，並有抗菌消炎的功能；而貢菊花則有散風熱，平肝明目的作用，對治療風熱感冒、頭昏目眩、目赤腫痛等有較好的療效；千日紅，味甘性平，具清肝散結和止咳定喘、養顏護膚的作用。據有關數據分析顯示，茶花中的微量元素含量超越正常芽葉的含量，使其更具營養價值。

花形茶是既可飲用，又可供藝術欣賞的一種茶，沸水沖泡後，如盛開的花朵，花影茶光嬌媚悅目，徐徐舒展，千姿百態，堪稱一絕。飲花，讓您享受時尚生活，擁有浪漫人生，更有益於您的健康。花形茶，由於形狀呈花朵狀，代表喜慶吉祥之意，因此常用做婚壽、禮賓招待用茶之珍品。

沖泡方式

1. 取乾茶置透明杯中，沖入沸水。

2. 葉片徐徐舒展。

3. 包裹在葉片中的花朵也逐漸開展。

4. 最後，盛開為一朵茶中花。

特徵

茶形狀 - 呈花朵狀
茶色澤 - 黃綠或翠綠
茶湯色 - 黃綠明亮
茶香氣 - 既有茶香又有花香
茶滋味 - 醇和
茶葉底 - 嫩綠、形如盛開牡丹花
產　地 - 福建省閩東福鼎、安徽省黃山市

乾茶

金蓮霓裳

組成成分：金蓮花

乾茶

仙桃獻瑞 1

組成成分：茉莉花、千日紅

仙桃獻瑞 2

組成成分：茉莉花

百合仙子

組成成分：金蓮花

乾茶

茉莉玲瓏

組成成分：茉莉花

乾茶

茉莉花蕾

組成成分：茉莉花

花開富貴

組成成分：茶花

乾茶

金盞銀花

組成成分：金盞菊、金菊花

丹桂百合

組成成分：百合花

三色花

組成成分：千日紅、貢菊茶

第7章
泡茶

好的茶葉，要搭配適當的泡茶法，
才能沖泡出色、香、味俱佳的好茶。
水質、茶具、茶與水的比例、沖泡時間……，
每一環節都會影響茶湯的好壞。

泡茶人人都會，但並非都能泡出好茶。要泡出一杯色、香、味俱佳的好茶，首先要選擇優質的水；其次，選擇合適的茶具；第三，在沖泡過程中，掌握水溫、茶與水的比例、沖泡時間等。

明人張大複在《梅花草堂筆談》中說：茶性必發於水，八分之茶，遇十分之水，茶亦十分矣；八分之水，試十分之茶，茶只有八分耳，說明泡茶用水的選擇相當重要。按現代科學分類，水可分為硬水和軟水，泡茶用水以軟水為宜。礦泉水和純淨水是泡茶的好水；自然界中無污染的天然泉水，也非常適合用作為泡茶的水；遠離人口密集的江、河、湖水，不失為沏茶好水；自來水需經過除氯處理；因為現代空氣污染嚴重，雪水和雨水不一定是好水了。

不同的茶需選擇與之匹配的茶具來沖泡。茶具分陶器、瓷器、玻璃器具、塑料茶具、搪瓷茶具等。陶器茶具質地細膩柔韌、滲透性好，用它泡茶，既不奪茶之香又無熟湯氣，能較長時間保持茶葉固有的色、香、味，適合沖泡烏龍茶、普洱茶等；瓷器茶具，質地堅硬致密，表面光潔，吸水率低，適合沖泡紅茶、綠茶、花茶等；玻璃器具質地透明，是沖泡名優綠茶、白茶、黃茶的理想茶具；而塑料茶具、搪瓷茶具是下下選擇。

用茶量與沖水量有一定的比例，紅茶、綠茶、花茶一般 1 克茶沖以 50~60 毫升的水，烏龍茶投茶量要多些，大致是壺容積的 1/3~1/2 為好。

不同的茶沖泡的水溫應有所不同，高檔名優綠茶，由於比較細嫩，一般用 80℃左右的開水；烏龍茶葉張較大，而普洱茶一般是用緊壓茶型，因此要用 100℃的開水沖泡，花茶和大宗紅綠茶用 90℃左右的水就可以了。

泡茶時間與用茶量、水溫有關，用茶量大，水溫高，沖泡時間可縮短，用茶量小、水溫低，沖泡時間可延長。

在本章中，將會以圖片依序說明大茶壺泡茶法、玻璃杯泡茶法、蓋碗泡茶法以及小茶壺泡茶法。

茶·具·介·紹

茶盤 用以盛放茶杯或其他茶具的盤子。

玻璃杯 品茗所用的杯子。

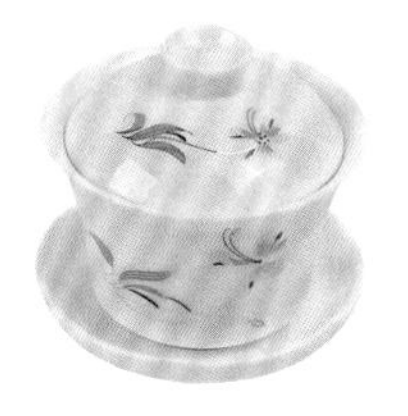

蓋碗杯 連托帶蓋的茶碗。

茶船 盛放茶壺、茶杯的器具，當水入壺中溢出時，可將水接住（碗狀和雙層茶船）。

茶壺 用來泡茶的主要器具，有白瓷茶壺和紫砂茶壺等。

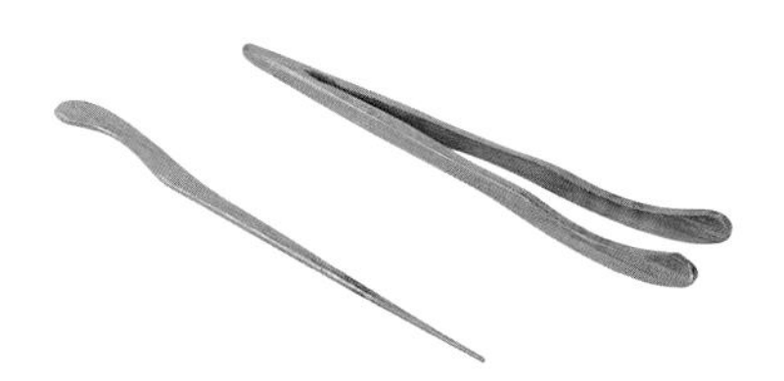

茶針與茶夾 用來清理茶壺內的茶葉底。

水盂 盛接棄茶水的器皿。

茶巾 用來擦乾茶具底部的水分。

茶匙 可將茶葉直接撥入茶壺。

茶筒 內可插茶匙、茶則、茶漏等的竹器。

公道杯 分茶用具，使茶湯均勻一致。

水壺 煮水用的壺，常見是不鏽鋼，也有用陶土或玻璃製成。

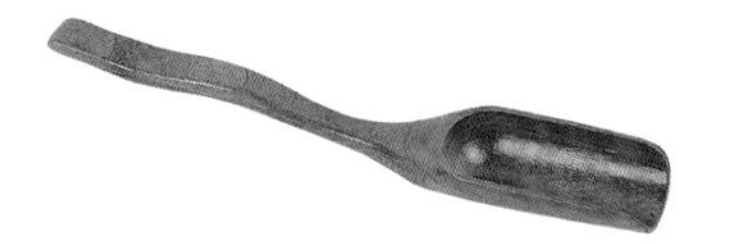

茶則 從茶罐中取茶葉放入壺中的器具。

茶漏 置茶時，放於壺口上，方便導茶入壺。

茶罐 放茶葉的器具。

一、大茶壺泡茶法

大茶壺，我們指的是體積稍大的陶質或瓷質茶壺，可用來沖泡大宗紅茶、大宗綠茶，中、低檔花茶等。以大宗綠茶為例，沖泡程序為佈具→溫壺、溫杯→置茶→沖泡→分茶→奉茶。

1. 佈具：準備瓷茶壺，白瓷小茶杯。

2. 溫壺、溫杯：將開水倒入茶壺和小茶杯，當壺、杯溫升高後，把水倒入水盂。

3. 置茶：用茶匙將茶葉撥入茶壺，茶葉視壺的大小而定，一般以每克茶配以50～60毫升的水為宜。

4. 沖泡：水溫以90℃～95℃為宜，用迴旋高沖的手法將水沖至滿壺。

5. 分茶：將茶水均勻地倒入茶杯。

6. 奉茶：將茶奉送給客人品用。

茶道表演者簡歷 王玉雯，1983年2月出生，畢業於上海海藝學校茶藝班，於2003年取得首屆高級茶藝師職稱，並多次為中外賓客表演茶道。曾先後到摩洛哥、法國、香港等地進行茶道表演。2002年在上海召開五國元首會議期間，為元首夫人們表演茶道，獲得一致好評。

二、玻璃杯泡茶法

玻璃杯晶瑩透明，用於泡茶可以充分觀賞茶的形態。高檔名優綠茶，因外形秀麗、色澤翠綠，一般用玻璃杯沖泡。玻璃杯也可沖泡白茶、黃茶等。這裡以西湖龍井為例，沖泡程序如下：

1. 備具：準備玻璃茶壺、玻璃杯 3 個，茶罐、茶盤、茶巾、茶匙、茶則、茶樣盤各 1 個。

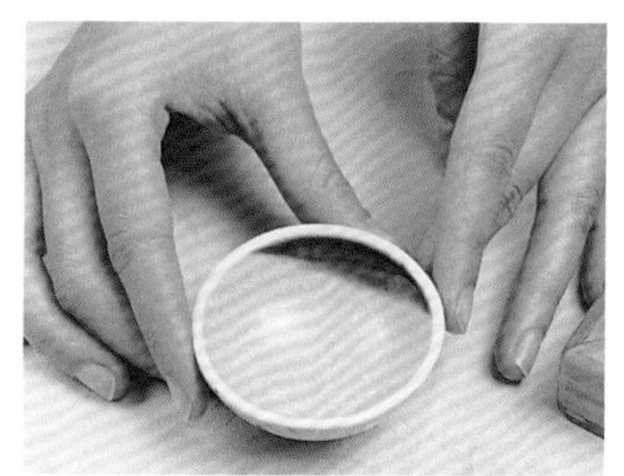

2. 取賞茶盤：從茶盤中取出賞茶盤，放在桌子一邊。

3. 折茶巾：將茶巾折成長方形。

4. 置杯：在茶盤中把玻璃杯逐個放好。

5. 溫杯：右手提水壺逐個加開水至杯子的 1/3 處。

6. 湯杯：左手托杯底，右手握杯口，使水沿杯口轉 360 度。

7. 棄水：當杯溫慢慢升高時，把水倒入水盂。

8. 打開茶罐：右手拿茶罐蓋打開。

9. 取茶：用茶則取出茶葉。

10. 置茶樣：將茶葉至於茶樣盤上。

*11.*理茶：用茶針整理茶葉。

12. 賞茶：供賓客賞乾茶的色澤和外形，聞茶香。

13. 置茶：右手拿茶則，按順序均勻地將茶葉分入各杯，每杯加入茶葉 3 克。

14. 浸潤泡（潤茶）：右手提水壺，向茶杯內注入開水，至杯子容量的 1/4 左右（水溫約 80℃）。

15. 搖香：左手托杯底，右手托杯身，逆時針迴轉三圈，約 20 秒鐘，使茶葉浸潤，孕育茶香。

16. 聞茶香：把茶杯提至鼻端，繞圈來回細聞。

17. 沖泡：右手提水壺，用三升三降（鳳凰三點頭）的方法，使水柱均勻，加水至 7 分滿。

18. 奉茶：將泡好的茶用雙手依次端送給賓客，伸出右手示意，說：「請用茶」。

三、蓋碗泡茶法

連蓋帶托的蓋碗，可用來沖泡高、中檔花茶。品飲花茶，重在欣賞香氣，蓋碗具有較好的保持香氣的作用。也可用來泡綠茶，但不加蓋，以免燜黃芽葉。此外，蓋碗也可用於黃茶、白茶及紅茶的沖泡。以茉莉花茶為例，沖泡程序如下：

1. 備具：將用具置於泡茶桌上（蓋碗3只，茶罐、茶盤各1個，茶巾1條，茶荷1副，賞茶盤1只）。

2. 取蓋：一次取下蓋碗之蓋。

3. 溫具：沖沸水入碗。

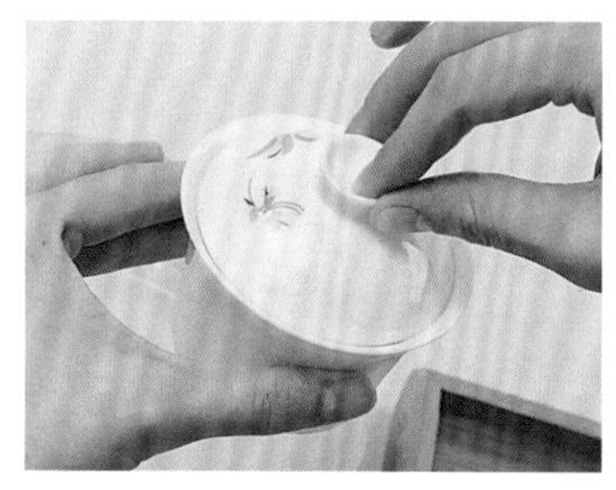

4. 燙杯：加蓋，左手托碗底，右手按蓋，轉動手腕，使水旋轉。

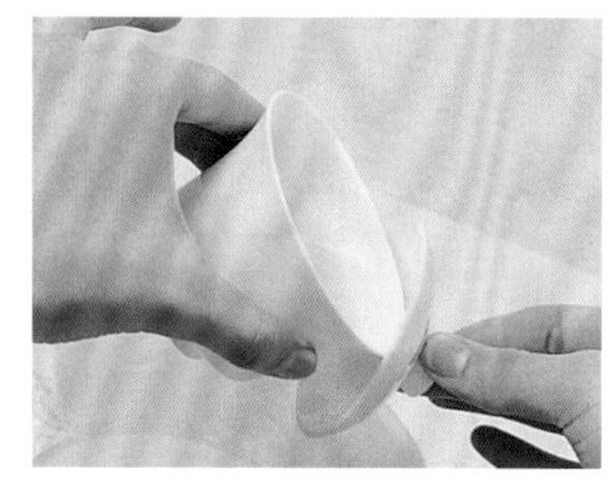

5. 棄水：左手握茶碗，右手握碗蓋，將水順勢倒入水盂，蓋上碗蓋。

6. 翻蓋：翻蓋碗之蓋放在茶巾上。

7. 置茶：用茶則從茶罐中取出茶葉，置於茶碗，約3～4克，茶水比例為1：50～60。

8. 賞茶：供賓客賞乾茶的色澤和外形，聞茶香。

9. 浸潤泡（潤茶）：手提茶壺，依次向茶杯內注開水，至茶碗1/4處（水溫為90℃）。

10. 沖泡：掀蓋，右手提水壺，採用迴旋斟水高沖低斟的手法加水至8分滿。

11. 加蓋：茉莉花茶沖泡時為了防止香氣散失，邊沖泡邊加蓋。

12. 燜茶：加蓋燜茶。

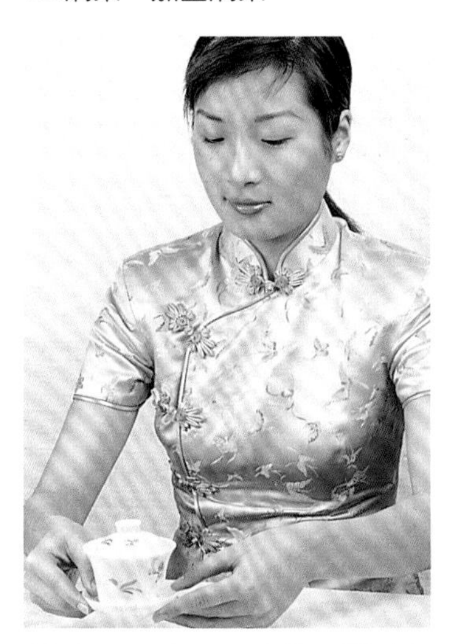

13. 奉茶：將泡好的茶用雙手有禮貌地送給賓客。

女士品茶

1. 以蓋撇沫：接茶後，用左手托盤，右手將杯蓋翻動茶湯撇去沫。

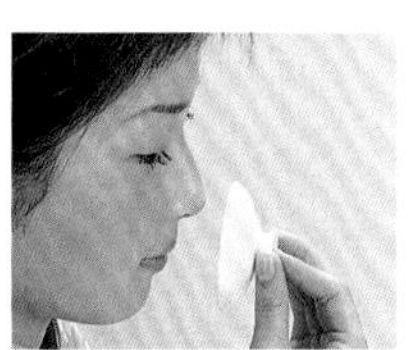

2. 取蓋聞香：左手托起杯托，右手拿蓋，聞蓋上茶香。

3. 斜蓋成流：按住碗蓋，留下縫隙。

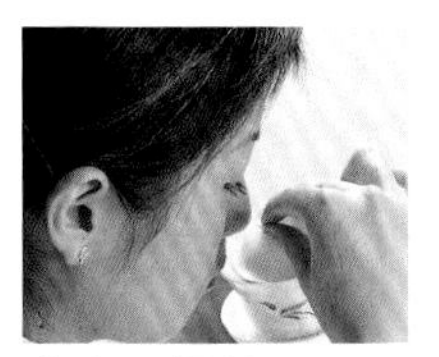

4. 小口細品。

男士品茶

1. 以蓋撇沫：右手將碗蓋由裡到外翻茶湯後撇去沫。

2. 取蓋聞香：右手拿蓋，聞蓋上茶香。

3. 拿杯：以右手拇指和中指夾住杯沿，食指按住碗蓋，略露縫隙。

4. 品飲。

四、小茶壺泡茶法

小茶壺指的是江蘇宜興產的紫砂壺，紫砂壺保溫性能好、透氣度高，即使久放茶水也不會產生腐敗的餿味，用紫砂茶壺泡茶能充分顯示茶葉的香氣和滋味。常用做泡烏龍茶、普洱茶等。以烏龍茶沖泡為例，介紹閩式（福建）小茶壺泡茶法。

1. 備具：小茶杯、紫砂茶壺、茶罐、茶筒（內裝茶斗、茶匙、茶夾各 1 件）、茶巾。

2. 翻杯：用右手逐個翻杯。

3. 賞茶：用茶匙從茶罐中取出少量茶葉，置於賞茶杯中。

4. 取壺蓋：左手拿壺蓋，沿壺口逆時針畫圓取下，置於茶巾上。

5. 溫壺：用開水沖入壺中，至壺 1/3 左右，使壺溫升高。

6. 加蓋：沿壺口順時針畫圓加蓋。

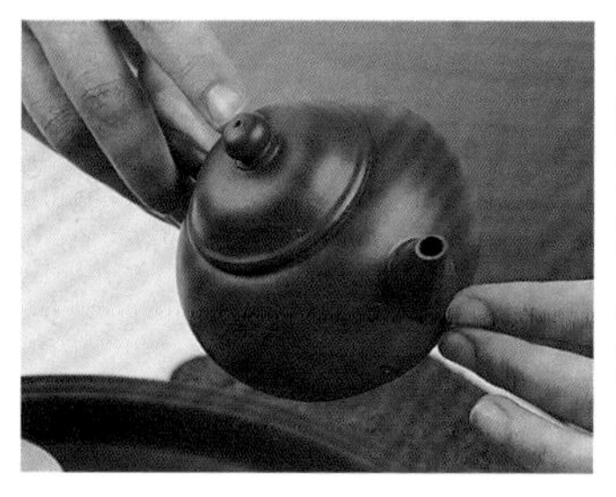

7. 旋轉茶壺：右手握壺柄，左手托壺旋轉，以保持茶具潔淨，並利於提高茶具本身溫度。

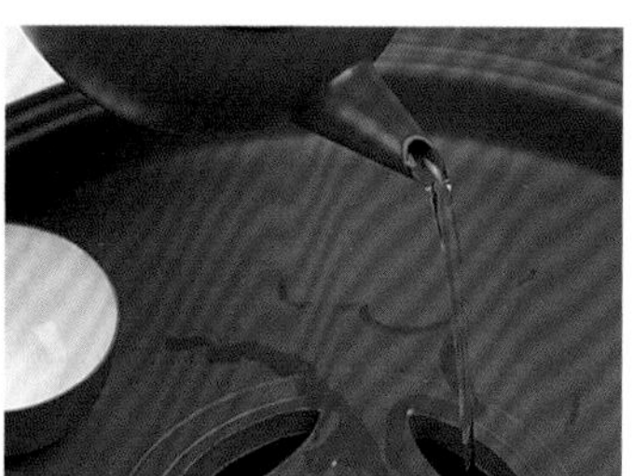

8. 棄水：將水倒入茶船裡。

9. 開蓋： 打開壺蓋。

10. 取茶漏：手托茶漏從茶斟組合上取出。

11. 置茶漏：將茶漏置於茶壺上。

12. 置茶：用茶匙從茶罐中取出茶葉，置於茶壺中。

13. 取茶漏：雙手取出茶漏置於茶斟組合上。

14. 沖水：右手提壺對準壺中沖入沸水。

15. 燙杯：蓋上壺蓋搖動茶壺，右手再提壺逆時針依次將水倒入杯中。

16. 沖泡：提起水壺，投準壺中，水柱均勻不斷沖入壺裡，水量以溢出壺蓋沿為宜，水溫為100℃。

17. 刮沫：用壺蓋輕輕旋轉刮去在壺上的泡沫。

18.淋壺：用水沖淋壺身，以提高壺溫，充分泡出茶的香味。

19.燙杯：採用獅子滾球法，右手依次拿杯，放入另一杯中輕輕滾 。

20.行雲流水：提起茶壺，在層盤邊緣繞轉半周，刮去壺底的水珠。

21.關公巡城：食指輕壓壺頂蓋珠，中、拇指緊夾壺把手。依次來回往各杯中點斟茶水。

22.韓信點兵：將壺裡最後幾點茶汁斟入各杯，使茶湯滋味濃淡一致。

23.奉茶：用手勢表示請用。

《滇紅的創始人──馮紹 》 馮紹裘，字挹群，1900年出生。河北保定農業專科學校畢，畢業後即投身茶業教學研科。1933年開始試製寧紅，1934年因改良祁紅成名，時任職中茶公司擔任技術專員。1938年馮紹裘轉往順寧，精選了鳳山鮮葉試製紅茶，試製之成品外形金色毫黃、湯色紅濃明亮、葉底紅艷發光、香味濃郁，命名為「滇紅」。後將茶樣寄至香港，因其高超品質轟動茶界。從此，可與印度斯里蘭卡茶媲美的世界一流紅茶誕生。

第8章
多樣的飲茶習慣

「茶」和中國人的生活密不可分，
在多民族的文化下，
也衍生出了多樣化的飲茶習慣及飲茶禮儀。

茶是中國人生活中不可缺少的生活資料，客來敬茶，更是中國人民的傳統禮節。大凡賓客來訪，人們總少不了敬茶一杯，以示禮貌。中國是多民族的國家，由於地理分布、傳統習慣和文化上的差異，各自形成了特有的茶飲方式。

一、漢族細啜烏龍茶

小杯啜烏龍，是漢族品茶的一種獨特習俗。流行于廣東潮州和福建樟州、泉州、廈門等地。

烏龍茶的品飲，首先要有一套古色古香的茶具，人稱「烹茶四寶」。一是玉書碨，是一只扁形赭褐色瓷質燒水壺；二是汕頭風爐；三是孟臣罐，能容水 50 毫升的茶壺，赭石色，小如香木緣，器底刻有「孟臣」鈐記，茶壺底下還襯有一盂（水盤）；四是若琛甌，是一種小得出奇的茶杯，約半個乒乓球大小，僅能容納 4 毫升茶水。常為 4 只，置於橢圓形茶盤中。杯、盤、盂都為一色青釉，白底藍色。

烏龍茶的沖泡和品飲別具一格。一般先將茶壺、茶杯分別入盂，用開水一一沖燙洗滌，爾後，壺內置半壺以上烏龍茶，即以滾燙開水沖至壺口，用壺蓋撥去表層白沫，並加蓋，以保其香。再用開水從頂部沖下殺菌保溫。略等片刻，提起茶壺巡迴注茶水於小茶杯中，使茶湯濃度均勻一致。品茶時，不能一飲而盡，應拿起茶杯（若琛甌），先聞其香，後品其味。一旦茶湯入喉，便會感到口鼻生香，潤喉生津「兩腋生風」，給人以一種美的享受。烏龍茶的品飲目的不在飲茶解渴，主要在於鑑賞其香氣與滋味。

烏龍茶歷來以香氣濃郁，味厚醇爽，入口生香而著稱，其中廣東潮安的鳳凰「單樅」，福建武夷山的「水仙」、「肉桂」，安溪的「鐵觀音」、「黃金桂」，台灣的「凍頂烏龍」均是烏龍茶之上品。烏龍茶自問世以來，一直是中國茶葉寶庫中一朵永不凋萎的鮮花。前幾年日本掀起烏龍茶熱，席捲全國，至今不衰。現在東南亞各國視烏龍茶為茶中珍品，以重金購買，也在所不惜。

二、藏族愛喝酥油茶

到藏族人家作客，主人必先獻上一碗酥油茶。

西藏地處高原，氣候寒冷而乾燥，藏族同胞常年以肉食為主，蔬菜甚少，茶葉成了人體維生素等營養成分主要來源，因此「寧可一日無米，不可一日無茶」。統計資料表明，西藏年人均消費茶葉 15 公斤，為全國之冠。

酥油茶是藏族同胞飲茶的主要方式和作為招待客人的重要禮節。每當賓客至家，主人總是奉獻一碗醇香可口的酥油茶以示敬意。據傳，唐貞觀十五年（公元 641 年）文成公主入藏與松贊干布完婚時，帶去大批精美工藝日用品及酒、茶等土特產。文成公主創製了奶酪和酥油，並以酥油茶賞賜群臣，從此漸成風俗。

酥油茶的製法

酥油茶的製法是先將磚茶搗碎加水煮沸，熬製成汁，傾入木製或銅製的長圓形茶桶，加適量的酥油和少量鮮乳，經充分混合而成，有時也加一些胡桃、芝麻粉、花生仁、瓜子仁、松子仁和鹽巴等佐料。製好的酥油茶裝入茶壺，在文火上保溫，隨飲隨取，可以單飲，也可以與糌粑粉合成團，與茶共飲。

喝酥油茶非常注重禮節。賓客一到，主婦就會在客人座桌面前擺上茶碗，倒上酥油茶，熱情地說：「甲通，甲通（藏語：請喝茶）！」。客人用茶時，不可急於一飲而盡，在當地風俗中認為這是不禮貌的，應在喝第一碗時留下少許，以表示主婦手藝不凡，酥油茶製得好，還需再喝。喝上二、三碗後，如不想再喝，就將喝剩茶腳潑在地上，表示足夠，主人也就不再倒茶。

三、廣東早茶最盛行

廣東人喜歡喝茶，而且習慣於坐茶樓。羊城早茶由來已久，相傳在漢高祖時，廣州屬南越，趙佗被人封為南越王。趙佗喜歡飲茶，每日清晨帶僚屬去臨江茶樓煮飲，居民受其影響，上茶樓飲茶便漸成風俗。

廣東茶樓，一日三市，以早茶最盛。廣東人把早茶的「一盅兩件」（即一盅茶兩道點心）當成「人生一樂事」。在茶樓，家家備有紅茶、綠茶、烏龍茶、六堡茶、普洱茶與香片等各種茶葉品類，以及燒賣、叉燒包、水晶包、牛肉粥、魚片粥、蝦仁粉腸等廣式名點。早茶一般清晨6時開始，10時結束。在工餘之日，隨同全家老小或邀請幾位至親好友，登上茶樓，圍坐在四方桌旁，無拘無束，暢談家事國事，超然灑脫，使人一身輕鬆之感。現在廣式早茶已不限於羊城，全國各大中城市已廣為流傳。

四、江南水鄉熏豆茶

熏豆茶是流行於江南水鄉浙江湖州一帶的民間茶飲。始於唐代。據傳這一習俗與陸羽有關。唐廣德二年（公元764年）春秋時節，陸羽經德清去余杭，在東苕溪沿岸考察茶情時，傳授的煎茶技藝。

熏豆茶在湖州，一般用來招待賓客或在「打茶會」時使用。「打茶會」是湖州一帶特有風俗。凡已婚婦女，每年都要在本村相互請喝茶三至五次。事先約好日期，主人在約好的那天下午，劈好柴爿，洗好茶碗和煮好茶水，在家等候姐妹們的到來。客人一到，主人就搬出珍藏家中的茶罐（石灰缸），取出細嫩的茶葉，再加入近百粒事先製好的熏青豆、胡蘿蔔乾絲、野芝麻、橘皮等，用沸水沖泡於蓋碗杯中，蓋上5分鐘，開啟碗蓋，清香撲鼻，熏青豆在碗中翻浮飄蕩，紅、綠、黃三色相間，溢散出嫩茶清香與熏豆鮮味。婦女們邊品茶，邊話家常，談笑風生，熱鬧非凡。「打茶會」是鄉間婦女聚會的一種方式，千百年來，流傳不衰！

五、傈僳族人雷響茶

雷響茶是傈僳族人茶飲方式和待客禮儀，流行於雲南怒江一帶傈僳族聚居地區。傈僳族人家裡來客，主人會捧出大、小瓦罐，親自煮茶待客。大瓦罐用於煨開水，小瓦罐用於烤餅茶。將碾碎的餅茶烤香後，用開水沖入小瓦罐中煮5分鐘，濾去茶渣後，茶汁倒入酥油桶，再加酥油及炒熟碾碎的核桃仁、花生米等，最後將鑽有洞孔的鵝卵石用火燒紅放入桶內，以提高茶湯溫度，融化酥油。此時鵝卵石會在桶內作響，有如雷鳴，故稱「雷響茶」。由於酥油與茶難以融合，因此需用木桿在桶內上下攪拌數百下，使其充分融化後，倒入茶碗，並趁熱待客。雷響茶有鹹、甜兩種口味，加鹽或糖，在製作時可任意選擇。

六、蒙古包裡喝奶茶

蒙古族愛喝奶茶，每年人均消費茶葉多達7～8公斤，在全中國也很少見。人人都說「民以食為天，一日三餐（飯）」是不可少的，但蒙古人民卻習慣於「一日三茶一餐」。即每天早、中、晚都喝奶茶，只在傍晚收工後才進餐一次。蒙古人的奶茶製法，以青磚茶為原料，先將茶磚搗碎，放入銅壺加水煮開，再加適量的牛（羊）奶和少許食鹽即成。粗看十分簡便，但要製好鹹奶茶也雖非易事。如用什麼鍋煮茶，茶放多少，水加幾成，何時加鹽，用量多少，先後次序等都應恰到好處，只有在器、茶、奶、鹽、溫相互協調時，才能壺出醇香可口的好奶茶。牧民們在喝奶茶時，習慣同時吃一些炒米、油炸果之類點心，因此雖一日只進餐一次，亦無飢餓之感。

七、桃花源裡喝擂茶

擂茶，又名「三生湯」。是一種用生葉（鮮茶葉）、生米仁、生薑，經搗碎加水烹煮而成一種多味茶，流行於湖南常德市桃江一帶。

製作時，先將三種原料放入用山楂木製的擂缽中，用力將其搗成糊狀，再用沸水沖泡後煮沸，即成乳白色的擂茶。依各人的嗜好不同，在擂茶中加糖或鹽，甚至炒熟的芝麻、花生米、黃豆、南瓜子等。

擂茶所需的工具。

傳說擂茶初作藥用，遠在三國時蜀國將領張飛南征五溪，駐紮桃花源烏頭村一帶，一夜之間瘟疫流行，軍士病倒大半。焦急之際，從山灣深處走來一位老嫗，擂製了「擂茶 — 三生湯」，讓軍士沖服，軍士竟然痊癒。此後，當地居民爭相飲用，沿襲至今，遂成習俗。

八、納西族愛龍虎鬥

龍虎鬥是一種民族茶飲方式和待客禮儀，用茶和酒沖泡調和而成，流行於雲南納西族聚居地區。其製法是先將茶葉置於小陶罐中，在火塘邊烘烤，待茶呈焦黃色時，沖入開水用火熬煮。在空茶盅中倒入半盅白酒，待茶煮好後，將茶水沖入盛有白酒的茶盅（切不可反過來，將酒倒入熱茶內），此時杯中會發出悅耳聲響，引客歡笑，隨即將茶盅送給客人飲用。龍虎鬥具提神、解勞和預防風寒的功效，據當地人講，一旦感冒的病人喝下這杯「龍虎鬥」，便會渾身發汗，頓覺身心輕快，感冒全消，飲「龍虎鬥」遠勝治感冒藥物。

九、桂北擅長打油茶

打油茶是流行在廣西北部侗、壯、瑤、苗、漢多民族聚居地的一種民間飲茶習俗。當地各民族風情雖有不同，但家家戶戶都習慣於打油茶，人人喝油茶。

打油茶起源何時，已無法考証，老人都說是祖輩傳下來的。打油茶的做法，先是放茶油入鍋，再倒進茶葉翻炒，至發出茶香時加芝麻、鹽、生薑等佐料，再加水煮沸，撒上蔥花即成。油茶是當地人民一種生活必需品。因此，自然成了一種招待客人的高尚禮遇。但待客油茶更為講究，事先要準備好美味香脆食品，諸如雞塊、豬乾末、魚子、花生米、爆米花等，分別裝入茶碗。再把打好的滾燙油茶注入盛有食品的茶碗之中。打好油茶，主人彬彬有禮把筷子、油茶一一獻給客人。客人起身雙手接茶，慢慢品嘗。按照當地風俗，客人一般需飲三碗。茶行三遍，才算對得起主人，所以有「三碗不見外」之說。

十、白族崇尚三道茶

三道茶是雲南白族的民間茶俗。起源於公元 8 世紀南詔時期，流行於雲南大理白族居住地區。白族人家，不論逢年過節，生辰壽誕，男婚女嫁等喜慶日子，還是在親朋好友登門造訪之際，主人都會以「一苦二甜三回味」的三道茶款待賓客。

身穿傳統服飾的白族少女。

大凡賓客上門，主人依次向賓客敬獻苦茶、甜茶和回味茶，既清涼解暑，滋陰潤肺，又陶情養性，寄寓「一苦、二甜、三回味」的人生哲理。

第一道苦茶，採用大理產的感通茶，用特製的陶罐烘烤沖沏，茶味以濃釅香苦為佳。白族稱這道茶為「清苦之茶」。它寓意做人的道理：「要立業，就要先吃苦。」第二道甜茶，以下關沱茶、紅糖、乳扇、核桃為主要原料配製，其味香甜適口，寓意「人生在世，做什麼事，只要吃得苦，才會有甜香來」。第三道回味茶，以蒼山雪綠茶、冬蜂蜜、椒、薑、桂皮等主料泡製而成，生津回味，潤入肺腑。它寓意人們，要常常「回味」，牢記住「先苦後甜」的哲理。

主人款待三道茶，一般每道之間相隔 3 ～ 5 分鐘。另外，除茶外在桌上還擺放瓜子、松子、糖果之類，以增加品茶情趣。

這就是道地的白族三道茶。

三道茶的沖泡法

1 白族三道茶中的第一道茶──苦茶。

2 白族三道茶中的第二道茶──甜茶。

3 白族三道茶中的第三道茶──回味茶。

十一、彝族流行罐罐茶

居住在雲南思茅地區高山的彝族人民，平時食用蔬菜甚少，茶自然成了當地人民不可缺少的生活資料。喝茶在城市和鄉村方式不一，城市多為清茶沖飲，而農村則普遍流行喝罐罐茶。

罐罐茶是中下檔炒青綠茶，經罐內熬製而成，故得名。熬茶罐用陶土燒製而成，罐高約 10 厘米，口徑 5 厘米，罐腹 7 厘米。當地人認為，用土陶罐煮茶，通透性好，散熱快，茶湯不易變味，有利於保香、保色和保味。

罐罐茶的煮法特異，先往罐內裝小半罐水，置於火上煮，水沸後放入茶葉 5 ～ 8 克，邊煮邊拌，使茶水相融，煮沸片刻後，再加水八成滿，到再次沸騰，即可傾湯入杯，小口飲呷。罐罐茶味濃烈而苦澀，起提神、去膩、袪病作用，當地人早上出工前和晚上收工後，都少不了喝幾杯，久而久之成了習俗。

罐罐茶的沖泡法

1 準備所需的物品

2 烤罐

3 放茶葉

4 聞香

5 沖泡

6 分茶

第9章
茶與健康

茶含有豐富的營養成分，
具有調解人體機能的作用，
對健康有實際的效益。

神農嘗百草，日遇七十二毒，得茶而解之。可見茶最早是做為藥物用途的，歷代醫家名流對茶的藥用價值都有詳盡記述。從醫藥角度而言，茶葉有以下幾個特點：

一、茶葉中豐富的營養成份

人體中含有86種元素，而茶葉中已查明存在有28種元素，其中氟、鉀、錳、硒、鋁、碘等幾種元素含量很高。每天飲茶10克透過茶湯飲入的鉀達到人體每日需要的量6～10%，錳可達到一半左右。氟的含量在茶葉中比其它植物都要高，占人體需要的量60～80%。

茶葉中還含有多種維生素，尤其是維生素C的含量，綠茶中每100克含100～250毫克，可與動物肝臟、檸檬相媲美，紅茶的維生素C含量不高。維生素B的含量在各種綠茶中約每100克含200～600 μg，烏龍茶和紅茶的含量較低，約在100～150 μg，每杯茶約有2～3 μg，維生素 B_2（核黃素）的含量也是綠茶稍高於紅茶，綠茶的含量約為每100克茶葉中1.2～1.8mg，紅茶和烏龍茶為0.7～0.9mg，維生素 B_2 在水中的溶解度較低，每杯茶含量約17～34 μg，維生素 B_5（菸酸）在茶葉中的含量也較高，100克綠茶中含5～7.5mg，紅茶高於綠茶，在10mg左右，由於維生素B群一般易溶於水，因此泡茶時大部分進入茶湯。維生素E雖在茶葉中的含量高於其他食品，但它是脂溶性化合物，因此泡茶時不易泡出。維生素K的含量每100克茶中有300～500國際單位，每天飲茶5杯即可滿足人體需要。每100克乾茶中維生素P的含量為300～400mg。除維生素外，茶葉中還含有2～4%氨基酸，尤其是綠茶中含量更高。其中茶氨酸是茶葉中特有的氨基酸，具有消除人體緊張狀態，同時具有抗癌效果。

茶葉中含有0.3～1.0%單糖（葡萄糖、果糖），0.5～3%雙糖（麥芽糖、蔗糖等）和1～3%多糖，其中單糖和雙糖易溶於水，多糖不溶於水，但對人體具有降血糖效果。

二、調節人體機能的作用

從醫學體系而言，包括預防醫學、治療醫學和康復醫學。茶葉除了提供營養成份外，還是一種良好的人體機能調節劑，因此，從預防醫學和康復醫學角度而言，茶是很有價值的保健食品。

根據目前研究顯示，茶葉具有以下作用。

1. 預防衰老：

人體中脂質過氧化過程和過量活性氧自由基的形成是人體衰老的主因，茶葉中的多酚類化合物具有良好的抗氧化活性和抑制脂質過氧化的功能，以及清除自由基的作用，效果甚至超過維生素 C 和 E。因此在日本、韓國和中國已將綠茶多酚開發成一種抗老化的輔助藥物。

2. 提高免疫機能：

人體包括兩個免疫系統，一是血液免疫，飲茶可以提高人體白血球和淋巴細胞的數量和活性，增加免疫功能；二是腸道免疫，人體腸道中的有益細菌（如雙歧桿菌）起著腸道免疫的功能，飲茶可以使腸道中有益細菌數量明顯增加，使大腸桿菌、赤痢菌、沙門氏菌等有害細菌數量減少，免除腸道疾病的發生。

3. 降壓、降脂：

高血壓是人類常見病。從中醫學講，高血壓為真陰虧虛，虛火內燃所致，而茶葉具清熱作用，因此具降壓功能。從西醫學講，高血壓受血管緊張素調節，血管緊張素分 I 、II 兩型， I 型無升壓活性，II 型具升壓活性，飲茶可以降低 II 型血管緊張素活性，因此具降壓功能。在中國的傳統醫學中有不少以茶為主的複配藥方治療高血壓和冠心病。根據對人群中飲茶和高血壓間的調查顯示，喝茶的人群比不喝茶的人群有較低的高血壓發病率。

血液中脂質含量過高是中年人的常見病。血脂高會使脂質在血管壁上沉積，引起冠狀動脈收縮，動脈粥樣硬化和形成血栓。血脂高是指血液中膽固醇、三酸甘油酯含量偏高。膽固醇又可以分低密度膽固醇和高密度膽固醇，前者是有害的膽固醇，具有促進人體動脈粥樣硬化的不良作用，後者是有益的膽固醇，具有預防和改善動脈硬化的功效。飲茶証明可以降低低密度膽固醇和提高高密度膽固醇的功效，同時可以增加體內脂肪的分解，起到減肥的作用。

4. 降血糖，防治糖尿病：

糖尿病是當今社會中的一種常見病，是一種以高血糖為特徵的代謝內分泌疾病。茶具有降低血糖的作用，對糖尿病有明顯療效，中國傳統醫學中就有以茶為主要原料的配伍用以治療糖尿病。

5. 防齲齒：

齲齒是人類，特別是城市居民的常見病。齲齒的病因是細菌，最重要的是變形鏈球菌，飲茶防齲的作用有三個方面：一是茶葉中含有高量的氟，氟可以置換牙齒中的羥磷灰石中的羥基，變成氟磷灰石，對齲齒菌所分泌的酸有較強的抵抗力。二是茶葉中的兒茶素類化合物對齲齒細菌有很高的殺菌力；三是茶葉中的兒茶素類化合物可以抑製齲齒細菌本身分泌的一種酶，這種酶的作用是將口腔中的蔗糖變為葡聚糖，使得牙齒表面的電荷發生改變，使得牙齒表面的電荷與細菌的電荷不一樣，這樣齲齒菌就可以附著在牙齒表面。而兒茶素類化合物對這種酶有強的抑制作用，這樣就不能形成葡聚糖，齲齒菌就不能粘附在牙齒表面。根據中國、日本、美國進行的大量調查研究表明，每天飲茶一杯可使齲齒率明顯下降。目前中國、日本、韓國都有把粗茶的提取物加入牙膏中，具有很好的防齲效果。

6. 殺菌抗病毒：

茶葉中的兒茶素對許多有害細菌（如金色葡萄球菌、霍亂弧菌、鼠傷寒沙門氏菌、腸炎沙門氏菌等）具有很強的殺菌和抑菌效果，在中國和俄羅斯都有飲用濃茶葉煎汁防治腸道疾病的報導，其效果與黃連素的效果相仿，而且持效長久。此外，茶葉對人體皮膚的多種病原真菌有很強的抑制作用。

7. 抗癌抗突變：

癌症是當今世界上引起人類死亡率最高的疾病之一，根據中國、美國、日本等許多國家進行茶葉中兒茶素類化合物對多種人體癌症（如皮膚癌、肺癌、胃癌、乳房癌等）進行活體內和臨床實驗。結果表明，茶葉中的兒茶素對多種癌症具有明顯的預防和一定的抑制、治療效果。這種效應表現為腫瘤數量變少，大小變小，患有腫瘤的比率下降。在中國和日本的流行病學調查也証明飲茶和皮膚癌、胃癌、口腔癌、肝癌有明顯負相關。

由此可見，飲茶有益於健康，茶葉不僅是飲品，還具有防齲、降壓、降血脂、降血糖、預防動脈粥樣硬化、預防腦血栓、預防糖尿病、防衰老、防輻射、抗癌抗突變，殺菌抗病毒等功效。

宋代著名詩人蘇東坡寫有：「何須魏帝一丸藥，且盡盧仝七碗茶」。

請君多飲茶。

名茶索引（依筆劃排列）

九劃

十劃

十一劃

十二劃

十三劃

十四劃

十五劃

十六劃

十七劃以上

名茶索引（依省別排列）

江蘇省

浙江省

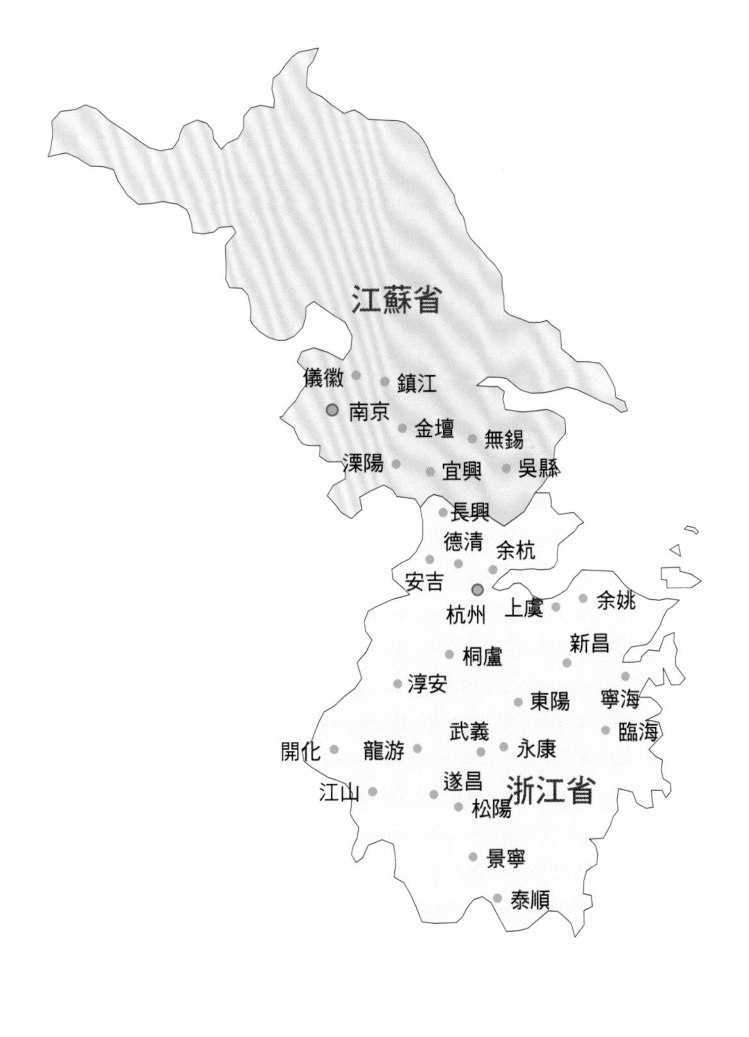

安徽省

福建省

安徽省
合肥
六安
金寨
舒城
蕪湖
郎溪
霍山
宣州
桐城
岳西
涇縣
潛山
績溪
休寧
歙縣
祁門
黃山
廬山
江山
上饒
南昌
江西省
武夷山
松溪
壽寧
福鼎
政和
柘榮
周寧
建陽
福安
霞浦
屏南
寧德
福州
遂川
福建省
永春
泉州
安溪
平和

江西省

山東省

鄭州
河南省
丹江口市
信陽
光山
固始
湖北省
武漢
恩施
五峰
蒲圻
臨湘
漢壽
桃源
沅江
桃江
益陽
沅陵
安化
寧鄉
長沙
湖南省
石門
永興
資興

河南省

湖北省

湖南省

廣東省

廣西省

四川省

重慶市

貴州省

雲南省

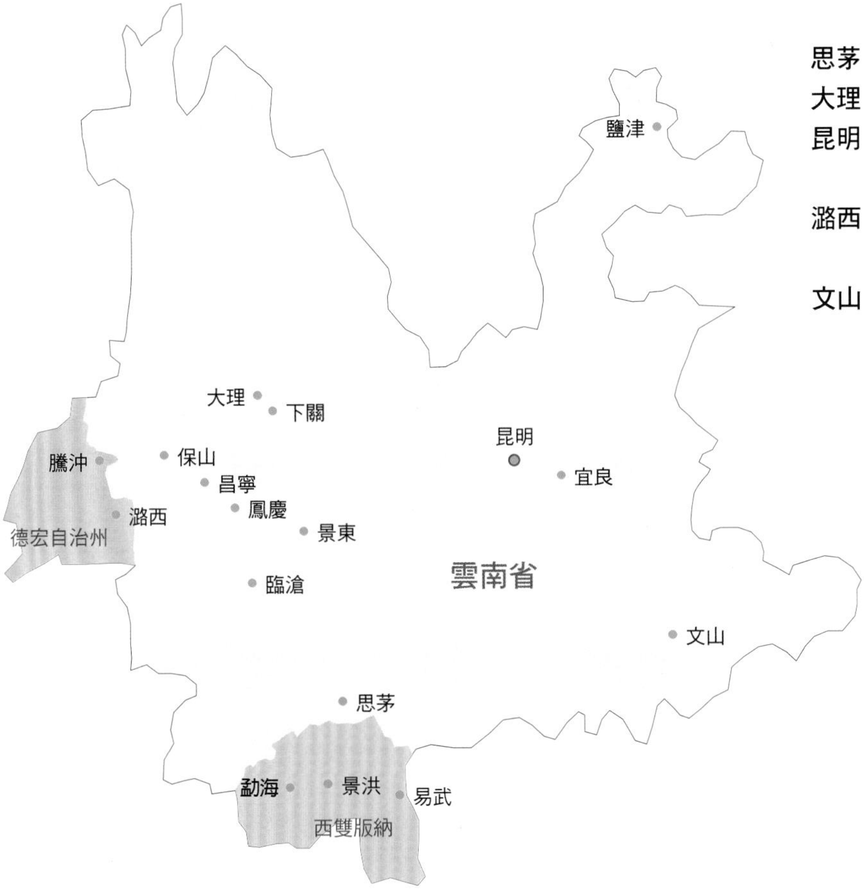

海南省

甘肅省

台灣

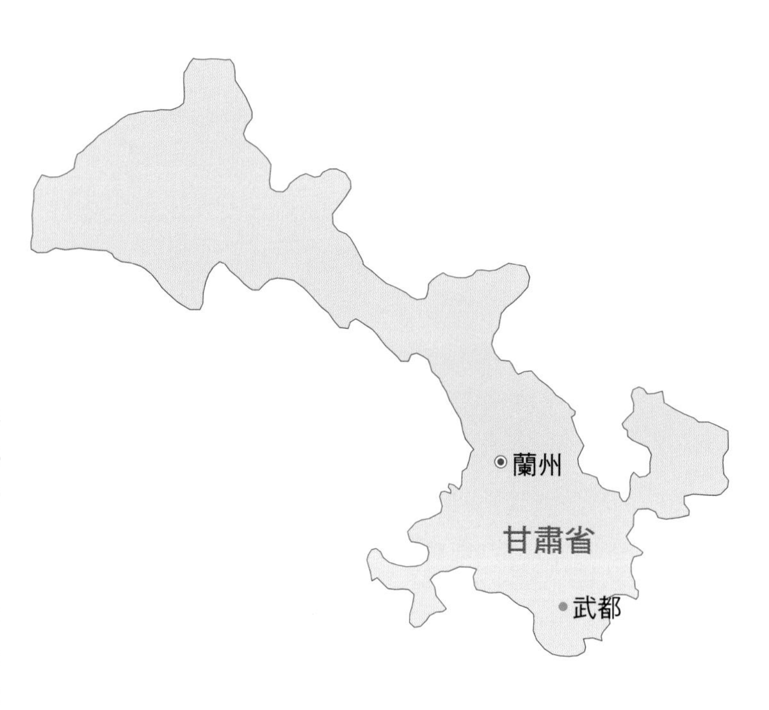

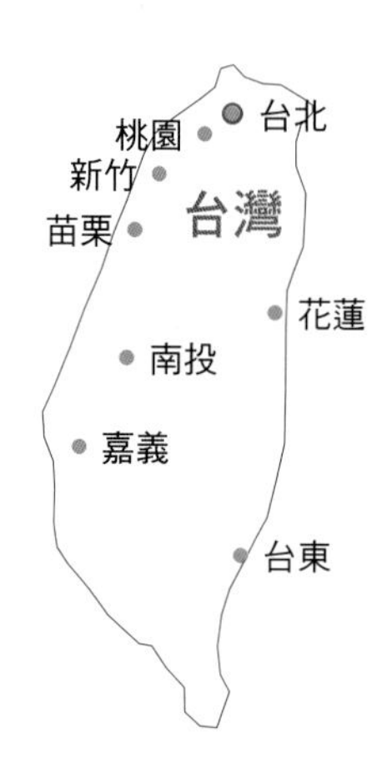

笛藤食譜叢書

水餃 120 元
ISBN 9789577103338

水餃II 140元
ISBN 9789577103932

炒飯 140元
ISBN 9789577103772

正宗川菜 160元
ISBN 9789577103642

餅 120元
ISBN 9789577103413

今天，來我家聚餐吧！ 160元
ISBN 9789577104106

上海煲、滾、燉家庭湯品
ISBN9789577103888／160元

瘦身・美顏・健康：排毒蔬菜湯
ISBN978957715912／260元

165種新吃法!：天天都愛吃蔬菜!
ISBN9789577105509／260元

紅燒滷肉 120元

ISBN 9789577104205

超人氣韓式醬料 120元

ISBN 9789577104038

韓國泡菜&料理 180元

ISBN 9789577103840

香噴噴！人氣煎餅 280元

ISBN 9789577104854

1片吐司60變！ 220元

ISBN 9789577105561

四季鮮果手工果醬 280元

ISBN 9789577105967

杯子蒸麵包 260元

ISBN 9789577105738

壽司的技法 1380元

ISBN 9789577106476

國家圖書館出版品預行編目(CIP)資料

品茶圖鑑 : 走進茶的世界,214種茶葉解析&全彩茶湯圖片 / 陳宗懋, 俞永明, 梁國彪, 周智修著. -- 二版. -- 臺北市 : 笛藤出版, 2024.11
面； 公分
ISBN 978-957-710-937-8(平裝)

1.CST: 茶葉 2.CST: 製茶 3.CST: 茶藝

434.181 113014882

品 茶 圖 鑑

走進茶的世界，214種茶葉解析 & 全彩茶湯圖片（平裝版）

2024年11月27日 二版1刷 定價520元

著　　者	陳宗懋、俞永明、梁國彪、周智修
攝　　影	張梅蓉、張雯蓉
封面設計	王舒玗
內頁設計	王舒玗
總 編 輯	洪季楨
編　　輯	鄭雅綺、李志明、顏偉翔、葉雯婷
編輯企劃	笛藤出版
發 行 所	八方出版股份有限公司
發 行 人	林建仲
地　　址	新北市新店區寶橋路235巷6弄6號4樓
電　　話	(02)2777-3682
傳　　真	(02)2777-3672
總 經 銷	聯合發行股份有限公司
地　　址	新北市新店區寶橋路235巷6弄6號2樓
電　　話	(02)2917-8022．(02)2917-8042
製 版 廠	造極彩色印刷製版股份有限公司
地　　址	新北市中和區中山路二段340巷36號
電　　話	(02)2240-0333．(02)2248-3904
劃撥帳戶	八方出版股份有限公司
劃撥帳號	19809050